华章心理

HZBOOKS | Psychological

再见啦，
那些让人忧心的
生活谣言

何凌南 张志安 / 编著

机械工业出版社
China Machine Press

中国纺织出版社有限公司

国家一级出版社
全国百佳图书出版单位

图书在版编目（CIP）数据

再见啦，那些让人忧心的生活谣言 / 何凌南，张志安编著 . —北京：中国纺织
出版社有限公司，机械工业出版社，2020.1

ISBN 978-7-5180-7055-8

I. 再… II.① 何… ② 张… III. 生活 – 知识 – 普及读物 IV. TS976.3-49

中国版本图书馆 CIP 数据核字（2019）第 269375 号

再见啦，那些让人忧心的生活谣言

出版发行：机械工业出版社（北京市西城区百万庄大街 22 号 邮政编码：100037）
中国纺织出版社有限公司（北京市朝阳区百子湾东里 A407 号楼 邮政编码：100124）

责任编辑：袁 银		责任校对：李秋荣	
印 刷：北京市荣盛彩色印刷有限公司		版 次：2020 年 1 月第 1 版第 1 次印刷	
开 本：170mm×230mm 1/16		印 张：21.25	
书 号：ISBN 978-7-5180-7055-8		定 价：59.00 元	

客服电话：（010）88361066 88379833 68326294　　投稿热线：（010）88379007
华章网站：www.hzbook.com　　读者信箱：hzjg@hzbook.com

目录

养生篇

疾病篇

生活篇

后记

DIET

饮食篇

"黄瓜避孕论"背后的故事

作者：郑洪

 妈妈，我们今天吃凉拌黄瓜好不好？

现在的黄瓜都加了激素，以后我们家要和黄瓜绝缘！

 谁说的，怎么黄瓜就都不能吃了呢？

你看看这篇文章，里面有中央电视台的采访呢，还好有这些良心专家告诉我们，不然不知道要被蒙骗多少年呢！

 妈妈，你别那么草率地否定我最爱的凉拌黄瓜，这段视频有很多不科学的地方，我来和你说一下。

视频里提到，头顶带花的黄瓜都是沾了药的，而药就是激素和硫酸镁。这种黄瓜添加了激素，而且这些激素和避孕药的主要成分类似，对人有很大的害处，不仅会影响人的生长发育，还会对人的内分泌系统产生不良的影响。所以，**这种头顶小黄花的黄瓜还是不吃为好。**

激素（又称"荷尔蒙"）是动物腺体产生的分子。这些分子负责信号传递，主要通过循环系统到达它的目标器官，起到调节各类生理和行为的作用，比如消化、代谢、呼吸、睡眠、生长、发育、生育、情绪等。

打了激素的食物可不能吃啊！

不是每种激素都对人体有害处。

就像钥匙只能开对应的锁一样，每种激素都需要结合到特定的激素受体上，才能发挥作用。植物有不同于动物的激素，它们是植物激素（plant hormone），是植物自身产生的起到信号传递作用的分子，可以调节根、茎、叶、花的形状，控制落叶，以及果实的生长、成熟等。

动物激素作用的对象是动物，植物激素作用的对象是植物，此激素非彼激素，两者不可混为一谈。植物激素只调控植物的生长发育，对动物生长无效！

那黄瓜里的激素对人体有害吗？

植物激素对动物生长无效。

但人们常常会把植物激素和动物激素混为一谈。因为在日常用语中，人们并不会特意说"动物激素"和"植物激素"，都泛泛地称为"激素"，这两者实际上差得可远了！

说了半天，黄瓜里的激素到底安全吗？

那是国家批准的植物生长调节剂，对人和环境都是安全的。

视频中提及的"激素"，是一种人工合成的植物生长调节剂——氯吡脲（forchlorfenuron）。它具有促进细胞分裂、促进果实肥大和提高产量等作用。

那么，使用该植物生长节剂是否对人体有害呢？其实在大部分国家中这种激素是被允许使用的。美国国家环境保护局（USPEA）在新化合物登记信息里标明了，氯吡脲对人和环境都是安全的。在中国《食品安全国家标准 食品中农药最大残留限量》(GB 2763—2016)中，氯吡脲可以用在黄瓜、猕猴桃、葡萄、枇杷、甜瓜、西瓜等蔬菜和水果上，在黄瓜中的最大残留量低于 0.1mg/kg 都是安全的。实际上，由于植物生长调节剂的用量极小，因此在食品安全监管中极少发现其残留量超标的现象。

视频里还说，黄瓜里的激素和避孕药的主要成分相似呢，会不会产生避孕效果啊？

这两者根本不相似。

在谣言的视频中，那个营养师说："该激素和避孕药的主要成分是相似的。"避孕药的主要成分是孕激素和雌激素，而氯吡脲的性状和雌激素、孕激素都差远了。也就是说，氯吡脲这样的一把钥匙，不可能骗过上帝为人类设计的那把锁。**因此，它不可能产生避孕药的效果。**

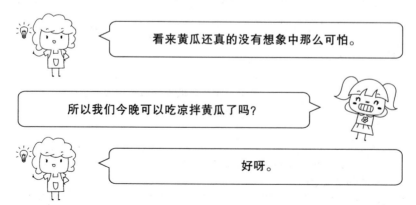

看来黄瓜还真的没有想象中那么可怕。

所以我们今晚可以吃凉拌黄瓜了吗？

好呀。

参考文献

[1] Neave N. Hormones and Behaviour: A Psychological Approach [M]. Cambridge : Cambridge University Press, 2007.

[2] Srivastava L M. Plant Growth and Development : Hormones and Environment [M]. Cambridge: Academic Press, 2002.

[3] Mitchell J H, Cawood E, Kinniburgh D, et al. Effect of a Phytoestrogen Food Supplement on Reproductive Health in Normal Males [J]. Clinical Science, 2001, 100(6): 613-618.

[4] Messina M, McCaskill-Stevens W, Lampe J W. Addressing the Soy and Breast Cancer Relationship : Review, Commentary, and Workshop Proceedings [J]. Journal of the National Cancer Institute, 2006, 98(18): 1275-1284.

[5] Lethaby A, Marjoribanks J, Kronenberg F, et al. Phytoestrogens for Vasomotor Menopausal Symptoms [M]. New York: John Wiley & Sons, Ltd., 2013.

"口蜜腹剑"的蜂蜜水，喝还是不喝，这是一个问题

作者：郑洪

妈妈，你怎么把蜂蜜都扔进垃圾桶里了呢？

儿子，记得告诉你身边的人不要喝蜂蜜了，实在太可怕了，我都想把这些年喝的蜂蜜吐出来了！

这是怎么一回事呀？

你看看这篇文章，它说晨起喝蜂蜜水等于储存体内垃圾，还列举了喝蜂蜜水的十大禁忌，吓死我了！

这其实是一个谣言啦，不用太害怕，我和你解释一下！其实，蜂蜜就是一种极高浓度的糖水。

首先从蜂蜜所含的营养成分说起。在 100g 蜂蜜里，含 82g 糖（包括 38～55g 果糖、31g 葡萄糖、少量的麦芽糖和蔗糖）、17g 水、0.2g 膳食纤维、

0.3g 蛋白质，还含有各类维生素，如维生素 B_2、维生素 B_3、维生素 B_5、维生素 B_6、维生素 B_9、维生素 C（但是含量均小于成人每日推荐摄入量的3%），以及各类矿物质，如钙、铁、锰、磷、钾、钠、锌（含量均小于成人每日推荐摄入量的3%）。当然，不同种类蜂蜜的含糖量、含水量以及果糖、葡萄糖的比例会有些许不同。

日常食用的白砂糖，每100g 里有99.9g 是蔗糖。蔗糖是一种双糖，容易被酸或酶水解为等量的葡萄糖和果糖。从某种角度上讲，可以说100g 白砂糖含有50g 果糖和50g 葡萄糖。

因此，从营养成分上来说，蜂蜜就是一种极高浓度的糖水。100g 蜂蜜中含0.2g 膳食纤维，比麦片差多了，如100g 某品牌燕麦片中含膳食纤维12g；100g 蜂蜜中含0.3g 蛋白质，比牛奶差多了，如100g 某品牌纯牛奶含蛋白质3.1g；若要比较各类维生素的含量，100g 蜂蜜不如100g 西红柿；若要比较各类矿物质的含量，100g 蜂蜜也不如100g 牛肉。

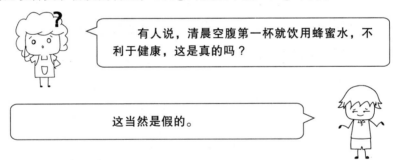

有人说，清晨空腹第一杯就饮用蜂蜜水，不利于健康，这是真的吗？

这当然是假的。

这个说法的依据是，蜂蜜水中含有相应的糖分，不是以单纯水的形式存在。饮用后，蜂蜜中的果糖要经过人体代谢转化为葡萄糖，才能被人体吸收、利用，这样没起到清晨第一杯水清扫体内环境的作用。而且相较于白开水，蜂蜜水不仅会导致排尿时间减缓，降低体内排毒的功效，还会导致新物质与一夜代谢的废弃残渣混合，不利于健康。

但是，也不能胡乱打着科学的旗号，说喝蜂蜜水如同储存体内垃圾。

首先，蜂蜜里的果糖能够被肠黏膜吸收，进入人体后，再转化为葡萄糖。这个过程与水清扫体内环境的过程毫不相干。

其次，拿喝蜂蜜水同喝白开水进行排尿时间的比较不合理。喝微甜蜂蜜水的人和喝白开水的人相比较，两者吸收水分的速率基本差不多。如果嫌小便来得太慢，那就多喝几杯。所谓的废弃残渣——粪便在大肠中，而蜂蜜水里的水和糖在小肠就已经被吸收了，两者没有混合的机会。

对于喝一杯蜂蜜水就导致体内新旧杂合物质混合的说法，第一，在肚子里过了一夜的粪便，该吸收的营养也吸收得差不多了；第二，蜂蜜那么小一勺的量，对人体的影响实在微小。

所以，**清晨第一杯喝蜂蜜水对健康并不会有很大影响。**

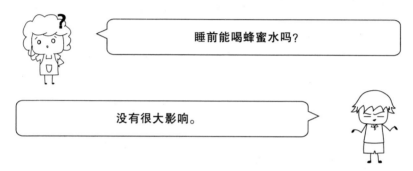

睡前能喝蜂蜜水吗？

没有很大影响。

对于睡前能不能喝蜂蜜水这个问题，答案是按自己的喜好来。当然，为了避免蛀牙，刷牙之后就不要再喝蜂蜜水了。不过，若说蜂蜜水不好，我就不同意了。蜂蜜水里只有一点点糖，一个体重50千克的人，血液容量有3000~4000毫升，喝200毫升放了一勺蜂蜜的蜂蜜水，实在没有多大影响。

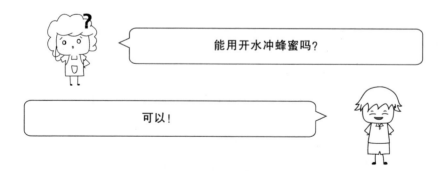

能用开水冲蜂蜜吗？

可以！

据说，高温会破坏蜂蜜丰富的营养成分。可是，上文已经分析了蜂蜜的营养成分，除了丰富的糖以外，其实蜂蜜中的酶含量十分少。至于酶的失活，酶在强大的胃酸攻击下必然失活，**所以用开水冲蜂蜜是没问题的。**

每日蜂蜜摄入量不能超过 100 毫升，否则会对血糖有影响？

血糖要通过其他食物协调来控制和调整。

　　谣言为蜂蜜限定了一个每日摄入量，据说每日摄入量不能超过 100 毫升，可是真的有人吃这么多吗？如果天天都吃这么多，也是有一定难度的。至于血糖的控制，需要注意少吃主食、水果、糖等。

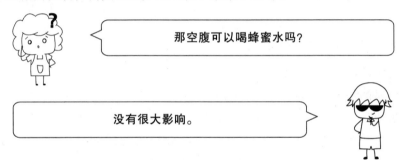

那空腹可以喝蜂蜜水吗？

没有很大影响。

　　据说，蜂蜜是甜食，甜食会刺激胃酸分泌，导致胃酸过多，伤害胃黏膜。说得好像当人肚子空空的时候，就不能吃东西似的。因为一吃东西，胃就会分泌胃酸。这样说来，空腹的时候吃任何东西都很有害，因为若是产生了胃酸，就会伤害胃黏膜。然而不产生胃酸，东西吃了也白吃，因为食物不能被消化，这颇有进退两难的味道。**空腹喝蜂蜜水其实没有很大影响，大可不必过度在意。**

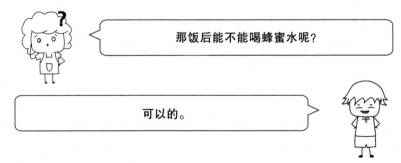

那饭后能不能喝蜂蜜水呢？

可以的。

据说，饭后马上喝蜂蜜水会稀释胃液，使得进食的食物还没来得及完全消化就进入小肠，不利于食物消化。而且，食物遇到水容易膨胀，对胃部造成更大的压力。长期饭后饮用蜂蜜水的话，会增加患肠胃病的风险。你要想想，人们饭后还能喝汤呢，汤里有各种蔬菜、肉类，既然这么复杂的东西都能喝，**那么饭后喝一杯蜂蜜水就不算什么了。**

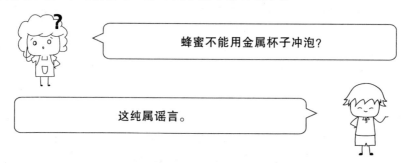

蜂蜜不能用金属杯子冲泡？

这纯属谣言。

有文章说蜂蜜水是弱酸性的，与金属接触容易起氧化反应，所以不能用金属杯子冲泡蜂蜜，这又是真的吗？

蜂蜜的平均 pH 是 3.9，范围是 3.4～6.1。为了有更直观的理解，我以可乐做比较（从某种角度上说，可乐是一种碳酸溶液，冒出的泡泡就是二氧化碳，这就是它被称为碳酸饮料的原因），可乐的 pH 是 2.5。这意味着可乐的酸度比蜂蜜高，更何况混入了水的蜂蜜水，酸度更不及可乐了。

如果和蜂蜜水这种程度的酸都能起反应，那只能说，将金属杯子放在充满氧气的空气中，大概不久之后就能产生青铜器那样的效果。

因此，不能用金属杯子冲蜂蜜水纯属谣言。

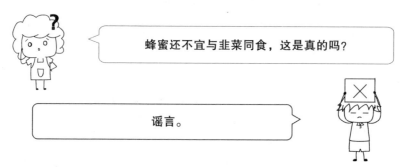

蜂蜜还不宜与韭菜同食，这是真的吗？

谣言。

有文章称韭菜中富含的维生素 C 会被蜂蜜中的矿物质氧化而失去作用。这让韭菜炒鸡蛋很无奈，因为鸡蛋里的矿物质比蜂蜜里的矿物质多得多。

　　同样，仅仅因为蜂蜜通便、韭菜富含纤维素，就认为两者同食易腹泻的话，未免太过儿戏。要知道100g韭菜中只含有1.5g纤维素，和燕麦片比起来差远了。既然蜂蜜和燕麦片一起吃都不会腹泻，就更不要说蜂蜜和韭菜了。**所以蜂蜜与韭菜可以同食。**

　　不过，**蜂蜜确实不适合某些人群食用**。鉴于蜂蜜的主要成分是糖，糖尿病患者当然就不适合多吃。此外，由于蜂蜜中可能残留有肉毒杆菌，一岁以下的儿童出于安全的考虑最好不吃。

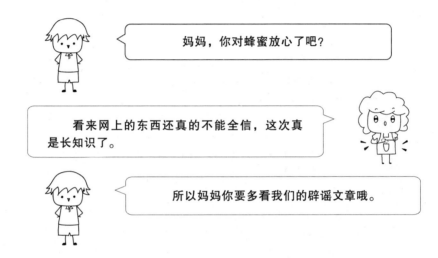

妈妈，你对蜂蜜放心了吧？

看来网上的东西还真的不能全信，这次真是长知识了。

所以妈妈你要多看我们的辟谣文章哦。

参考文献

Chin T W，Loeb M，Fong I W. Effects of an Acidic Beverage (Coca-Cola) on Absorption of Ketoconazole [J]. Antimicrobial Agents and Chemotherapy，1995，39(8)：1671-1675.

爱茶之人不可不知的 6 个禁忌

作者：周姝睿

妈妈，你煮饭辛苦了，先喝杯茶吧！

不行，我昨天看了一篇推送文章，里面说空腹不能喝茶，会导致头痛。

不是啊，空腹喝茶的危害与茶的多少和浓度有关。

茶有提神醒脑、促进消化的功效，但是空腹喝太多浓茶会抑制胃液的分泌，稀释胃酸，从而影响消化功能，严重的话会引起头痛、心悸等"醉茶"症状。空腹喝茶并没有那么可怕，但还是建议不要空腹喝太多茶，尤其是浓茶。

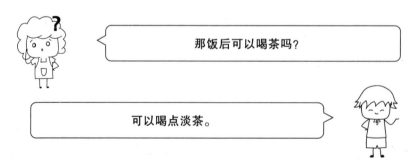

那饭后可以喝茶吗？

可以喝点淡茶。

关于饭后可不可以喝茶的问题，目前有两种说法。

正方认为，茶叶中的咖啡因和黄烷醇类化合物可以增强消化道的蠕动，并可以通过对人体肠胃的刺激作用提高胃液的分泌量，同时刺激小肠分泌水分和钠。另外，咖啡因对脂肪的代谢影响较大，而且茶汤中含有的卵磷脂、胆碱等成分也具有调节脂肪代谢的功能。所以，饭后适当喝些茶有助于消化，尤其是在食用过多脂肪后，饮茶可有效"解腻"。

但反方提出，茶叶中含有鞣酸，红茶约含 5%，绿茶约含 10%。当人大量饮用浓茶后，茶中所含的鞣酸与机体摄入的铁元素结合，会阻止铁在肠道内的吸收，使人体表现为缺铁性贫血。

事实上，正常成人每天需要 20～25mg 的铁用于红细胞的生成，其来源包括外源性铁和内源性铁。衰老红细胞在体内被破坏后释放的铁为内源性铁，而外源性铁来源于食物。**人们饮用较大量的浓茶才会造成贫血，但还是建议女性和贫血患者少喝浓茶，饭后饮淡茶。**

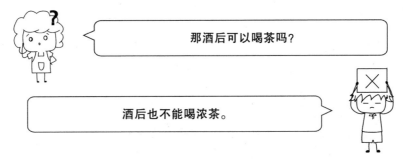

那酒后可以喝茶吗？

酒后也不能喝浓茶。

人体主要靠肝脏中的酒精水解酶作用，将酒精水解为水和二氧化碳。这种水解过程需要维生素 C 作为催化剂。若体内维生素 C 不足，就会使肝脏的解毒作用减弱，可能会导致酒精中毒。关于酒后是否应该喝茶，也存在正反两方观点。

正方观点是，酒后饮少量茶，一方面可以补充维生素 C；另一方面，茶叶中的咖啡因有利于提高肝脏的物质代谢能力，增进血液循环，把血液中的酒精排出体外，解除酒精毒害，从而起到醒酒排毒的功效。另外，茶叶也可以刺激麻痹的大脑中枢神经，有效地促进代谢，进而发挥醒酒的作用。

反方观点则认为，酒后不宜饮茶。他们认为酒具有活血通络、加速心肌能量代谢之效，而醉酒后喝浓茶会使血容量增大，加重心脏的负担。同时，茶有利尿的作用，会导致酒精中有毒的乙醛未经分解就从肾脏排出，这会对肾脏刺激过大，危害健康。

以上两种看法各有道理。因此**建议大家酒后还是不要喝大量的浓茶，尤其是心、肾功能不强的人。**一般来说，酒后多吃水果或喝少量茶，对醒酒是有利的，但要记住，不要过量饮茶。

听说发烧也不要喝茶，这是真的吗？

机体兴奋性过高会导致病情加重，所以发热期间不要喝茶哦！

茶叶中含有咖啡因等物质，可通过刺激大脑皮质来使神经中枢兴奋，从而起到提神、集中注意力的作用。茶对心血管系统具有兴奋作用，可强化心脏搏动，从而加快血液循环以利于新陈代谢。但在人体发热期间，机体过高的兴奋性会导致病情加重。因此发热期间不建议饮茶。

也有不要用茶水吃药的说法，这科学吗？

药物的种类繁多，不能一概而论，但最好将茶水换为白开水。

药物的种类繁多，性质各异，能否用茶水服药，不能一概而论。

茶叶中的鞣质、茶碱可以和某些药物发生化学变化。在服用催眠镇静药、含铁补血药、酸制剂药及含蛋白质药等药物时，茶多酚易与铁剂发生作用而产生沉淀，因此不宜用茶水吃药，以防影响药效。

另外，茶中含有的鞣质是生物碱沉淀剂，可与小檗碱中的生物碱结合，形成难溶的鞣酸盐沉淀，从而降低小檗碱的药效。故小檗碱与茶不能同时食用。服用小檗碱前后两小时内应禁止饮茶。而在服用某些维生素类的药物时，茶水对药效毫无影响。**但为了保证药效，大家在服药的时候最好还是将茶水换为白开水。**

还有种说法是不要喝新茶，这是真的吗？

这可是真的哦，新茶至少要放置半个月以上才能喝。

由于新茶刚采摘回来，存放时间短，含有较多未经氧化的多酚类、醛类及醇类等物质，它们对健康人群的影响较小，但对胃肠功能差，尤其是本身就有慢性胃肠道炎症的人来说，这些物质会刺激胃肠黏膜、诱发胃病。

新茶不宜多喝，且至少放置半个月以上才可以喝。

可见，喝茶有道，禁忌须知。

妈妈，听我讲了那么多，你对喝茶还有那么多顾虑吗？

没有了，你介绍了这么多，我对茶的了解又深了一层，以后可以安心喝茶了。

我们来慢慢品茶吧！

参考文献

[1]　林智．茶叶的保健作用及其机理 [J]．中国食物与营养，2003(4)：49-52.

[2]　吴春兰．综述饮茶与健康的关系 [J]．广东茶业，2011(6)：11-14.

[3]　吴命燕，范方媛，梁月荣，等．咖啡碱的生理功能及其作用机制 [J]．茶叶科学，2011，31(4)：235-242.

[4]　边世平．茶叶的化学成分及其保健作用 [J]．青海大学学报：自然科学版，2004，22(4)：64-65.

[5]　肖玫，杨丽琴，刘晓明，等．茶叶的营养与保健价值及其开发利用 [J]．中国食物与营养，2005(12)：23-24.

白米饭是垃圾食品之王吗

作者：郑耀超

妈妈，怎么这几天都在吃面呀？

不仅是这几天，以后我们家都改吃面食啦！

这是怎么回事？之前你不是最喜欢吃米饭吗？还天天说人是铁，饭是钢呢！

你没看到那篇文章里面说"白米饭是垃圾食品"吗？

米饭怎么会和垃圾食品画等号呢？让我看看。

你看，这里面说白米饭几乎不含有蛋白质、脂肪、维生素、矿物质，只有淀粉和糖。

这是错误的。

首先我们要弄明白，五谷是指什么。关于"五谷"，古代有多种不同的说法，其中主要有以下两种：一种是指稻、黍、稷、麦、菽；另一种是指麻、黍、稷、麦、菽。先不论这些说法的出处，单凭常识我们就知道，如果饮食不均衡，各种营养物质的摄入有偏颇，例如蛋白质摄入不足，或者缺乏某种维生素，人自然易患上相应的疾病。而这不是因长期吃五谷杂粮所致，只是因为五谷杂粮提供的营养物质是有限的。如果人们合理搭配肉类、蔬菜等其他食物，身体可以抵御相当一部分疾病。

大米除了富含淀粉外，还含有蛋白质、脂肪、维生素及 11 种矿物质，能为人体提供较全面的营养。大米性甘味平，具有健脾养胃、益精强志、聪耳明目之功效，被誉为“五谷之首”。不仅如此，我们所吃的食物中不可能只有白米饭，势必要搭配一些蔬菜、肉食，只要不过量，自然就能有强健的体魄，生病的概率也就小了。

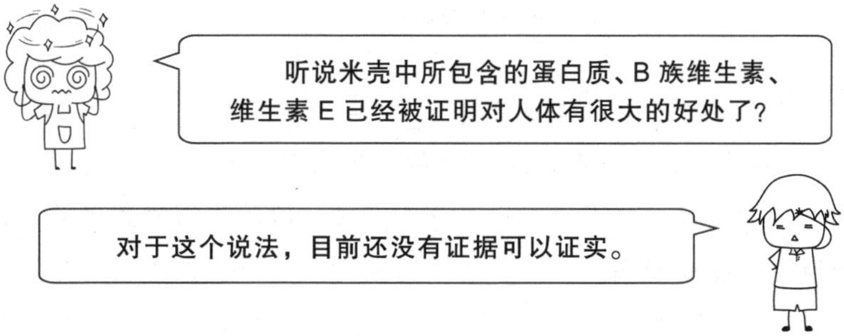
听说米壳中所包含的蛋白质、B 族维生素、维生素 E 已经被证明对人体有很大的好处了？
对于这个说法，目前还没有证据可以证实。

首先需要纠正一下，流言中提及的“米壳”其实是罂粟壳的俗称，又称为“御米壳”。顾名思义，它就是罂粟的干燥果壳，具有一定的药用功能，属于麻醉药品管制品种。

言归正传，稻米的外壳应该称为“米糠”。

稻谷在加工成精米的过程中要去掉稻壳和占总重 10% 左右的果皮、种皮、外胚乳、糊粉层和胚。传统的米糠，也就是现行国家标准米糠，主要由果皮、种皮、外胚乳、糊粉层和胚组成。因为在加工过程中会混进少量的稻壳和一定量的灰尘及微生物，所以只能用于饲料，是稻谷加工的主要副产品。

米糠是否真的具有抗癌功效不得而知，但它确实包含一定的营养物质，其中蛋白质占 15%，脂肪占 16%～22%，糖占 3%～8%，水分占 10%。脂肪中主要的脂肪酸大多为油酸、亚油酸等不饱和脂肪酸，还含有高剂量维生素、植物醇、膳食纤维、氨基酸及矿物质等。

尽管如此，**我们仍然不能直接食用米糠，在日常生活中，米糠可以经过进一步加工提取有关营养成分**，如与豆腐渣合用来提取核黄素、植酸钙，或可用于榨取米糠油。脱脂米糠还可以用来制备植酸、肌醇和磷酸氢钙等。米糠颗粒细小、颜色淡黄，便于添加到烘焙食品及其他米糠强化食品中。

如果直接食用米糠，倒是无毒无害，但是你咽得下去吗？

以前的人用蔬菜或粗粮代替主食米饭，是那时人们很少有高血压、心脏病、糖尿病、癌症等疾病的重要原因之一吗？

这只是片面的说法。

首先，高血压、心脏病、糖尿病都是多病因、多机制所致的慢性疾病，其中的一些主要因素并不包含米饭这一选项。**单单米饭摄入过多，并不会直接导致这些慢性疾病。**相反，生活方式的改变，比如抽烟、酗酒、不常运动等，比白米饭的危害要大数十甚至数百倍。除此之外，现在这些慢性疾病的发病率增高，自然也与医疗水平提高之后确诊率的提高有关。医疗检查的水平提高了，也就自然能在人们患病早期发现这些疾病了。

听说米饭、面条、白面包都是垃圾食品？

当然是错误的，难道我们吃了这么多年的"垃圾"吗？

垃圾食品（junk food）是指仅能提供一些热量，而别无其他营养素的食物，或是提供超过人体需要，变成多余成分的食品。

世界卫生组织公布的十大垃圾食品包括油炸类食品，腌制类食品，加工类肉制品（肉干、肉松、香肠、火腿等），饼干类食品（不包括低温烘焙和全麦饼干），汽水、可乐类饮料，方便类食品（主要指方便面和膨化食品），罐头类食品（包括鱼肉类和水果类），话梅、蜜饯、果脯类食品，冷冻甜品类食品（冰激凌、冰棒、雪糕等），烧烤类食品。

至于说白米饭是垃圾食品，实在过于夸张。网友们似乎是想采用这种吸引眼球的方式来告诫大家少吃白米饭，因为 2012 年美国科研人员的研究数据表明，白米饭的消耗量与糖尿病发病有直接关系，尤其是在亚洲人群中。

白米饭的主要成分是碳水化合物，这种营养素的确在三种供能营养素（蛋白质、脂肪、碳水化合物）中对血糖的影响较大，亚洲人群对碳水化合物的消耗量确实高于西方国家。过多食用精白米、精白面制作的食物能快速升高血糖，对胰岛产生的负担不容忽视，长此以往会增加糖尿病的患病风险。

由此可见，**白米饭仅仅与血糖升高有直接关系，而对人体的危害也仅限于此。**

有人说，应该让蔬菜和水果成为我们的主食，这是正确的吗？

当然是错误的。蔬菜和水果缺少淀粉，不能提供足够能量。

蔬菜和水果大多缺少淀粉，也就是我们常说的糖类，而糖类恰恰是细胞能量的主要来源，没有了它，细胞也就失去活力。普通人一天不吃主食，通常会感觉到昏昏沉沉、无精打采。就连减肥都不提倡不吃主食，因为能量是必需的。而且，人如果只摄入蔬菜和水果，不仅会导致体内糖类不足，而且连一些基本的维生素都难以满足。

对于患有糖尿病的老年人来说，粮食类食物很多，他们可以选择那些对血糖影响较小的种类作为主食。中国营养学会在《中国老年人膳食指南》中提到：老年人应粗细搭配，每天最好能吃 100 克粗粮或全谷物食物。粗粮不仅有利于人体补充对神经有益的 B 族维生素，还可增加膳食纤维的摄入量。但是不可以完全不吃白米饭，尤其是老年糖尿病患者。如果把主食全部换成粗粮的话，胃肠道较弱、咀嚼功能不好的老年患者很可能出现消化不良的症状。此外，粗粮还含有较多的膳食纤维，过多的纤维会影响铁、钙等重要矿物质的消化和吸收，因此要合理替换与搭配。

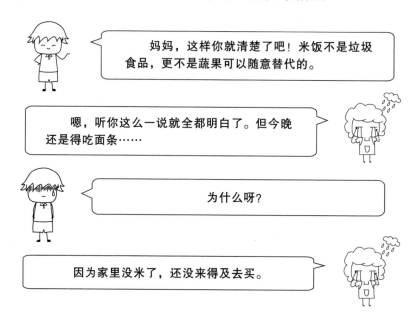

参考文献

[1] 李佩桥. 浅议垃圾食品对未成年学生的危害 [J]. 医学信息：中旬刊，2011，24(4)：1612-1613.

[2] 王静美. 浅论大米的营养与大米食品的开发 [J]. 食品科技，2000(1)：17.

[3] 倪合一. 美国两种膳食金字塔之争 [J]. 家庭医学：上半月，2004(23)：47.

[4] 周建烈，黄珊，顾景范. 美国"老年人膳食指南金字塔"简介 [J]. 营养学报，2008，30(3)：225-228.

[5] 秦立强，李伟. 美国膳食金字塔和日本膳食平衡指南 [J]. 现代预防医学，2008，35(18)：3503-3505.

草莓被传得如此恐怖，你还敢吃吗

作者：于淼

其实，造成草莓畸形的原因十分复杂，花在花序上的位置、雄蕊和雌蕊的数量与质量、种子的数量与分布等因素均被认为与草莓畸形有关。另外，秋冬季低温和霜冻、秋季定植过早、春季晚霜危害、光照不足、缺乏硼和锌等微量元素、灌水量不足等也可能是导致草莓畸形的"帮凶"。

在上述众多的影响因素中，种子的数量与分布是一个主要因素。草莓其实是由肉质花托膨大而成的，种子呈轮状分布在果实表面。种子产生的生长素可刺激花托膨大。完全去除种子，生长素无法产生，果肉生长便会受阻。由此可见，草莓果肉的生长主要取决于种子，只有种子的数量和分布正常，果实才能正常生长、发育。如果种子分布不均，就会造成果实畸形。

而引起种子分布不均的首要因素就是雌蕊受精程度不同，温度和湿度也会影响花粉的活性，从而导致草莓畸形。

可见，**单纯把草莓的畸形归结于施用了激素是不负责任、不客观的。畸形草莓虽然不怎么好看，但并不会对人体有害。**

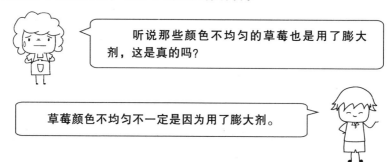

听说那些颜色不均匀的草莓也是用了膨大剂，这是真的吗？

草莓颜色不均匀不一定是因为用了膨大剂。

草莓的着色过程通常是从尖端开始，逐渐向后面的果实基部进行，所以越靠近果实基部着色越晚。在现实生活中，草莓在采摘以后通常都要经过长时间的运输，所以为避免不必要的损耗，果农通常都会提前采摘，这就导致了草莓"屁股"还没来得及着色而发白的情况。而草莓颜色不均，出现所谓"阴阳脸"现象，通常是由于光照造成的，我们通常所说的"向阳花儿红"也是这个道理。

所以，**草莓颜色不均匀并不一定是使用了膨大剂所致，也有可能是其他自然原因和合规的人为原因。**

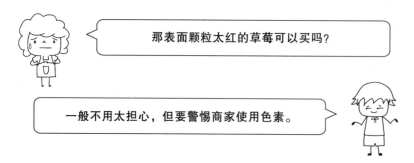

那表面颗粒太红的草莓可以买吗？

一般不用太担心，但要警惕商家使用色素。

我们所见的草莓表面的颗粒实际上是草莓的种子。由于品种不同，草莓的种子可能会有不同的颜色，如红色、黄色和绿色等，所以一般不必太过担心。**但同时不可忽视的是，确实会有不法商贩使用色素，但这样会导致草莓容易掉色，是不难鉴别的。**

听说如果那些大个草莓果肉空腔的话，就说明使用了膨大剂，这是真的吗？

草莓个头的增大更多的是育种、种植技术进步的结果。

首先来说说果实个头增大的问题。草莓品种有大型果、中型果和小型果之分。不同品种的草莓大小差异是很大的，如明晶草莓的单果重量最高可达 43g。上市期的早晚也会影响草莓果实的大小，通常早上市的果实是在顶生花序上着生的，果实就大些；晚上市的果实是在侧生花序上着生的，果实就小些。

另外，早年各种类型的草莓都涌向市场，大小、色泽、口感参差不齐。通过多年的竞争和选择，目前草莓市场上的优良品种已占多数，故而个头也大了许多，使得大家产生了近年来草莓个头变大的直观感觉。其实根本不需要担心，**草莓个头的增大更多的是育种、种植技术进步的结果**。

造成草莓空心的原因有很多，无法由此直接判断一定是用了膨大剂。 有的草莓空心和品种有关，一些品种果肉松软，极易出现空心现象。此外，草莓在生长、发育过程中的土壤、湿度和温度等栽培条件都会影响草莓是否空心。另外，草莓果实本身的水分含量高，加之果肉质地松软，假如使用了膨大剂，果实只会更加娇嫩，更易在运输过程中损伤，造成经济损失，因此，使用果实膨大剂是得不偿失的。

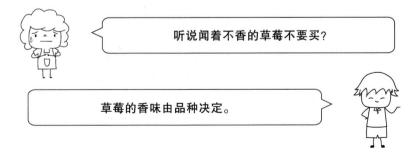

听说闻着不香的草莓不要买？

草莓的香味由品种决定。

草莓的学名是 Fragaria x ananassa Duch，Fragaria 含芳香之意，怡

人的香气是优质鲜草莓的最重要特征之一。因此，网上就有传言说，买草莓一定要买香味浓郁的，闻着不香的草莓就是使用了药品。

实际上，**草莓的香味主要由品种决定**。一般来说，欧美品种的草莓果实个大，产量高，但是香味淡，日本选育出的品种则芳香浓郁。草莓的香味浓郁与否主要取决于育种者在育种过程中的侧重点，常见品种中，丰香草莓的香味最为突出。过去，消费者常埋怨大棚草莓缺少香味，当丰香草莓育成后，这种埋怨声逐渐被众多的赞美声所取代。可见，遗传因素在草莓香味的形成中起决定性作用。

随着经济的发展和生活水平的提高，人们的保健意识增强了，无论是什么食品，都怕含有激素，有人甚至患有激素恐惧症。其实在植物生长发育过程中适量喷用某些激素，并在相隔数天后采收上市，则食用这些植物对人体并没有什么危害。

更何况，此激素并不是我们通常所理解的激素。在果蔬种植过程中使用的激素又被称为植物生长调节剂，常用的有吲哚乙酸、赤霉素等。它们对人体没有活性作用，因此大家不必过分担心，更没有必要"谈激素色变"。

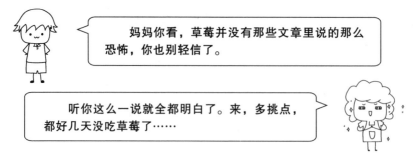

妈妈你看，草莓并没有那些文章里说的那么恐怖，你也别轻信了。

听你这么一说就全都明白了。来，多挑点，都好几天没吃草莓了……

参考文献

[1] 李敏. 提高大棚草莓果实品质的措施 [J]. 果农之友，2006(2)：43-44.

[2] 张叶根，谭虹宇，邓士昌，等. 气温较低时保丽蕊对蜜蜂访花数及草莓畸形率的影响 [J]. 中国园艺文摘，2015(11)：49-50.

[3] 彭殿林. 促成栽培草莓畸形果的发生原因及防治对策 [J]. 农业科技与装备，2014(5)：53-54.

[4] 程有欣. 凭借外形推断草莓是否打激素无科学依据 [J]. 质量探索，2014(4)：35.

[5] 孙文科，王博，唐海龙，等. 棚室草莓畸形果和坐果间断发生的原因及防止方

法 [J]. 现代农业科技，2014(12)：99.

[6] 唐淑珍. 棚室草莓畸形果发生原因与防治措施 [J]. 河北果树，2011(1)：30-31.

[7] 郭斌. 草莓的营养价值及其清洗方法 [J]. 农产品加工：创新版，2011(9)：43.

[8] 原野. 反季草莓激素多，反季水果食用多留心 [J]. 广西质量监督导报，2015(3)：13.

[9] 张运涛. 草莓香味的形成和香味育种 [J]. 中国农业科学，2004，37(7)：1039.

[10] 刘凤生. 草莓果实大 色泽艳 口感好 是喷了激素吗 [J]. 上海蔬菜，2004(4)：14-15.

[11] 萧扬，高清华. 草莓个大畸形≠使用膨大剂 [J]. 食品与生活，2014 (5)：23.

吃了一辈子的盐，今天你居然告诉我有问题

作者：苏仪西

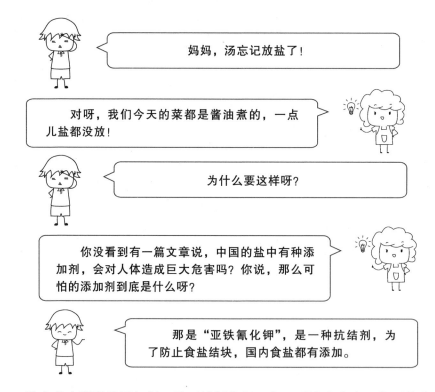

该文章中所说的添加剂，是亚铁氰化钾。乍一看这个名字，你可能会吓一跳，因为去掉"亚铁"二字，就成了剧毒物质——氰化钾。氰化钾出现在法制节目、侦探故事里的频率可是相当高的，口服50～100mg氰化钾即可引起猝死。可是多了"亚铁"二字，两种物质就相去甚远了。

我们在前往超市进行实地考察后发现，在市售食盐的配料表一栏中，果然列着"亚铁氰化钾"。它究竟是什么呢？

亚铁氰化钾，外观为浅黄色结晶或粉末，可溶于水，高温时受热分解。在食盐中是作为抗结剂而存在的，即防止食盐结块，把"粗盐"变成"细盐"。目前国内市场上销售的几乎都是添加了亚铁氰化钾的食盐，不添加的

就只有无碘盐或大块的原始矿盐。另外，不仅仅是国内的食盐中才会存在添加剂，进口的食盐中也含有不同的添加剂。

"亚铁氰化钾"的毒性如何？

它在高温下会分解为剧毒，但是烹饪过程达不到这个温度；它与盐酸反应会生成剧毒，但人体内的胃液浓度远不到这个水平。

目前对于亚铁氰化钾的争议，主要来自它的两个性质：一是在高温下会分解为剧毒的氰化钾，二是与盐酸反应会生成剧毒的氢氰酸气体。

先来看第一条，亚铁氰化钾在高温下会分解为氰化钾，这是无可争议的事实。但这个高温的条件是 400℃，而我们烹饪的温度一般不超过 340℃。在不烹饪的情况下，我们人体的温度也绝不可能达到那么高，所以说**亚铁氰化钾毒性极低，我们完全可以不必担心有一天炒菜炒出氰化钾来**。

再来看第二条，确实存在这么一个化学式：亚铁氰化钾与盐酸反应生成氢氰酸气体，而且不仅是盐酸，醋酸等酸性强于氢氰酸的酸都可以。因此，有人就拿此来大做文章，认为既然胃酸是盐酸，我们吃的醋里含有醋酸，那么我们一旦把盐吃到肚子里，或者在炒菜的时候放点醋，是不是就放出了氢氰酸气体，导致中毒了呢？

这当然是不可能的。让我们想一个问题，我们这么多年吃了那么多盐，吃了那么多凉拌黄瓜，有谁因此而中毒了吗？

这其中的原理并不复杂。亚铁氰化钾的化学结构决定了铁和氰根的结合是十分紧密的，只有同时处于浓度较高的强酸和较高温度的环境中才会释放出有毒气体，而人体胃液的盐酸含量以及食醋中的醋酸含量都很低。

同时，亚铁氰化钾是我国食品安全标准明确规定允许使用的食品添加剂，根据我国《食品安全国家标准 食品添加剂使用标准》（GB 2760—2014）中的相关规定，每 1kg 食盐中亚铁氰化钾的最大使用量为 10mg。我国推荐的食盐每人每天摄入量为 6g，但我国居民实际食盐摄入量一般为每人每天 10～15g。按每人每天摄入 15g 食盐计算，每天的亚铁氰化钾摄入量为 0.15mg，折算成毒物氰化钾和氢氰酸含量也微乎其微。而剧毒化合物氰化钠和氰化钾经口中毒的致死剂量分别为 100mg 和 144mg，远远高于每日摄入量，更何况亚铁氰化钾在人体内不会分解产生氰化物。因此，**按照标准规定使用亚铁氰化钾本身不会对人体健康造成危害！**

我们可以对亚铁氰化钾进行如下注解。

目前针对该物质对人体健康方面的影响信息是比较有限的。钾盐和钠盐基本上是无害的。它们在人体内不会分解产生氰化物。

吸入：可能会刺激呼吸道，症状包括咳嗽和呼吸急促。

摄入：大剂量可能引起肠胃不适的恶心、呕吐、腹泻，并可能抽筋。

接触皮肤：可能会有刺激感、红肿和疼痛。

接触眼睛：可能会导致发炎、发红和疼痛。

长期接触：没有发现。

恶化预见条件：没有发现。

癌症列表：已知、预计和在国际癌症研究机构分类目录中均没有该物质（亚铁氰化钾）。

结合上文相关计算数据可知，**亚铁氰化钾作为食盐添加剂是完全安全无害的。**

妈妈，听完我的剖析，你对"盐"没有偏见了吧？

看来还是得多读书呢，以后我们可以放心吃盐了！

参考文献

刘钟栋. 食品添加剂 [M]. 南京：东南大学出版社,2006：191.

吃烧烤，容易近视吗

作者：周姝睿

妈妈，我们去吃烧烤吧，好久没吃，怪想念的！

不行不行，你以后都不要想着吃烧烤了，眼睛近视度数还不够吗？

吃烧烤容易上火我承认，但和我的近视度数又有什么关系呢？

你看看这篇文章说得对不对，它说摄入过多烧烤、熏烧的蛋白质类食物，会造成体内缺钙，形成初期的近视呢！

钙确实能消除眼球紧张、预防近视，所以缺钙容易形成近视。

人体元素的缺乏，特别是钙、铬的缺乏，的确会导致视力受损。铬能维持眼睛晶状体渗透压的平衡。若铬摄入不足，则眼睛晶状体的渗透压难以平衡，晶状体就会鼓出变凸，致使眼球屈光度增加，而成为近视。

钙能消除眼球紧张，预防近视。钙是神经肌肉兴奋的主要调节剂，具有消除眼睛紧张的作用。如果人体缺钙，神经肌肉的兴奋性会增高，眼外肌便处于高度紧张状态，对眼睛的压力增大，进而使眼轴拉长。因此，**缺钙**

易形成近视。

那吃烤肉会引起缺钙吗？

没有科学依据证明烧烤或熏烧的烹饪方式会影响食物内钙元素含量，但蛋白质类食物含磷过高，会影响人体的钙吸收。

通过查阅文献我们发现，目前尚未有证据证明，烧烤、熏烧的烹饪方式会影响食物内的钙元素含量。既然钙元素含量本身没有变少，那摄入过多烧烤、熏烧的蛋白质类食物如烤羊肉串，是否会影响人体的钙吸收，从而使钙代谢紊乱呢？

答案是会的！

烧烤、熏烧的蛋白质类食物（如牛肉、猪肉、羊肉串等）都富含磷元素，过量摄入的磷会在肠道中和钙结合成难溶盐——磷酸钙，从而影响钙的被动转运。不仅如此，动物实验证明，膳食中的钙磷比值与骨钙丢失有关。长期摄入过多的磷会损害平衡机制，改变钙代谢，引起低钙血症。因为肉类一般都富含磷元素，所以"过多摄入烧烤肉类"重点不在于烧烤，而在于过多的肉。只要我们过多地食用高磷食物，都有可能导致缺钙。

常见食物含磷量如表 1-1 所示。

表 1-1　常见食物的含磷量（mg/100g）

食物	含磷量
羊肉	254
鸡肉	241
猪肉	189
牛肉	172

当然，我们不能因噎废食，从此就视磷元素为钙吸收的天敌。事实上，钙和磷是人体所必需的一对重要的常量矿物质元素，对人体的代谢和骨骼

发育起着重要的作用。两者相辅相成，缺少其中任何一种或者二者比例失调，都将对人体健康产生不利影响。摄入适宜量，可促进钙、磷的吸收，而摄入量过高或过低均会影响钙、磷的吸收和沉积。同时，维生素 D 是保证钙、磷有效吸收的基础。供给充足的维生素 D 可降低机体对钙、磷比例的严格要求，保证钙、磷的有效吸收和利用。

所以，**饮食重在"适量"，过多或过少地摄入人体所需营养和元素都会影响人体的正常代谢和健康**。我们可以按照《中国居民膳食营养素参考摄入量》中的钙、磷指导量合理饮食，成年人一天的钙元素推荐摄入量为 800mg，而磷元素的推荐摄入量为 720mg。至于可耐受最高摄入量，钙元素为 2000mg，磷元素为 3500mg。

不过由于烧烤食品被烧焦的部分含有大量的致癌物质，所以大家还是少吃为好。

看来烧烤真的没有传言中那么可怕，不过我们还是要适可而止。

偶尔还是可以吃一下的，妈妈我们去吃烧烤吧！

参考文献

[1] Sax L. The Institute of Medicine's "Dietary Reference Intake" for Phosphorus : A Critical Perspective [J]. Journal of the American College of Nutrition，2001，20(4)：271-278.

[2] Masuyama R, Nakaya Y, Katsumata S, et al. Dietary Calcium and Phosphorus Ratio Regulates Bone Mineralization and Turnover in Vitamin D Receptor Knockout Mice by Affecting Intestinal Calcium and Phosphorus Absorption [J]. Journal of Bone and Mineral Research，2003，18(7)：1217-1226.

[3] 崔惠玲，浮吟梅. 青少年近视的成因及饮食对策探究 [J]. 中国食物与营养，2005(10)：47-49.

[4] 付强，刘源. 钙、磷与维生素 D 对动物骨代谢的影响研究进展 [J]. 中国比较医

学杂志，2006，16(8)：502-505.

[5] 高鹏，刘琳，王菲，等. 膳食钙吸收的机制及影响因素 [J]. 医学综述，2010(11)：25.

[6] 金菊香，伍晓艳，万宇辉，等. 青少年户外活动与近视的关联 [J]. 中国学校卫生，2013，34(11)：1284-1287.

[7] 程义勇.《中国居民膳食营养素参考摄入量》2013 修订版简介 [J]. 营养学报，2014，36(4)：313-317.

[8] 曾叶纯，冯晴. 某市高校大学生膳食营养与近视的相关性分析 [J]. 中国食物与营养，2015，21(11)：86-89.

理性对待初生蛋

作者：夏冬

儿子，记得把这个鸡蛋吃了，这个是隔壁王奶奶家的鸡生的第一个鸡蛋，超级有营养的！

妈妈，你这又是从哪里听到的说法呀？

好多文章都说初生蛋富含营养，难道不是吗？

现在还没有权威报道来证实这个说法，要警惕不良商家"偷天换日"。

"初生蛋"又叫"开产蛋"，并不是指一只母鸡所生的第一个蛋，而是指母鸡在一个阶段内产的蛋。一般鸡在生长期 130～160 天之内所产的蛋都被称为"初生蛋"。

实际上，"初生蛋"个头较小，每个约 40g，因为分量不够标准，在国外是不允许出售的。等到母鸡达到 30 周龄左右，蛋重约 60～65g 时才达到出售标准。

初生蛋也许在口感上优于普通鸡蛋，但其营养价值并非更佳。目前并没有国家权威部门出具检测报告，来证明初生蛋的营养素含量高于普通鸡蛋。但需要注意的是，有些经营者从普通鸡蛋中挑出个头小的蛋或在饲料里添加色素致使蛋壳颜色变浅、变白来冒充所谓的"初生蛋"，因此要理性对待。

儿子，我给你买了一袋功能鸡蛋，据说它富含锌、碘、硒、钙等各种营养元素，读书多累呀，多吃点，补补身体。

我们还不能确定功能鸡蛋比普通鸡蛋所含的元素高多少，而且不是所有人都适合吃功能鸡蛋。

所谓的功能鸡蛋，是指富含锌、碘、硒、钙的鸡蛋，但是并非所有人都适合吃功能鸡蛋，因为并不是每个人都缺乏功能鸡蛋中所含的营养素。消费者在选择功能鸡蛋时应有针对性，缺什么吃什么，切忌盲目进补。如果不缺某种元素，那么就算吃功能鸡蛋，也不会有什么作用。

而且，就目前而言，市场上的功能鸡蛋中所含的各种元素到底比普通鸡蛋高多少，尚无准确的检测可以提供分析结论。

> 听说毛鸡蛋中含有类似"人体胎盘"的某些成分，是滋补品？

> 完全错误，毛鸡蛋毫无营养，还满含病菌。

毛鸡蛋是指经过孵化而没有变成小鸡的鸡蛋。在市场上出售的毛鸡蛋，大多是用于孵化小鸡的鸡蛋因温度、湿度不当或感染病菌而停止发育死于蛋壳内的死胚蛋。

这些死胚蛋完全没有传言中的那种功效。相反，蛋中原来含有的蛋白质、脂肪、糖类、矿物质及维生素等营养成分已全部或部分发生变化，绝大部分已被胚胎利用和消耗，所剩的营养成分甚微。经测定，死胚蛋里几乎百分之百含有病菌。食用这种不新鲜的死胚蛋不但毫无营养价值，而且容易发生中毒，引发痢疾、伤寒等疾病。

> 妈妈你看，毛鸡蛋更有可能引发多种疾病。

> 哎呀，幸好还没让人帮忙买毛鸡蛋，不然就浪费钱了。

参考文献

[1] 刘建. 鸡蛋与健康 [J]. 四川农业科技, 2001(8): 48.

[2] 薛伯鸿. 鸡蛋的营养与食用 [J]. 食品与药品, 1996(2): 25.

[3] 王玉田. 畜产品加工 [M]. 北京: 中国农业出版社, 2005.

[4] 刘畅. "笨鸡蛋": 聪明的谎言 [J]. 中国质量万里行, 2012(13): 46-51.

[5] 薛飞. 吃鸡蛋的六大误区 [J]. 中国粮食经济, 2006(1): 54.

[6] 李玉东. 鸡蛋不宜过多食用 [J]. 新农村, 1999(10): 24.

[7] 杨玉栋, 牛士成, 杨瑞武, 等. 吃鸡蛋的误区 [J]. 农业知识, 2007(13): 15.

多吃柿子皮，会得胃结石吗

作者：杨文昊

妈妈，你以前吃柿子不都是连皮吃的吗，怎么今天突然变了呢？

我最近看了一篇文章，里面做了个试验，说柿子皮里的鞣酸会和胃酸、蛋白质等发生反应，使蛋白质变性，形成结石，你帮我看看是不是真的？

鞣酸，也叫丹宁酸、单宁或者没食子鞣酸。鞣酸对于我们来说其实一点儿都不陌生，因为大部分水果中都含有鞣酸这种物质，比如苹果切开后不久切面就会变黑，这就是鞣酸被氧化的结果，另外绿豆和鸭梨等食物中也都有鞣酸。那么按照文章中"专家"的说法，是不是这些食物都不能吃了呢？

其实不然，在一些关于鞣酸的文献中，研究人员发现鞣酸其实对人体大有好处。首先，它有抗氧化的功能，可以消除各种自由基，延缓衰老，保护组织器官。其次，鞣酸还有抗菌、抗病毒的作用，对多种病毒都能起效。鞣酸最重要的优点是可以调节血脂和血糖，保护心血管系统，对糖尿病的治疗也有好处。

当然，文献里也提到鞣酸的缺点，鞣酸会降低消化酶的活性，降低钙等矿物质的吸收，但是文献里并未提到食用鞣酸会导致结石。

如此看来，文章中那个试验的漏洞就很明显了：化学反应里的试剂量和反应条件至关重要，鞣酸在胃里会与胃酸等发生反应，形成沉淀物不假，但要形成鸡蛋那么大的结石绝非易事。那个试验的柿子皮的汁有半烧杯那么多，如果用柿子皮提取的话，大概需要10个柿子，正常人一次不可能吃那么多柿子；而且试验中加入的酸量也很大，正常人的胃酸未必有那么多，再考虑到胃里其他的消化酶和食物，结石是否那么容易形成确实是未知数。

其实不止鞣酸，生活中对人体有用的物质因为过量摄入而造成危害的例子不胜枚举。

比如饮水过量会造成水中毒；维生素E对人体有益，但食用过量也会造成中毒；人体需要钙，但补钙过多反而易患结石。难道我们要因噎废食吗？没有什么东西是绝对有害或有益的，关键在于度。

鞣酸是一把双刃剑，面对这带刺的玫瑰，我们应该如何去做呢？这里给大家以下几点建议：

（1）如果你一年偶尔只吃几次柿子，每次只吃一两个，那么剥不剥皮没有多大影响。

（2）如果你经常吃柿子，比如每个星期或者每个月都要吃几次，那么建议剥皮。

（3）如果你365天每天都要吃柿子，那么在这种情况下，就是柿子肉里的鞣酸也足以形成结石，所以不要长期食用。

说了这么多，其实无非就是一个道理：**柿子少吃益体，多吃伤身，吃水果的种类多一点，才更有益身体。**

看来这些文章不一定都可信呢，还是要多重考证。

所以我们要开阔眼界，一起科学求证，拒绝成为谣言的传播者。

参考文献

[1] Ueda K, Kawabata R, Irie T, et al. Inactivation of Pathogenic Viruses by Plant-derived Tannins: Strong Effects of Extracts from Persimmon（Diospyros kaki）on a Broad Range of Viruses [J]. PLoS One，2013，8(1)：e55343.

[2] Serrano J, Puupponen-Pimiä R, Dauer A, et al. Tannins : Current Knowledge of Food Sources, Intake, Bioavailability and Biological Effects [J]. Molecular Nutrition & Food Research, 2009, 53(S2): 310-329.

[3] Matsumoto K, Kadowaki A, Ozaki N, et al. Bile Acid-binding Ability of Kaki-tannin from Young Fruits of Persimmon (Diospyros kaki) In Vitro and In Vivo [J]. Phytotherapy Research, 2011, 25(4): 624-628.

[4] Zou B, Ge Z, Zhang Y, et al. Persimmon Tannin Accounts for Hypolipidemic Effects of Persimmon through Activating of AMPK and Suppressing NF-kappaB Activation and Inflammatory Responses in High-fat Diet Rats [J]. Food & Function, 2014, 5(7): 1536-1546.

方便面和汽水一起吃会丧命吗

作者：张朴尧

妈妈，我的方便面呢？

我全部扔掉了，看你每天吃方便面、喝汽水，看得我心里发慌。

怎么回事呢，以前不是都吃得好好的吗？我也只是偶尔吃吃。

网上文章不是说，有个小伙子因为一边喝汽水一边吃方便面才得了腹胀气吗？据说汽水会和方便面里面的食物胶发生反应，导致大量气体释放，这是真的吗？

汽水喝多了会腹胀是正常现象，并不能归咎于方便面。

汽水，也就是碳酸饮料，其实是在一定条件下充入二氧化碳的饮料。初中化学老师也告诉我们，二氧化碳在水中的溶解度其实是十分有限的，是高压将这些气体生生地憋在了水中。喝过碳酸饮料的人大概都有过打嗝、腹胀的体验，而这正是由于溶解在液体里的二氧化碳释放出来造成的。我们打开瓶盖喝饮料时，由于瓶中压力的减小，很多二氧化碳在这个过程中已经跑掉了，而真正到了胃里的二氧化碳并不是非常多。

再来看看二氧化碳在胃里的运动过程：二氧化碳溶于水即为碳酸，碳酸的酸性非常弱，而胃酸的酸性几乎可以和盐酸匹敌。在低 pH 的环境下，大量的氢离子推动二氧化碳向溶解平衡移动，二氧化碳逸出，便灰飞烟灭了。而所谓的食物胶，是一种近中性的物质，似乎并没有什么机会对碳酸做手脚。

喝多了汽水会腹胀，这是碳酸饮料本身就具有的特性，不能只归咎于方便面。众多谣言案例中的人大多都有暴饮暴食的病史，忽略病史只提方便面与汽水的组合有失偏颇。

而且引起腹胀的原因其实是多样的，病人本身的胃肠道消化功能较弱、饮食习惯不佳都有可能造成腹胀。要知道，有多少人在吃方便面的时候喝可乐都没死。所以，面对这样的病例，要综合分析才能不被诱导！

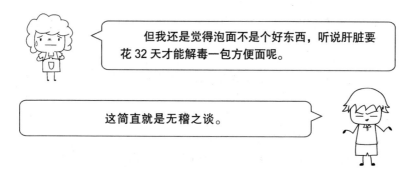

但我还是觉得泡面不是个好东西，听说肝脏要花 32 天才能解毒一包方便面呢。

这简直就是无稽之谈。

1958 年，世界上最早的方便面在日本大阪府池田市诞生了。这种新型食物的方便食用性使它很快席卷了整个人类世界，并且发展出了多种口味和样式。它不仅解决了懒人们的饱腹问题，也实现了人们在没有下厨的条件下能够吃上一碗热腾腾面条的梦想。池田市有一家博物馆专门纪念方便面的创始人安藤百福，以此纪念这个影响深远的发明。

然而，方便面的制作技术越来越成熟，口味越来越多样化，我们却越来越不敢吃方便面了。除了上面提到的"方便面和汽水同食会有生命危险"这一令人恐惧的说法之外，还有类似于"肝脏要花 32 天才能解毒一包方便面"的说法，乃至油炸食品、食品添加剂、致癌等字眼都渐渐地与方便面建立起了千丝万缕的联系。这样"恐怖"的方便面，你还敢吃吗？

曾经有一个在网络上疯传的视频，里面说：一碗方便面吃下肚久久不能被消化，而其中含有的 BHT 等成分需要肝脏花 32 天去解毒，同时 BHT 也是一种致癌物质。乍一看，这个说法有理有据，其实不然。

　　首先需要查明上述说法中的"毒"为何物，例如被重点提及的 BHT。这个化学物质的学名叫作 2, 6- 二叔丁基 -4- 甲基苯酚，是一种被广泛应用的抗氧化剂，它被用于食品、饲料、油脂、化妆品、合成橡胶、医药等很多行业中。因此，食品用和工业用的 BHT 从工艺制造到监测都有着严格的区分以及不同的标准。

　　1996 年，联合国粮农组织和世界卫生组织下的食品添加剂联合专家委员会（JECFA）对 BHT 下的结论是：BHT 作为食品添加剂使用不会对人体造成致癌危害。到目前为止，大约有 40 多个国家允许 BHT 作为直接或间接的食品添加剂使用。我国允许使用 BHT，按照《食品安全国家标准 食品添加剂使用标准》（GB 2760—2014），BHT 在油炸面制品中使用的最大允许量为 0.2g/kg（以油脂中的含量计）。

　　按照每包方便面 100g，通常含油量 20% 来计算，一包方便面中含有的 BHT 约为 2mg，这样算来 BHT 并没有超过卫生标准。食品添加剂联合专家委员会把 BHT 的每日容许摄入量定为 0.3mg/kg，对于一个体重 65kg 的成年人来说，大致摄入量为每天 20mg。综合来说，每包方便面中的 BHT 都是在我们人体的承受范围之内的。

　　肝脏确实是我们身体重要的解毒器官，它承担着体内许多物质的生物转化功能。肝脏接受肝门静脉收集来的血液，在肝小叶内进行一系列生化反应后将其输出肝外，被"解毒"后的血液继续循环在身体内。这个基本的解剖常识告诉我们，我们吃进去的东西要通过肠黏膜吸收进血液后才有机会接受肝脏的解毒。而我们吃进去的各种食物有相当一部分是不能被吸收的，最后形成的食物残渣通过粪便的形式排出体外。没有什么物质能够做到百分之百的吸收，BHT 也不例外。

　　另外，肝脏对物质的解毒周期是按照半衰期来计算的，所谓半衰期就是某种物质在肝药酶的作用下在血液中的浓度下降一半所需要的时间。首先，按照标准制定的剂量一定在肝脏可以接受的范围之内。其次，经过实验测定，小白鼠对 BHT 的半衰期为 9～11 个小时，这样计算下来，32 天解毒只能是无稽之谈。

　　所以，**让人谈之色变的 BHT 在合格生产的方便面中并不是什么毒药，更不会要肝脏解毒 32 天之久。**

听说一碗方便面里有上百种抗氧化剂？

出于工艺的必要性和成本考虑，方
便面不可能同时添加这么多添加剂。

事实上，像方便面这种需要长期保存的食物，抗氧化剂是不可或缺的成分。如果没有抗氧化剂，食物很容易酸败，氧化变质，产生大量过氧化物，而这些物质在致癌方面的作用是不容小觑的。所以在食物保存方面，抗氧化剂其实是功不可没的。

《食品安全国家标准 食品添加剂使用标准》规定，方便面中允许使用约100种食品添加剂，但是**考虑到工艺的必要性和成本因素，100多种食品添加剂不可能同时添加**。例如已经使用 β- 胡萝卜素就没有必要使用有同一功能的着色剂，如核黄素。所以上百种的抗氧化剂也不过是夸大事实、危言耸听罢了。

但方便面还是很不健康的食品啊！

这个倒是真的。

那么，作为"不健康食品"的代表，方便面对人体的"毒害"究竟在哪里呢？从表1-2中我们可以看出，方便面的含钠量非常高。众所周知，钠盐长时间摄入过多会增加患高血压、冠心病等疾病的风险。同时，高钠的食物也会给肾脏的排泄增加额外的负担。就三大营养物质来看，方便面中脂肪的比例偏高，而碳水化合物、蛋白质相较之下偏低，这并不完全符合我们身体所需要的营养结构。方便面配料包里的蔬菜都是脱水后制作的，其有效的维生素等成分都遭到了破坏。如果不添加其他辅食，我们并不能吃到有效的维生素成分。所以有人建议说，在吃方便面时可以多添加一些辅料，如蔬菜，以补充营养的缺失。

表 1-2　营养成分表

项目	每 100 克	营养素参考值（%）
能量	1888kJ	22
蛋白质	8.4g	14
脂肪	22.9g	38
碳水化合物	53.3g	18
钠	1914mg	96

综上所述，**方便面真正的不健康，不是源于它有多大的毒害作用，而是因为它不能为人体提供稳定、均衡的营养**。所以方便面不能长期吃，更不能当作一日三餐来吃，否则就会造成机体的营养不良，但偶尔吃一两次不会对人体造成巨大的危害。作为一种能够即食的食物，在很多时候方便性使其成为人们填饱肚子的选择，所以大可不必谈"面"变色。

虽然方便面不是那么可怕，但还是不要多吃。

但我还是可以偶尔吃的，没那么可怕，妈妈不用过度恐慌。

参考文献

[1]　云无心．吃一包泡面需要解毒 32 天吗 [J]．科学与文化（山东），2012(7)：62-63．

[2]　石寄裳．吃一包泡面需肝脏解毒 32 天 [J]．肝博士，2011(1)：58．

[3]　赵策强．抗氧化剂 BHT 的研究与应用 [J]．中国畜牧杂志，2006，42(4)：62-63．

[4]　尤新．食品抗氧化剂与人体健康 [J]．食品与生物技术学报，2006，25(2)：1-7．

动物肝脏真的可以明目吗？这些年的肝脏白吃了吗

作者：雷青青

妈妈，这是啥呀？

这是你这个假期的养生食谱！

这么多！猪肝绿豆粥、杞菊决明子粥、鱼粒青椒、萝卜粥……

这还不是为了你，你说还要吃些什么才能补补你那眼睛呢？

维生素 A 缺乏会引起眼睛干涩，好好补补维生素 A 很有必要。

维生素 A 可分为胡萝卜素（在体内转变为维生素 A 的预成物质）和维生素 A 醇（最初的维生素 A 形态），它是一种可以在小肠中被吸收的脂溶性维生素。维生素 A 常见的食物来源有牛奶、鸡蛋、肉类和绿叶蔬菜。有研究显示，发展中国家最常见的儿童致盲疾病是干眼症。而在营养不良引起干眼症的情况中，维生素 A 缺乏则是最常见的形式。**除了眼部表现，维生素 A 缺乏症还有着系统性的影响，包括贫血、骨骼的生长改变、免疫力降低、死亡率增加等。**

发展中国家和发达国家在维生素 A 缺乏方面有多大的差别?

差距还是挺大的!

维生素 A 的缺乏可以导致儿童失明甚至死亡。但是这种情况在发达国家中并不常见,发达国家的维生素 A 缺乏主要发生在一些特殊情况引起的营养不良(通常和酒精中毒有关)和脂质吸收障碍等情况中。

发达国家中维生素 A 的缺乏症患者仍是比较小的群体。引起他们维生素 A 缺乏的风险因素主要有:素食主义 / 奇怪的饮食习惯、厌食症、自闭症、克罗恩病、吸收障碍、代谢 / 储存不良、肠 / 减肥手术、肝脏疾病(包括原发性胆汁性肝硬化)、胰腺功能障碍(包括囊性纤维化)等。

但是在发展中国家,维生素 A 缺乏是一种很普遍的情况,每年都会有 100 万甚至更多不必要的失明或死亡的例子。以中国为例,《北京大学学报》2014 年的一项研究报告显示,研究人员对重庆市巴南区 492 名 2~7 岁学龄前儿童的膳食维生素摄入量对血浆维生素浓度的影响展开研究,发现他们血浆中的维生素 A 浓度的平均值为(1.04±0.30)μmol/L,边缘性维生素 A 缺乏的患病率(MVAD)为 43.5%,没有发现严重的临床维生素缺乏症(血浆维生素浓度 ≤ 0.35μmol/L)的病例。在排除各种影响因素后,经相关分析,在三所幼儿园中,饮食因素或许是维生素 A 缺乏的主要病因。膳食维生素 A 摄入量与血浆维生素 A 浓度显著相关,而根据富含维生素 A 食物的摄入量可以预测人体的维生素 A 营养状况。

中国疾病预防控制中心营养与食品安全所 2009 年的一项研究表明,中国 3~12 岁儿童的血浆维生素 A 缺乏在沿海、内陆和西部地区,牧区与非牧区,在不同家庭经济水平上均具有显著差异。研究同样显示,饮食习惯在维生素 A 的缺乏上可能起着决定性的作用。

综上所述,**除了吸收障碍和肝脏疾病患者以外,其余的维生素 A 缺乏者都可以通过饮食来补充维生素 A。**

既然动物肝脏可以帮助吸收维生素 A，那么可以多吃吗？

不行，多吃动物肝脏容易造成维生素 A 中毒，得不偿失。

众所周知，动物肝脏富含维生素 A。为此，2013 年研究人员在南非对 150 名 24～59 个月大的幼儿进行了一项调查。1～3 岁儿童的维生素 A 平均需求量大约为 0.21mgRE/d，而 4～8 岁儿童的平均需求量约为 0.275mgRE/d。在这项研究中，排除不同家庭、儿童饮食习惯等影响因素后，常规食用的肝脏中，维生素 A 的平均供给量均超过儿童对维生素 A 的平均需求量。

但是目前存在这样一种说法，动物肝脏中的胆固醇含量非常高，而维生素 A 在其他食品中的含量也非常丰富，因此靠吃动物肝脏来补充维生素 A 可能得不偿失。通过查阅相关资料，可以判断这种说法并没有科学依据，动物肝脏中的胆固醇含量并不足以对人体造成伤害。

这样看来，食用动物肝脏对人体而言是很有益的，那么是不是就可以多吃了呢？事实并非如此。

2008 年 10 月 7 日，延吉市 3 人因一次大量食用富含维生素 A 的狗肝脏而出现了维生素 A 急性中毒症状。在正常情况下，成人连续数月每天摄入 15mg 以上维生素 A，幼儿一天内摄入超过 5.55mg 或一次服用 200mg 维生素 A 或视黄醛，或者每日服用 40mg 维生素 A 多日，均可能出现维生素 A 中毒表现。人体正常的血浆维生素 A 浓度为 500～1500U/L，而以上 3 人同时食用了 80～130g 的狗肝脏，血浆维生素 A 浓度均超过了正常水平。

表 1-3 列举了三种常见动物肝脏中的维生素 A 含量，其中鉴于狗肝脏的个体差异较大，因此我们食用要慎重，食用量不宜过多。

表 1-3　常见动物肝脏中的维生素 A 含量

动物肝脏	维生素 A 含量（mg/100g）
鸭肝	0.3～0.68
猪肝	1.37～4.6
狗肝	0.45～35.87

　　不同动物肝脏的维生素 A 含量不同，不同的养殖条件也会影响肝脏的成分。常见的动物肝脏如猪肝、鸭肝的维生素 A 含量相对较低，几乎不会出现中毒症状。但是鱼类如鲨鱼、鲽鱼、刀鲛鱼的肝脏中富含维生素 A，比一般畜、禽肝脏中的维生素 A 含量高 100 倍，应谨慎食用。

　　因此，**我们平时应尽量选择在有机条件下喂养的普通动物肝脏，例如猪肝、鸭肝**。在没有其他维生素 A 来源的情况下，每日食用 30～90g 鸭肝或 5～20g 猪肝就可以满足 1～8 岁儿童对维生素 A 的需求。

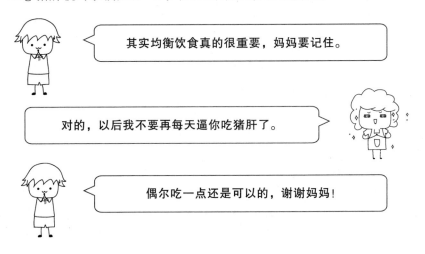

其实均衡饮食真的很重要，妈妈要记住。

对的，以后我不要再每天逼你吃猪肝了。

偶尔吃一点还是可以的，谢谢妈妈！

参考文献

[1]　Chiu M, Watson S. Xerophthalmia and Vitamin A Deficiency in an Autistic Child with a Restricted Diet [J]．Case Reports，2015(20)：413.

[2]　Lee M H，Sarossy M G，Zamir E. Vitamin A Deficiency Presenting with 'Itchy Eyes' [J]．Case Reports in Ophthalmology，2015，6(3)：427-434.

[3]　Peng R, Wei X P, Liang X H, et al. Effect of Dietary Vitamin A Intake on Plasma Vitamin A Concentration in Preschool Children of Banan District, Chongqing, China

[J]. Beijing da xue xue bao. Yi xue ban= Journal of Peking University. Health sciences, 2014, 46(3): 366-372.

[4] 毛德倩，郭宁，曲宁，等. 中国不同经济水平 3～12 岁儿童血浆维生素 A 营养状况 [J]. 卫生研究，2009，38(3)：307-309.

[5] Nel J, van Stuijvenberg M E, Schoeman S E, et al. Liver Intake in 24～59-month-old Children from an Impoverished South African Community Provides Enough Vitamin A to Meet Requirements [J]. Public Health Nutrition，2014，17(12)：2798-2805.

[6] 刘长杰，杨琨. 维生素 A 中毒 3 例分析 [J]. 中国社区医师：医学专业，2010(3)：14.

[7] 姚碧霞，曾琼萍，肖富玉，等. 几种动物肝脏中维生素 A 的含量分析 [J]. 应用化工，2008，37(8)：953-954.

关于水果，你必须知道的那些宜与忌

作者：李洽宁

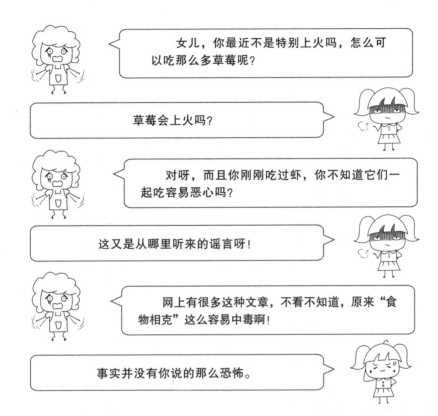

食物中的营养素互相作用进而影响吸收是事实，但人体不是实验室里的试管，消化吸收的过程以及胃肠液的作用，使得理论上可行的化学反应在人体内无法实现 1+1=2 的效果。实际上，食物成分之间发生的反应都很简单。很多时候，只有一些食物成分之间能够发生反应，而其生成的产物不能被人体吸收。这些不能被吸收的东西会被排出去，虽然可能会影响某些营养成分的吸收，但是并不会像传言中的那样，因为成分的重新组合而导致"有毒物质出现"。**在广为流传的"食物相克"组合中，至今还没有发现真**

正能产生"毒性"的。比起"食物相克"理论，平衡膳食的原则更为重要。

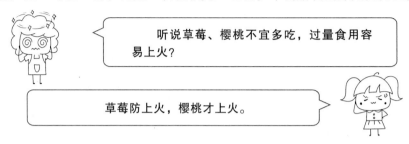

> 听说草莓、樱桃不宜多吃，过量食用容易上火？

> 草莓防上火，樱桃才上火。

中医认为，草莓性凉、味甘，具有润肺生津、解热祛暑、健脾和胃、利尿消肿等功效。草莓被中医临床用来调理肺热咳嗽、暑热烦渴、食欲不振、小便短少等病症，脾虚泄泻者不宜多吃。

樱桃性微温，味甘、酸，具有益脾养胃、滋养肝肾、涩精止泻的功效，可以用于脾胃虚弱所致的少食腹泻，或脾胃阴伤所致的口舌干燥；肝肾不足所致的腰膝酸软、四肢乏力、遗精；血虚所致的头晕心悸、面色不华等病症。热性病及虚热咳嗽、便秘者忌食，肾功能不全、少尿者慎食，有溃疡症状、上火时应慎食。

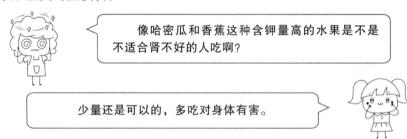

> 像哈密瓜和香蕉这种含钾量高的水果是不是不适合肾不好的人吃啊？

> 少量还是可以的，多吃对身体有害。

根据《中国食物成分表》，可以将含钾量高的食物分成如表1-4所示的几种。

表1-4　含钾量高的食物

种类	示例
奶类	奶粉、奶片
五谷根茎类	白薯、马铃薯、麦片等
蛋豆鱼肉类	毛豆、香肠、肉松、鱼干、绿豆、腐竹、带鱼、鲫鱼等
蔬菜类	西红柿、空心菜、苋菜、竹笋、芹菜、青蒜、草菇、蘑菇、金针菇、菠菜、茼蒿、韭菜、苦瓜、脱水加工的蔬菜
水果类	各种果汁、榴梿、香蕉、草莓、枣、香瓜、哈密瓜、枇杷果等
坚果类	花生、杏仁、开心果、瓜子、松子及腰果等
其他类	肉汁、鸡精、茶叶、咖啡、低钠盐、无盐酱油、巧克力等

钾离子是体内重要的电解质。人体内的钾 98% 存在于细胞内液，2% 存在于细胞外液。正常的肾能帮助人体从尿液中排出多余的钾，使排出量与摄入量大致相等。当肾功能出现问题时，由于肾小球滤过率下降及肾小管功能降低，则易出现血钾紊乱。当吸收钾量过多时，细胞外液中的钾便急剧升高，体内增多的钾不能立即从肾脏排泄，就会引起高血钾。高血钾可对心脏产生较大影响，如发生心动过缓、传导阻滞、心室纤颤，甚至突然停搏而危及生命。故**肾功能不全者应少吃或不吃含钾量高的食物。**

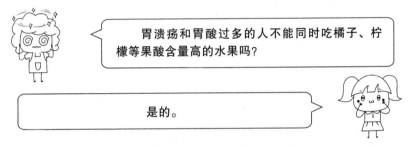

胃溃疡和胃酸过多的人不能同时吃橘子、柠檬等果酸含量高的水果吗？

是的。

胃病、胃溃疡、胃酸过多的病人，不宜吃酸梨、柠檬、杨梅、青梅、李子等含酸量较高的水果，以防有损溃疡愈合，或因骤增胃酸而加重病症。橘子含丰富的有机酸，也属于上述水果范畴。

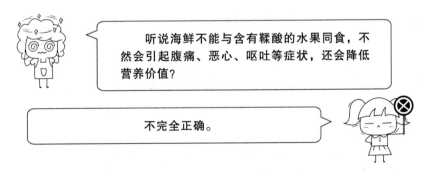

听说海鲜不能与含有鞣酸的水果同食，不然会引起腹痛、恶心、呕吐等症状，还会降低营养价值？

不完全正确。

鱼、虾、藻类含有丰富的蛋白质和钙等营养物质，如果与含有鞣酸的水果同食，易使海产品中的钙质与鞣酸结合，形成一种新的不易消化的物质，这种物质会刺激胃部引起不适，使人出现腹痛、呕吐、恶心等症状。含鞣酸较多的水果有柿子、葡萄、石榴、山楂等。但需要注意的是，**所有食物都要经过胃酸的"洗礼"，因而就算是不吃这些含酸的水果，海产品中的蛋白质也要被分解，因而不存在营养价值降低的情况！**

据说榴莲不能和酒、可乐、牛奶一起食用？

还没有科学证实。

在体外实验中，榴梿提取物对分解酒精的乙醛脱氢酶有抑制作用，但在动物实验中，没有出现榴梿和酒同食更容易醉的现象。东南亚国家也没有禁止人们在吃榴梿时喝酒。吃大量榴梿之后对酒精代谢造成影响的情况，在一些人身上是有可能出现的，通常表现为酒醉得比平时更严重。但这并不是普遍现象，不会发生在每个人身上。这是因为双硫仑样反应程度因人而异。双硫仑是一种戒酒药物，它与乙醇联用时可抑制肝脏中的乙醛脱氢酶，使乙醇在体内氧化为乙醛后，不能再继续分解、氧化，导致体内乙醛蓄积而产生一系列反应。

许多药物具有与双硫仑相似的作用，人若在用药后饮酒，会出现面部潮红、眼结膜充血、视觉模糊、头颈部血管剧烈搏动或搏动性头痛、头晕、恶心、呕吐、出汗、口干、胸痛、心肌梗死、急性心衰、呼吸困难、急性肝损伤、惊厥甚至死亡。另外，只有吃下超过正常量的榴梿才可能有反应，而且后果并非十分严重，更不容易造成死亡，大多数情况是加重酒后不适，酒醒就会好。**该谣言的变种"榴梿不能和可乐、牛奶同食"也没有科学证实。**

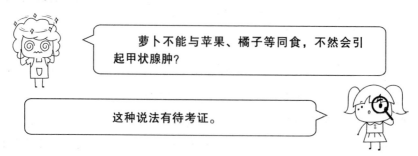

萝卜不能与苹果、橘子等同食，不然会引起甲状腺肿？

这种说法有待考证。

萝卜不宜与橘子同食的理由是，萝卜在食入后会产生一种抗甲状腺物质——硫氰酸，如果同时进食含大量植物色素的水果，如橘子、梨、苹果、葡萄等，这些水果中的类黄酮物质在肠道经细菌分解后，会转化成一种物质，可加强硫氰酸抑制甲状腺的作用，导致甲状腺分泌的甲状腺激素减少，促甲状腺激素反馈性地分泌增多，从而诱发甲状腺肿。但**目前还没有科学文献证实萝卜不宜与橘子同食。**

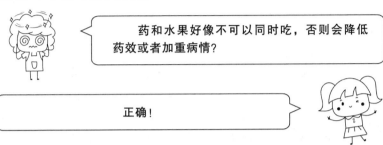

药和水果好像不可以同时吃，否则会降低药效或者加重病情？

正确！

　　专家提醒，**病人在服药前、后半小时之内不要食用水果**，因为有些水果含有可与药物发生化学反应的物质，从而降低药效，或其本身就会加重病情。如含果酸较多的苹果、梨、桃可与抗胃酸药碳酸氢钠发生反应，含糖较多的水果则会降低降糖药的药效。

　　有些水果中的物质会加重药物的不良反应，如含果酸较多的水果会加大阿司匹林、糖皮质激素等诱发胃溃疡的概率；香蕉等含钾量高的水果不宜与保钾利尿药，如螺内酯、氨苯蝶啶、阿米洛利等同时服用。

　　另外，水果中的果酸会改变人体胃肠道内的 pH 酸碱度，而一些对 pH 酸碱度非常敏感的药物与这些水果共同进入胃肠之后，其药效会大打折扣。此外，人在咀嚼水果时会引起胃酸分泌，从而改变胃内的 pH 酸碱度。而红霉素、链霉素等在碱性环境中的杀菌力最强；磺胺药的代谢产物在酸性尿液中的溶解度低，易沉淀引起结晶尿，碱化尿液则可促进其排泄，所以在服用这些药物时都应少吃酸性水果。

妈妈，那些所谓的食物相克很多都还没有得到证实，我们反倒是要根据自己的身体情况来吃水果，同时也要注意药食相克！

你说的对，我也得赶紧跟你大姨说一声，她可爱吃水果了。

参考文献

[1] 孔诚. 向您介绍吃水果的科学知识 [J]. 东方食疗与保健，2008(11)：41-49.

[2] 张镐京，郗效. 药食同源——果品篇 [鲜果类（三）] [J]. 中华养生保健，2007(3)：41-42.

[3] 战雅莲. 五月初夏，防止上火 [J]. 食品与健康，2013(5)：12-13.

[4] 张晓宇，苏春燕，鲁新红，等. 饮食干预对血液透析病人血钾的影响 [J]. 护理研究，2009，23(8)：2022-2024.

[5] 周美华. 慢性肾衰病人因食用哈密瓜引起高血钾一例报告 [J]. 中华护理杂志，1998(1)：25.

[6] 领文. 吃水果要因病而异 [J]. 产品可靠性报告，1994(12)：34.

[7] 丁姗姗. 桔虽美味 咱得吃对 [J]. 科学新生活，2013(44)：12-13.

[8] 春丽. 食物相克不可怕 [J]. 农产品市场周刊，2011(33)：52-53.

[9] 姬十三. 不靠谱的"食物相克" [J]. 晚报文萃，2007(23)：66.

[10] 金锋. 吃水果也有注意事项 [J]. 长寿，2006(02)：28.

[11] 林宁. 榴梿＋可乐 毒胜眼镜蛇 [J]. 医药与保健，2013(10)：57.

[12] 秋叶. 不宜同食的食物 [J]. 农家科技，2000(07)：40.

[13] 林兮. 饮食禁忌禁不禁？[J]. 家庭药师，2012(10)：96-99.

[14] 彭永强. 服药前后，勿食水果 [J]. 长寿，2018(07)：51.

红皮鸡蛋更有营养？谁说的

作者：夏冬

妈妈，怎么锅里的都是红皮鸡蛋啊，我想吃别的。

这你就不懂了吧，红皮鸡蛋的营养价值比白皮鸡蛋的要高很多呢。

你这又是看哪篇文章说的呀？其实这并没有科学根据，妈妈你听我细说。

研究表明，鸡蛋营养价值的高低取决于鸡的饮食营养结构。科学家把产白皮鸡蛋和红皮鸡蛋的两种鸡放在相同条件下喂养，对白皮鸡蛋和红皮鸡蛋的营养成分进行对比研究后认定：红皮鸡蛋中的蛋白质含量为 12.4%，白皮鸡蛋为 13%；红皮鸡蛋中的脂肪含量为 11.2%，白皮鸡蛋为 9.9%；两者的其他营养成分含量也相差无几。所以，**红皮和白皮鸡蛋都可以吃，并没有高低之分。**

另外需要注意的是，一些养鸡场看准了人们喜欢红皮鸡蛋的商机，就在鸡饲料里掺了别的东西，使白皮鸡蛋的蛋皮变红了。这种赤裸裸欺骗消费者的手段，让人防不胜防。

看看这个蛋黄多黄，营养价值一定很高！

虽然这种说法有一定道理，但没必要强求。

蛋黄的颜色可以为淡黄色，也可以为橙黄色，蛋黄的颜色与其含有的色素有关，主要受鸡所摄入的食物影响。蛋黄中的主要色素有叶黄素、玉米黄质、黄体素、胡萝卜素及核黄素等。

因此，鸡摄入的含有这些色素的食物多少，产下的鸡蛋蛋黄颜色就会发生相应变化。蛋黄颜色深浅通常仅表明色素含量的多寡，有些色素（如叶黄素、胡萝卜素等）可在人体内转变成维生素 A。在正常情况下，蛋黄颜色较深的鸡蛋营养稍高一些。

但是由于人们偏好购买蛋黄颜色较深的鸡蛋，因此饲养者可能会视情况在饲料中添加叶黄素，使得鸡蛋蛋黄的颜色更深，以求销量更好一些。因此，**大家购买来源安全、有保障的鸡蛋即可，不必刻意追求鸡蛋蛋黄的颜色。**

儿子，你喉咙疼是吗，快点生吃这个鸡蛋，听说这有利于润肺和利咽！

吃生鸡蛋不仅易引起细菌感染，而且也并不是更有营养。

事实上，吃生鸡蛋不仅容易引起细菌感染，而且并非更有营养。这主要表现在以下五个方面。

（1）消化吸收率低。营养学家研究发现，吃生鸡蛋或不熟鸡蛋的吸收消化率比吃熟鸡蛋低 30%～50%。一是因为生鸡蛋的蛋白质结构比熟鸡蛋致密，胃肠里的消化酶难以接触，因而不容易被消化、吸收；二是因为生鸡蛋是一种半流质样黏胶物体，在胃肠道停留的时间很短，来不及消化、吸收就被排泄掉了。

（2）会增加肝脏的负担。大量未经消化的蛋白质在大肠下部会发生腐败，产生有毒物质。这些有毒物质有相当一部分会被肠道吸收，进入人体，这必然增加肝脏的负担。如果吃生鸡蛋的人原来就有肝功能损害或肝病，就很有可能发生中毒，出现头痛、头晕甚至血压下降或升高等症状。

（3）易得肠胃炎。鸡蛋外壳上充满小孔，这些小孔比致病菌要大几十倍甚至几百倍。因此，随时都可能有病原体侵入鸡蛋。营养学家发现：大约 10% 的鲜蛋带有致病菌、霉菌或寄生虫卵。食用被病原体污染的生鸡蛋，人就有可能发生急性肠胃炎和食物中毒。

（4）可引起食欲不振和消化不良。生鸡蛋有一种特殊腥味，这种腥味会抑制中枢神经，使消化液分泌减少，引起食欲不振和消化不良。

（5）可引发皮肤病。长期生吃鸡蛋会引起蛋白质营养不良，时间久了会导致皮肤变得粗糙、松弛、弹性差，毛发稀疏、变色，出现脱屑、过敏和全身乏力等症状。

因此，**鸡蛋要熟食，不要生吃。**

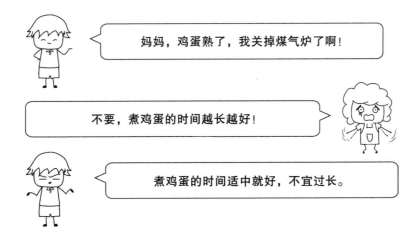

若煮鸡蛋的时间过长，蛋黄中的亚铁离子会与硫离子产生化学反应，形成硫化亚铁的褐色沉淀，妨碍人体对铁的吸收。

还要注意的是，若鸡蛋用油煎得过老，边缘会焦糊，蛋清所含的高分子蛋白质会变成低分子氨基酸，而这种氨基酸在高温下常可形成对人体健康不利的化学物质。

参考文献

[1] 刘建. 鸡蛋与健康 [J]. 四川农业科技，2001(8)：48.

[2] 薛伯鸿. 鸡蛋的营养与食用 [J]. 食品与药品，1996(2)：25.

[3] 王玉田. 畜产品加工 [M]. 北京：中国农业出版社，2005.

[4] 刘畅. "笨鸡蛋"：聪明的谎言 [J]. 中国质量万里行，2012(3)：46-51.

[5] 薛飞. 吃鸡蛋的六大误区 [J]. 中国粮食经济，2006(1)：54.

[6] 李玉东. 鸡蛋不宜过多食用 [J]. 新农村，1999(10)：24.

[7] 杨玉栋，牛士成，杨瑞武，等. 吃鸡蛋的误区 [J]. 农业知识：增收致富，
     2007(5)：45.

加工肉致癌，心内科医生集体吃素

作者：张今

妈妈，为什么我们今天吃全鱼宴呀？

我今天看到一篇文章，这段时间都不想吃肉了！

是怎样的一篇文章让无肉不欢的妈妈这么害怕？

这篇文章是有"科研铁证"的，世界卫生组织于 2015 年 10 月 26 日发表的一则新闻就是这么说的。文中说，加工肉确实是 1 级致癌物，加工肉中时常加有亚硝酸盐，长期食用会增加结肠直肠癌、前列腺癌、胰腺癌等癌症的发病风险，红肉也是致癌物质，加工肉和红肉到底是什么东西，怎么这么可怕呀？

妈妈，你不要太担心，加工肉是指经过处理的肉类，红肉是指所有哺乳动物的肌肉，它们的致癌效果并没有你看到的文章中所说的那么夸张。

加工肉制品是指经过盐渍、风干、发酵、熏制或其他为增加口味、改善保存而处理过的肉类。大部分加工肉制品含有猪肉或牛肉，但也可能包含其他红肉、禽肉、动物杂碎，或包括血在内的肉类副产品。常见的加工肉制品有火腿、香肠、腌肉、熏肉肠、肉干，以及肉类罐头和肉类配料及调味汁等。

红肉是指烹饪前呈现出红色的肉，包括所有哺乳动物的肌肉，如牛肉、猪肉、羊肉等。

那什么是 1 级、2 级致癌物？

1 级致癌物即"人类致癌物"，是指有"足够证据"证明该物质在人体内的致癌性，2A 级致癌物即"对人类致癌的可能性较高"的物质，是指证明此物质致癌的证据有限。

"人类致癌物"（即 1 级致癌物）是指有"足够证据"证明该物质在人体内的致癌性。换句话说就是，已有确凿的证据证明加工肉制品致癌。通常做出该评估的依据是接触此物质的人患癌症的流行病学研究。

"对人类致癌的可能性较高"的物质（即 2A 级致癌物）是指证明此物质致癌的证据有限，虽然观察到接触它与患癌症有正相关关系，但也不排除其他可能。也就是说，**证明食用红肉和患结肠直肠癌呈正相关的证据有限**。

另外，2B 级致癌物是指该物质对人类致癌的可能性较低；3 级致癌物是指该物质致癌的可能性不明确，其致癌性证据不充分；4 级致癌物是指该物质没有致癌的证据。

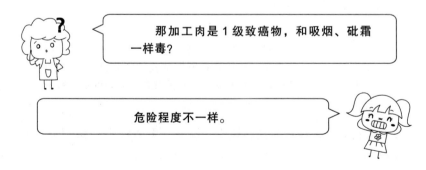

那加工肉是 1 级致癌物，和吸烟、砒霜一样毒？

危险程度不一样。

吸烟、砒霜也被归为"人类致癌物"（1 级致癌物），但这并不意味着加工肉制品与吸烟、砒霜具有相同的致癌性或者同样的危险性，只能证明它们致癌的证据都是确凿的。也就是说，**吸烟会增加肺癌的发病风险，加工肉会增加结肠癌、直肠癌等癌症的发病风险，它们的证据都是明确的，但是危险程度不一样。**

至于**砒霜，大众所熟知的是它的急性毒性**，在短时间内少量摄入即可引起胃肠道症状、神经系统症状，甚至死亡。这与长期、大量食用加工肉致癌显然是不同的概念。

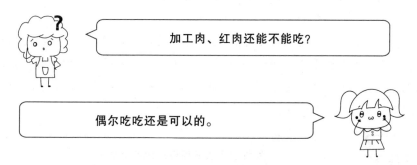

加工肉、红肉还能不能吃？

偶尔吃吃还是可以的。

加工肉因含盐量高，且含有致癌物，故不鼓励经常吃，但偶尔食用是可以的，并不会像吃砒霜一样中毒，其致癌作用也是长期积累的效果。至于红肉，国际癌症研究机构（IARC）的评估显示，每周吃不超过500g的红肉并不会增加肠癌的发病风险，平均到每一天就略多于70g。但如果增加吃红肉的数量，就会带来肠癌发病风险的增加。肉类营养丰富，按照中国居民平衡膳食指南的推荐，每天吃40～75g肉类是比较健康的，少用烤、煎、炸、熏的烹调方式，红肉没有必要禁止。

那为什么有报道说心内科医生因此集体吃素呢？

医生吃素对抗的是心脏病而不是癌症，而且吃素是有利有弊的。

这篇文章改编自新闻报道"39位医生集体吃素对抗心脏病"，注意，是心脏病而不是癌症。记者采访了浙江大学医学院附属邵逸夫医院心内科的医生，发现他们午饭"基本"吃素。具体来说就是，东坡肉只吃一小口或只吃几根肉丝，又或者荤菜基本只吃鱼，医生多次提到了"少吃大鱼大肉"和"坚持锻炼"这些健康的生活方式。所以，他们并不是全素食，更不是因为加工肉致癌所以吃素。

素食（全素食或蛋奶素食）的利：血压、血脂异常的患病率比非素食人群低，素食有利于心血管健康，能预防慢性病，素食中富含的植物活性成分有抗氧化和降低部分癌症死亡率的作用。

素食的弊：和普通饮食相比，吃素食尤其是全素食的人，容易营养不均衡，如缺乏维生素 B_{12}、维生素 D、锌、钙、ω-3 多不饱和脂肪酸。另外，植物性食物中的铁为非血红素铁，加上植物中富含的草酸影响铁的吸收，因此容易发生缺铁性贫血。

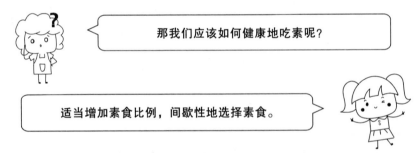

那我们应该如何健康地吃素呢？

适当增加素食比例，间歇性地选择素食。

中国居民的饮食习惯中，肉类吃得过多，蔬果相对不足，因此适当增加素食的比例对我们是有利的。对于素食主义者，建议权衡利弊进行选择，蛋奶素食（不食用动物的肉，包括肉类、禽类、鱼类或海鲜，但食用蛋类和奶类制品）是一种相对比较健康的方式。对于全素食者而言，如果能在素食的基础上适当增加富含优质蛋白质的食物（如豆制品），选用维生素 B_{12}、维生素 D、钙等营养成分的补充剂，也能满足机体的营养需求。

简而言之，**加工肉确实是 1 级致癌物，偶尔吃吃也是可以的，没有必要因此就改吃素食。只要在正常范围内（每天 40～75g）食用肉类，少用煎炸等不健康的方式烹制，红肉也是不需要禁止的。**

其实加工肉真的没有那么可怕，虽然它被归入1级致癌物。

我才发现1级致癌物原来并不是一定致癌，真是被这个名字吓死了。

不过我们还是要适当少吃加工肉制品。

我们要健康饮食，健康最重要。

参考文献

[1] Bouvard V, Loomis D, Guyton K Z, et al. Carcinogenicity of Consumption of Red and Processed Meat [J]. Lancet Oncology，2015, 16(16)：1599-1600.

[2] 牛一民，孙晖，王喜军. 三氧化二砷的代谢途径及毒理机制综述 [J]. 世界科学技术：中医药现代化，2011，13(2)：367-373.

[3] 范志红. 肉类致癌？我们还能健康吃肉吗 [J]. 家庭医学（下），2015(11)：40-42.

[4] 石琰琴，马洪波. 素食饮食方式与健康研究进展 [J]. 吉林医药学院学报，2014，35(3)：219-222.

[5] 李学军，闫冰，杨叔禹. 素食膳食对人体代谢的影响及机制探讨 [J]. 医学综述，2010(9)：1351-1353.

蕨菜治癌论，野菜多吃说

作者：于淼

妈妈，怎么我们又吃草呀？

这不是草，这可是野菜！你看这篇文章告诉我们，野菜作为绿色食品，营养价值可高了！

这种在路边生长的野菜怎么就无污染了呢，怎么会被定义为"绿色食品"呢？妈妈让我给你科普一下。

严格地讲，绿色食品是遵循可持续发展原则，按照特定生产方式生产，经专门机构认定，许可使用绿色食品标志的无污染、安全、优质、营养类食品。它具有一般食品所不具备的特征："安全和营养"的双重保证，以及"环境和经济"的双重效益。从这个定义中我们可以看出，"绿色食品"的标准还是非常严格的，绝不是简单的绿色食品，而是要求安全与营养并重。

反观野菜，它完全是在野外自然生长的，甚至就生长在马路边、污水旁，难免会受到重金属、农药等的污染，实在不够资格被称为"绿色食品"。

原来绿色食品的要求这么高啊，怪不得野菜算不上是绿色食品。

这是自然的，要不怎么会说"路边的野菜不要采呢"？

所以说，野菜被说成是绿色食品是值得怀疑的，还是多吃新鲜蔬菜少吃野菜吧。

看来野菜真不是好东西，我听说野菜中的蕨菜会致癌，吓坏我了。

不必太紧张，只要反复泡洗、加碱处理、高温灭菌，就能降低蕨菜中致癌物的含量。

其实，大家不必过分恐慌，首先国际癌症研究机构对蕨菜致癌作用的最新评价是 3 级致癌物，也就是有充分的实验性证据和充分的理论机制表明它对动物有致癌性，但对人体没有同样的致癌性。同样被划为 3 级致癌物的还有咖啡因、静电磁场等，这样看来，它与我们在日常生活中频繁接触的物质类似，没有必要引起恐慌。

同时，动物实验结果并不能百分之百地应用到人身上，动物实验中用的是蕨根磨碎沉淀的粗提物，并没有经过反复水洗，而在做蕨菜加工品时，没有人会直接生吃。为了去除它的苦涩味道，大家都会反复洗泡、加碱处理、腌制，最后还要高温灭菌，因为蕨菜中的致癌物原蕨苷本身的性质十分不稳定，在常温下就会挥发，因此这些加工措施都会极大减少致癌物的含量。

离开剂量谈毒性是不科学的，原蕨苷在蕨菜中的含量是十分低的，除非长年累月地吃蕨菜，否则根本不必担心有致癌的风险。

大家应该理性看待野菜，既不能认为它比普通蔬菜营养更高更健康，也不能将其视为洪水猛兽而因噎废食。

参考文献

[1] 梅红. 蕨菜真是致癌菜吗？[J]. 医药食疗保健，2015(2)：40.

[2] 肖菲. 如何看待蕨菜的致癌性？[N]. 北京科技报，2014-03-03(006).

[3] 马博，苏仕林，李荣峰. 蕨菜化学成分及其生物活性研究进展 [J]. 食品工业科技，2011(3)：413-416.

[4] 郭春敏. 绿色食品和质量标准 [J]. 中国质量，2002 (1)：10-12.

咖啡和香烟、维生素 C 和虾、啤酒和烧烤，一同食用非死即残？

作者：张朴尧

儿子，你爸爸每天在熬夜的时候又抽烟又喝咖啡，这不是容易得胰腺癌吗？快把我急坏了，你快帮我劝劝你爸爸吧！

妈妈，你消消气，抽烟不好是真的，但是不一定会得胰腺癌呀，你是从哪里听来的结论呀？

这篇文章都说了，咖啡和香烟搭配会导致胰腺癌。

并没有可靠的证据证明这一说法，而且有研究认为咖啡对胰腺有保护作用。

　　看到咖啡和香烟这样一对组合，首先会让人想起优雅的英伦绅士的生活。对于一些人来说，闲暇时喝一杯咖啡提神醒脑，点一支烟舒缓神经，简直赛神仙。可是有很多食物相克主题的文章提到这一对组合，却将"咖啡＋香烟"与胰腺癌画上了大大的等号。这样的搭配真会提高胰腺癌的发病率吗？

　　根据流行病学的调查，**吸烟确实与患胰腺癌有着一定的关联**。但是，咖啡和胰腺癌是否有明显的相关性，不同文献中有不同的结论。最早在 1981 年，有人提出观点，认为咖啡与胰腺癌有关联。而在后来众多的流行病学调查中，有人认为它们之间呈负相关，也就是咖啡可以预防胰腺癌；有人认为它们无相关；也有人认为咖啡确实是胰腺癌的一个发病因素。但更多的文献支持无相关的理论。

至于香烟与咖啡是否会构成交互作用，增加胰腺癌的发病风险，并没有可靠的流行病学数据支持。但有实验研究显示，咖啡对于胰腺是具有保护作用的，它通过抗氧化作用以及减少钙超载，对胰腺炎的进展起到一定的负性作用。总体来说，我们可以认为**香烟与咖啡组合会增加胰腺癌的发病风险这一说法并不成立**。

虾和维生素 C 一起吃会生成砒霜吗？

言过其实，但应注意不要在吃海鲜前后服用维生素 C，以免微量中毒。

砒霜这一毒药可以说是臭名昭著，算得上是最古老的毒药。它的化学成分主要是三氧化二砷，是一种无机剧毒药品，大约 150mg 三氧化二砷就有可能导致一名成年人中毒死亡。

相关说法认为虾和维生素 C 生成砒霜的原因是，虾的体内会富集一些重金属、非金属元素，其中就包括砷。砷的化学价主要有两种：+5 价和 +3 价，前者的毒性相对较小。维生素 C 是一种强还原剂，确实可以发生还原反应，将食物中的 +5 价砷还原为 +3 价砷。

但是，在由化学元素构成的生命体中，抛开剂量谈毒性是不科学的。我国的鱼类砷含量标准是 0.1mg/kg，对于合格的水产品来说，人要吃1136.3kg 才能达到中毒剂量（此处计算方法省略）。

假设成年男子的体重为 75kg，以致毒剂量计算，致毒的三氧化二砷剂量约为 60mg，而达到此效果需要维生素 C 约 107mg。中国营养学会2000 年规定的维生素 C 的每日推荐摄入量为 100mg，因为维生素 C 为水溶性维生素，故体内维持量会低于此值。从食物中摄入的维生素 C 量虽然会高于 107mg，但吸收、维持的量不足 107mg，局部的量更不大可能超过这个值。

上述结论显示，普通的果汁、水果、蔬菜中的维生素 C 含量都属于微量，因此不可能还原出那么多的 +3 价砷。如果是维生素 C 药片，那么确实建议不要在吃海鲜的前后时间段内服用，因为微量中毒也会有一些身体反应。但总体来说，这样耸人听闻的说法只是在夸大其词。

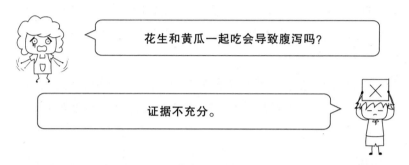

花生和黄瓜一起吃会导致腹泻吗？

证据不充分。

关于这个说法，有人用小鼠做了一组实验来验证。在这个实验中不仅有花生和黄瓜的组合，还有韭菜和蜂蜜的组合、猪肉和百合的组合、鸡肉和芝麻的组合。用这四种"相克"食物喂养十天后的小鼠并没有出现传言中的腹泻或死亡，各个活蹦乱跳、毛色顺滑，无论是体重、血生化还是肝功能都没有组间差异。

虽然没有进行人群实验，但上述实验也可以间接地证明"花生 + 黄瓜"导致腹泻这一说法证据不充分，我们不能够百分之百地相信它。所以，**去餐馆点一盘拍黄瓜配一碟花生米，也大可不必担心拉肚子。**

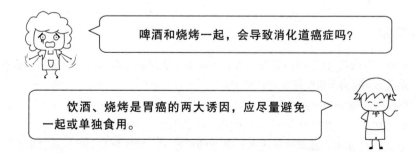

啤酒和烧烤一起，会导致消化道癌症吗？

饮酒、烧烤是胃癌的两大诱因，应尽量避免一起或单独食用。

啤酒和烧烤是很多人在炎热的夏季夜晚会选择的美好搭配，但这样的饮食习惯确实会为身体健康带来很多隐患。烧烤，尤其是碳烤，会使肉制品增加很多以杂环胺为代表的致癌物质，它们与消化道癌症，尤其是胃癌的相关性也得到了流行病学的证实，**而饮酒与胃癌的关联性也得到了众多流行病学的数据支持。**

不仅仅是饮酒，吸烟也是胃癌的一个高关联因素，小于 20 岁就开始吸烟、饮酒的人有着更高的患胃癌的概率。总的来说，不健康的饮食习惯都是胃肠道疾病甚至癌症的诱因。高盐、亚硝酸盐、腌制肉等，都与消化道疾病有着千丝万缕的联系。

要保护我们的胃黏膜，既要少吃烧烤、少喝酒，还要远离油炸食品，多吃绿色蔬菜。遵守膳食指南要求，而不是严谨地遵守所谓的食物相克的说法。

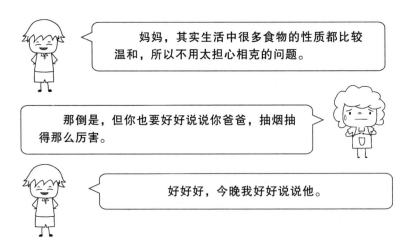

妈妈，其实生活中很多食物的性质都比较温和，所以不用太担心相克的问题。

那倒是，但你也要好好说说你爸爸，抽烟抽得那么厉害。

好好好，今晚我好好说说他。

参考文献

[1] 梁好. 胃癌、食管癌的病因学研究和环境危险因素人群归因危险度的评价 [D]. 北京：北京协和医学院，2012.

[2] 廖国周. 烧烤肉制品中杂环胺形成规律研究 [D]. 南京：南京农业大学，2008.

[3] 董立万. 海鲜莫与维生素 C 同食 [J]. 科学生活，2008(2)：92-93.

[4] 郑京平. 水果、蔬菜中维生素 C 含量的测定——紫外分光光度快速测定方法探讨 [J]. 光谱实验室，2006，23(4)：731-735.

[5] 周国中，李兆申，邹晓平. 胰腺癌病因流行病学研究现状 [J]. 中华肿瘤防治杂

志，2002，9(3)：225-227.

[6] 姚尧. 胰腺癌与环境、疾病、心理行为因素病例对照研究以及相关遗传易感性研究初探 [D]. 北京：北京协和医学院，清华大学医学部，中国医学科学院，2013.

[7] 赵金生. 部分相克食物组合的动物与人群试食研究 [D]. 兰州：兰州大学，2010.

这些蛋都不能吃吗

作者：杜赟

妈妈，我想吃油炸皮蛋。

油炸皮蛋不能吃，有篇文章说吃油炸皮蛋容易致癌！

妈妈，其实没有那么夸张，一切都有个度，不要吃太多就可以了，但为了降低致癌风险，最好少吃加工食品，减少反式脂肪酸的摄入。

反式脂肪酸是一大类含有反式双键的脂肪酸的简称，许多流行病学调查或动物实验都研究过各种反式脂肪酸可能带来的危害，其中对心血管健康的危害因证据充分而被广泛接受。食用油中的反式脂肪酸含量的确会随着加热温度的升高和加热时间的延长而增加，且温度越高越容易形成反式脂肪酸。

根据国家食品安全风险评估中心于 2013 年 7 月 10 日正式发布的《中国居民反式脂肪酸膳食摄入水平及其风险评估》报告，世界卫生组织建议每天来自反式脂肪酸的热量不超过食物总热量的 1%（大致相当于 2g）。报告显示，中国人通过膳食摄入的反式脂肪酸所提供的能量占膳食总能量的百分比仅为 0.16%，我国居民摄入的反式脂肪酸含量远低于世界卫生组织的指导意见，我国居民膳食中反式脂肪酸的健康风险很低。但需要强调的是，1% 的供能比并不是一个安全标准，不意味着低于这个比例就可以保证安全，高于这个比例就有害，而是指低于这个比例，带来的风险可以接受。

　　值得一提的是，加工食品（不完全氢化植物油、植物油精炼过程、高温长时间烹饪）是反式脂肪酸在食品中的主要来源，占反式脂肪酸总摄入量的71.2%，其中植物油占比最高，约为49.8%。由于我国居民饮食的西方化趋势及年轻一代居民摄入的反式脂肪酸水平偏高（摄入代可可脂巧克力、人造奶油等增多），反式脂肪酸在食品中的含量还是应当引起注意。

　　虽然我们不必谈反式脂肪酸而色变，但还是应该尽可能减少反式脂肪酸的摄入。油炸皮蛋虽然在高温条件下烹制时有可能产生反式脂肪酸，但考虑到平时的摄入量，偶尔吃一次也是可以的，但需要注意不能吃太多。另外，2013年1月实施的《食品安全国家标准 预包装食品营养标签通则》（GB 28050—2011）在强制标示内容中规定，食品配料中含有或在生产过程中使用氢化或部分氢化油脂，在营养成分表中应标示出反式脂肪酸的含量。所以，我们在选购包装食品时，需要留意一下。

　　至于提到的高温油炸产生自由基会致癌的问题，其实也与吃多少有关。正所谓小吃怡情、大吃伤身，癌症的发生是多种因素长期积累的结果。

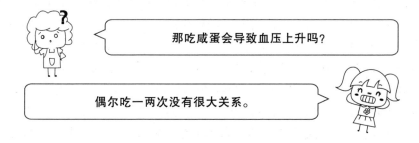

那吃咸蛋会导致血压上升吗？

偶尔吃一两次没有很大关系。

　　咸蛋中确实加入了大量盐分。研究表明，过量饮酒、吸烟、嗜盐、家族遗传的高血压、性格急躁以及体重超标都是中国居民患高血压的主要危险因素。

　　2013年1月，世界卫生组织推荐健康成人每天的食盐摄入量应低于5g，《中国居民膳食指南》里提到的是6g。食盐与高血压有密切的关系，主要是由于食盐中含钠。据估计，一个健康成人每天只需要500mg钠，约为1.25g食盐，就可以满足基本的生理需要，这个量远低于实际摄入的钠量。据统计，中国居民人均食盐摄入量为每天13.6g（相当于每天5.4g钠），远超生理需要量。中国营养学会在《中国居民膳食指南》中明确指出，要吃

"清淡少盐的膳食"。盐也不仅限于食盐，在一些食品中也含有较高的盐分，如酱油、辣椒酱、豆瓣酱、腐乳、卤味、某些罐头食品以及一些腌制食品，这些食物应少吃或不吃。

当然，我们也不能因噎废食，**钠作为人体元素的重要组成部分，应当适量摄入，并且在日常饮食中形成"低盐"的理念。**

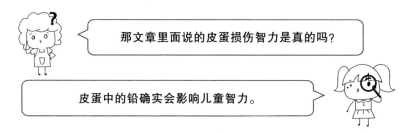

那文章里面说的皮蛋损伤智力是真的吗？

皮蛋中的铅确实会影响儿童智力。

皮蛋即松花蛋，由鲜鸡蛋、鲜鸭蛋制作而成，传统的皮蛋制作工艺中所需要的原料主要有混合纯碱、石灰、食盐、茶叶等，为了使鲜蛋中的蛋白质迅速凝聚并脱壳，还需要加入一些黄丹粉（含氧化铅）。由于铅对人体有毒害作用，会危害肾脏、神经系统、造血系统，影响儿童智力，所以逐渐发展出用EDTA（乙二胺四乙酸）代替氧化铅的无铅加工工艺，但无铅皮蛋并非完全不含铅，只是铅的含量低于《食品安全国家标准 食品中污染物限量》（GB 2762—2017）中规定的 0.5mg/kg。微量的铅对成年人的影响不大，但儿童对铅非常敏感，肠道内对铅的吸收率高达 50%。此外，无铅皮蛋中铜、铝的含量也较高。但相较而言，无铅皮蛋比有铅皮蛋更安全，对人体危害更小。

至于变性蛋白质是否会影响吸收的问题，在碱、酶及微生物的作用下，皮蛋内的一部分蛋白质会分解成简单蛋白质及氨基酸，皮蛋中的氨基酸含量增加，更易于人体消化、吸收。

还有一点需要提醒的是，据相关食品专家检验、分析，干净松花蛋的蛋壳上只有 400～500 个细菌，而被污染的松花蛋蛋壳上有高达 1.4 亿～4 亿个细菌，这些细菌会通过蛋壳空隙进入蛋内，使食用者中毒。所以在选购松花蛋时应注意，如果蛋白是暗褐色的透明体，且具有一定的韧性，就是干净的皮蛋，而被污染的皮蛋蛋白呈浅绿色，韧性差，易松散。

皮蛋中的确含铅，对儿童的影响比对成年人的影响更大，因此建议少吃。此外，在选购时也要注意选择干净、卫生的皮蛋。

经过加工的蛋确实可能对健康有一定的影响，但也没有必要因噎废食，一切离开剂量谈毒性都是不科学的。

妈妈，虽然这些经过加工的蛋对健康无益，但偶尔吃一次也是可以的。那我现在可以吃油炸皮蛋了吗？

想吃就让你吃一次吧，但记住不能吃太多。

参考文献

[1] 国家食品安全风险评估中心．中国居民反式脂肪酸膳食摄入水平及其风险评估报告摘要 [J]．食品安全导刊，2013(8)：22-24.

[2] 方唐．己所不欲，勿施于人——美味营养话皮蛋 [J]．健身科学，2012(2)：48-49.

[3] 巩家伟．鸡蛋不同吃法的利与弊 [J]．山西老年，2013(1)：081.

[4] 云无心．反式脂肪一定要零摄入？[J]．新晋商，2013(5)：116-117.

[5] 卫璐琦，刘彪，张雅玮，等．油炸与油炸食品中的反式脂肪酸产生、危害及消减 [J]．肉类研究，2014(7)：32-37.

[6] 陈超刚．盐多必失 [J]．糖尿病新世界，2005(2)：28-29.

[7] 罗雷，栾荣生，袁萍．中国居民高血压主要危险因素的 Meta 分析 [J]．中华流行病学杂志，2003，24(1)：50-53.

[8] 彭永强．皮蛋味美但不宜多吃 [J]．祝您健康，2011(10)：35.

[9] 王月．茶叶蛋到底有没有营养 [N]．保健时报，2006-04-13(009).

清明时节雨纷纷，甘蔗说我惹了谁

作者：苏仪西

 有篇文章说，一名女子吃了甘蔗之后就出现了手脚抽搐、不能站立，甚至停止生长的症状，实在是太可怕了。

不可能吧，文章是怎么解释的？

 文章里面说她吃了"红心"甘蔗。

妈妈，没有那么可怕，这是谣言。

 那红心甘蔗到底能不能吃？

红心甘蔗已经霉变了，最好不要吃。

红心甘蔗，其实是变质甘蔗。根据经验判断，变质甘蔗的外观没有光泽、有霉斑、质地柔软，甘蔗末端有絮状或茸毛状的白色物质，切开后切面呈现浅黄色或浅褐色，有轻度霉味或酒糟味，切面上还会有红色的丝状物。相比之下，品质好的甘蔗肉质清白，味甘甜。

之所以会霉变，大多是因为甘蔗长期贮存，越过冬天之后化冻，在春季适宜的温度下，真菌繁殖，容易发生霉变。这里要特别提醒大家，春季出售的甘蔗往往是秋季的存货。

一般来说，**吃甘蔗 2～8 小时后，出现呕吐、头晕、头痛、视力障碍，进而四肢僵直等症状，就说明吃了有毒的甘蔗，严重的话还会导致昏迷和死亡。**

目前认为引起甘蔗变质的霉菌为节菱孢菌，这是一种世界性分布的植物腐生菌。它产生的神经毒素为 3- 硝基丙酸（3-NPA），进入人体后会被迅速吸收，并在短时间内引起广泛性中枢神经系统损害，干扰细胞内酶的代谢，增强毛细血管的通透性，从而引起脑水肿、脑疝等。严重者会出现各种相关的局灶症状，有些损害有不可逆性。

3- 硝基丙酸的毒力稳定，经加热和消毒剂处理后毒力仍不减。动物实验表明，3- 硝基丙酸对多种动物都有毒性，如小鼠、大鼠、幼猫、狗、鸡、牛和羊等，主要受累的内脏器官和系统为肝、肾、肺和神经系统等，它还会引起高铁血红蛋白血症。

3- 硝基丙酸经胃肠道吸收较快，灌胃后其血液浓度达峰时间约为 12 分钟，进入血液后很快向各组织分布，能迅速通过血脑屏障，给药后 5 分钟即可在脑部不同区域检出 3- 硝基丙酸。可见它一旦被摄入，就会迅速损伤中枢，造成中枢神经系统损害。

甘蔗的中毒症状非常可怕，而目前尚无特殊治疗措施。急救治疗应对早期中毒病人的方式是迅速洗胃或灌肠以排出毒物，并采用对症处理，如保护肝脏和肾脏，纠正水和电解质代谢紊乱以及酸中毒；给予适量镇静剂止痛；对疑似有脑水肿者，使用脱水剂和激素；对重症病人使用促进脑组织代谢的药物；对昏迷病人使用苏醒剂。

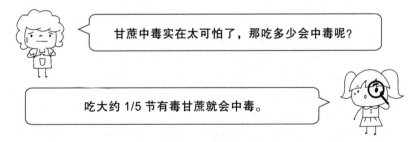

甘蔗中毒实在太可怕了，那吃多少会中毒呢？

吃大约 1/5 节有毒甘蔗就会中毒。

有国外文献指出，3- 硝基丙酸口服中毒剂量约为 12.5mg/kg，即一个 60kg 的成人，其中毒剂量约为 750mg。据报道，引起中毒的甘蔗样品中，

3-硝基丙酸的含量为1700~2083mg/kg。也就是说，吃不到0.5kg的甘蔗，就会中毒。而甘蔗的重量一般是2.5~5kg，故**最多吃1/5节有毒甘蔗就会中毒**。

可见，霉变甘蔗极易引起人体中毒，一旦误食，就会导致可怕的后果。那么，正常甘蔗有没有3-硝基丙酸呢？目前已知能合成3-硝基丙酸的植物有金虎尾科（MalPighiaceae）、荃菜科（Violaceae）、豆科（Leguminosae）和棒果木科（Corynocarpaceae）。而甘蔗是禾本科甘蔗属，因此在恰当的储存条件下不会合成3-硝基丙酸。**正常甘蔗本身无毒，霉变甘蔗有毒。**

> 那"清明蔗毒过蛇"这句话有没有道理？

> **有一定道理，但红心甘蔗的出现与清明节没有必然的联系。**

民间确实有这样一句话，"清明蔗毒过蛇"。经过调查，这句话是有一定理论依据的。果农根据经验给出的解释是：甘蔗的糖分含量高，储存时间过长，在气温升高的情况下很容易滋生霉菌，产生霉变，也就是我们常见的"红心"甘蔗。目前，市场上所卖的甘蔗大多是年底采收的，储存时间比较长，而清明前后各地升温加快，"红心"甘蔗出现的概率也就增加了。**但红心甘蔗的出现与清明节并无必然联系。**如果因为"清明蔗毒过蛇"这句话就一竿子打死所有的甘蔗，那保存得当、未变质的甘蔗可真的要喊冤了。

> 那我们应该怎么保存甘蔗呢？

> **可以学学以下几个小方法！**

为了让大家在暖和的天气里也能吃到比较新鲜、安全的甘蔗，下面教大家几个保存甘蔗的小方法。

（1）存放于阴凉处。

（2）不要把甘蔗尾部的叶子削干净，让其包住甘蔗身。

（3）竖起放置，根部放在水中（浸到2～3节的位置）。

原来吃个甘蔗还有那么多讲究，以后喝甘蔗汁好了。

最好不要贪图方便而在路边买甘蔗汁，因为我们很难判断是不是用霉变的甘蔗榨的。

很多朋友可能觉得吃甘蔗很麻烦，于是选择来一杯清甜怡人的甘蔗汁。在这里需要提醒大家的是，虽然前面已经教大家如何辨别霉变甘蔗，但是对于甘蔗汁，似乎并没有很好的办法去辨别。很多路边小摊往往没有营业执照，他们为了谋取利益，用霉变的甘蔗榨汁也是有可能的。

一杯甘蔗汁大约是400～500mL，根据前面计算的结果，吃0.5kg霉变甘蔗即可中毒，而榨一杯甘蔗汁所需的甘蔗差不多就是这个量。

所以，**在购买甘蔗汁时，一定要慎重**！首先，最好选择现榨现卖的摊位，尽量自己挑选甘蔗让老板榨汁。其次，不要在气温过高后选择购买甘蔗汁。最后，有条件的朋友可以自己在家里榨甘蔗汁。

通过上面一番论证、调查，大家大可不必对甘蔗敬而远之，视其为清明时节的"不祥之物"。只要经过仔细辨认、挑选，正常的甘蔗吃起来是安全放心的。

那就是说，清明节时还是可以吃甘蔗的？

是啊，妈妈，只要仔细辨认、挑选，确认不是霉变的甘蔗，就可以放心地吃了。

再见啦，那些让人忧心的生活谣言

参考文献

[1] 农业部农产品质量安全专家组．"红心甘蔗"真的有剧毒吗？[N]．农民日报，2016-04-09(06).

[2] 佚名．红心甘蔗毒过蛇 [N]．发明与创新（大科技），2016-05.

[3] 邵国健，韩建康，吴丹青．免试剂离子色谱法测定变质甘蔗中 3- 硝基丙酸 [J]．中国卫生检验杂志，2012(4)：9.

[4] 陈晓明，胡文娟，陈君石．天然毒素 3- 硝基丙酸的研究现状 [J]．国外医学：卫生学分册，1988，17(3)：158-161.

"蔬菜皇后"洋葱真的能代替药物吗

作者：杜依蔓

妈妈，为什么你要把洋葱放在我房间里？

有篇文章说洋葱可以杀死流感病毒。

洋葱并没有杀死流感病毒的作用啊。

可是你看，洋葱变黑了，这难道不是因为杀死了流感病毒吗？

不是的，妈妈，那是最常见的食品化学反应——酶促褐变。

作为蔬菜皇后，洋葱富含两类主要化学成分：类黄酮和 S- 丙烯基 -L- 半胱氨酸，具有抗癌、抗血小板聚集、抗血栓形成、平喘、抗菌等多种作用。2001 年，美国国家洋葱协会发起了一场全国性的洋葱消费活动，以推广洋葱的保健作用。

最近有人把洋葱剥皮之后放在房间里，认为洋葱可以吸收并杀死流感病毒。结果第二天洋葱变黑了，他们就以为这是吸收并杀死流感病毒的表现。**但实际上洋葱变黑只是一种最常见的食品化学反应——酶促褐变。**洋葱里的酚氧化酶和多酚类物质碰到一起，再加上氧气，就会发生酶促褐变反应。随着氧化反应的进行，洋葱的颜色从红变褐，从褐变黑。

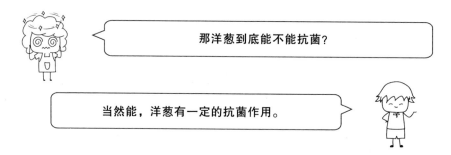

那洋葱到底能不能抗菌？

当然能，洋葱有一定的抗菌作用。

　　为什么洋葱可以抗菌？这要归功于它体内的含硫化合物，它能有效地抑制革兰阳性菌（如链球菌）和革兰阴性菌（如大肠杆菌）。

　　大家都知道，姜和蒜也可以抗菌，那么谁的抗菌能力比较强呢？科学家经过实验，得出如下结论：洋葱和生姜的抗菌性能较差，而大蒜的抗菌性能较好。

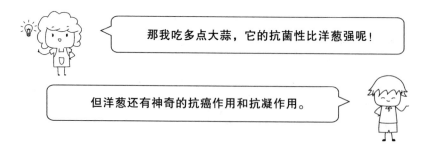

那我吃多点大蒜，它的抗菌性比洋葱强呢！

但洋葱还有神奇的抗癌作用和抗凝作用。

　　洋葱对预防癌症也有作用。它所含的硫化物可以预防乳腺癌，还能有效地抑制胃癌、食管癌和结肠癌，这些硫化物抑制癌细胞 DNA 模板的形成与复制，是通过调节致癌因子的代谢酶来实现的。

　　除了抗癌，洋葱还可以通过提高血小板中环腺苷酸的含量来抑制血小板凝聚，并能抑制血小板中由二磷酸腺苷导致的钙离子（Ca^{2+}）含量的升高和血栓素的形成，从而达到预防心血管疾病的作用。

看来虽然洋葱不能治病，但是它还是有挺多功效的！

对啊，妈妈，以后可以多用洋葱做菜给我吃。

行，你想吃就给你做。

参考文献

[1] Kang M J, Kim J H, Choi H N, et al. Hypoglycemic Effects of Welsh Onion in an Animal Model of Diabetes Mellitus [J]. Nutrition Research and Practice, 2010, 4(6): 486-491.

[2] 冯长根，吴悟贤，刘霞，等．洋葱的化学成分及药理作用研究进展 [J]．上海中医药杂志，2003，37(7)：63-64.

[3] 黄虎，薛永强，崔子祥．葱姜蒜及其复配物的抗菌性能研究 [J]．中国调味品，2009，34(6)：41-43.

[4] 张京春，陈可冀．383 洋葱——全球性保健食品 [J]．国外医学：中医中药分册，2003(6)：335-337.

[5] 龙绛雪，曹福祥．洋葱挥发油的抗真菌作用及其机制 [J]．中南林学院学报，2006，26(5)：89-92.

[6] 康美玲．洋葱抑菌作用研究 [J]．安徽农业科学，2012，40(5)：2604-2607.

水果喊冤：糖尿病患者不能吃？坐月子不能吃？痛经不能吃？

作者：张今

 妈妈，我们买点水果给奶奶吃吧！

不不不，你奶奶有糖尿病，怎么可以吃水果呢。

 哪有说糖尿病患者不能吃水果的呢？

是真的！我上次看到一篇文章说，水果中糖分多，糖尿病患者不能吃！文章还说孕妇多吃水果，宝宝皮肤会变好，女生月经不能吃水果，容易痛经呢。

 水果是惹谁了呢，我要帮它申冤！首先，糖尿病患者不能吃水果就是谣言！

《中国2型糖尿病防治指南》中就**建议糖尿病患者通过水果补充膳食纤维**。

最好是吃新鲜的水果，而不是用果汁代替水果。因为加工过的果汁去除了大部分膳食纤维，使糖分的吸收速度更快。糖尿病患者要选择一些低升糖指数（血糖生成速度比较慢）的水果，如苹果、梨、桃、樱桃、柚子等，少吃西瓜、荔枝等高升糖指数的水果。

另外，最好在餐后一小时左右吃水果。因为第一，餐后立即吃水果会加重胰腺的负担；第二，空腹吃水果可能使血糖出现明显的波动。

有研究表明，不同人的血糖水平对同样的水果可能会有不同的反应。比如，有的人吃香蕉后血糖迅速上升，有的人在吃完香蕉后血糖水平则能基本保持稳定。因此，有条件的糖尿病患者可以通过监测自己的血糖水平来调整饮食。

文章指出吃水果会引起痛经，所以经期不能吃水果吗？

这是谣言，其实经期少吃偏寒性水果就好。

首先，原发性痛经主要与体内分泌的前列腺素水平升高有关。其次，水果和蔬菜中的膳食纤维可以减少便秘的发生，避免盆腔充血。所以，从理论上来说，膳食纤维可以减少痛经的发生。另外，从中医的角度来说，经期应该少吃一些偏寒凉的水果，例如西瓜、梨等。

总之，**经期应清淡饮食，少吃偏寒凉的食物**。若吃了水果没有感到不适，那么就无须担心。若在经期选择不吃水果，则应多吃一些蔬菜来补充维生素和矿物质。

文章说孕妇多吃水果对宝宝皮肤好，是真的吗？

水果是孕妇每天的均衡膳食中不可缺失的部分，但还没有证据证明水果对宝宝皮肤的影响。

胎儿的肤色主要是由遗传因素决定的，想通过水果里维生素 C 的抗氧化作用让胎儿的皮肤变白，是不靠谱的。

暂时还没有证据表明，水果能改善胎儿的肤色和肤质。但是在孕早期每天吃 100～200g 水果，在孕中晚期每天吃 200～400g 水果，是均衡膳食中必不可少的一部分，并且水果里的膳食纤维可以改善孕妇便秘的情况。但是，大量吃水果或者喝果汁会增加妊娠期患糖尿病的风险。因为加工过的果汁去除了大部分膳食纤维，所以不建议用果汁代替水果。

蔬菜和水果中含有多种维生素、矿物质和膳食纤维等，如果人体缺乏这类物质，不仅可能导致便秘，而且会影响乳汁中营养素的含量，进而影响婴儿的生长发育。

推荐哺乳期妇女每天吃 200~400g 水果，加上 300~500g 蔬菜。在"坐月子"期间，女性确实需要比较多的能量，但饮食还是要均衡，不能只吃荤来"大补"。

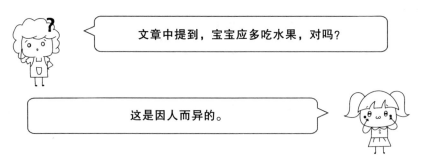

婴幼儿是否要多吃水果是因人而异的。对于 6 个月以内的婴儿，建议纯母乳喂养。6 个月~1 岁的婴儿，应以母乳喂养为主，并添加辅食，其中水果汁、蔬菜汁都是不错的辅食选择。而幼儿（1~3 岁）的饮食应该逐渐过渡到多种多样的食物。

但是婴幼儿的胃容量很小，吃太多水果，可能使其他种类的食物摄入不足。婴幼儿的食物应该依据营养全面、容易消化的原则来选择。奶类、蛋类、鱼虾类、畜禽肉类、粮谷类、蔬菜水果类都是幼儿生长发育所需要的。

看来我又被那些谣言给骗了。

网上的东西要警惕。那我们现在可以给奶奶买水果了吧。

当然。

参考文献

[1]　中华医学会糖尿病分会. 中国 2 型糖尿病防治指南 [J]. 中国糖尿病杂志，2014，22(8)：2-42.

[2]　王蓉，范志红. 膳食水果摄入与糖尿病风险 [J]. 中国食物与营养，2014，20(5)：84-87.

[3]　David Z，Tal K，Niv Z，et al. Personalized Nutrition by Prediction of Glycemic Responses [J]. Cell，2015，163(5)：1079-1094.

[4]　王磊. 妊娠中期孕妇水果、蔬菜摄入量与妊娠糖尿病风险的研究 [J]. 营养学报，2015，37(6)：540-543.

[5]　中国营养学会. 中国居民膳食指南：2011 年全新修订 [M]. 拉萨：西藏人民出版社，2010.

四个吃鸡蛋的误区！你中招了吗

作者：黄嘉琦

妈妈，为什么阿姨一天吃那么多鸡蛋呀？

不多的，你阿姨在坐月子，应该多吃一些鸡蛋。我当时坐月子的时候，一天吃 10 个鸡蛋呢。而且我看到有一篇文章也是这样说的。

妈妈，以前那是因为物质匮乏，现在我们除了每天吃鸡蛋以外，还要吃肉类、奶类、豆类、粮食和果蔬，因此不需要吃那么多的鸡蛋，认真听我给你解释！

鸡蛋是常见的食品，富含胆固醇，一个鸡蛋重约 60 克，含蛋白质 7 克。鸡蛋蛋白质的氨基酸比例很符合人体的生理需要，并易被机体吸收，利用率高达 98%，营养价值很高。可网上流传着一些鸡蛋的误区，现在让我们来看看那些关于鸡蛋的错误观点吧！

文章认为产妇要多吃鸡蛋，但是你说这是错误的，那产妇应该怎么做呢？

产妇应保持膳食平衡，而大量食用鸡蛋会引起不良后果。

我国传统观点认为，产妇在坐月子时应吃大量的鸡蛋，但在食物丰富的今天，已经不再需要如此。产妇应该保证食物的多样性，除了每天吃鸡蛋以外，还应吃肉类、奶类、豆类、粮食和果蔬，以达到膳食平衡。此外，产妇在分娩过程中体力消耗大，消化吸收功能减弱，肝脏解毒功能降低，大量食用鸡蛋会导致肝、肾的负担加重，引起不良后果。食入过多蛋白质，还会在肠道内产生大量的氨、酚等化学物质，对人体的毒害很大，容易出现腹部胀闷、头晕目眩、四肢乏力甚至昏迷等症状。

文章还说感冒后不能吃鸡蛋，这是真的吗？

其实鸡蛋与感冒关系不大。

有人认为，因为鸡蛋是"发物"，会加重感冒症状，所以感冒后不能吃鸡蛋。实质上，这很可能是混淆了感冒与发热这两种病症。严格来说，感冒是一种呼吸道传染病，发热则是由于体温调节中枢紊乱造成的。鸡蛋中含有丰富的蛋白质且很容易被人体吸收，进食后会产生一定的热量，加重发热症状。同样的道理，发热时也不宜吃瘦肉、鱼等高蛋白的食物。"发物"并不是一个定义明确的医学名词，而是民间的说法。鸡蛋富含蛋白质，有可能引起荨麻疹、湿疹等过敏症状，但与感冒关系不大。

鸡蛋煮熟不能泡冷水之后再吃吗？

如果是用合格的自来水，就完全不需要担心。

很多人都习惯将鸡蛋带壳煮熟后马上放到冷水中泡一下，一来可以降温，二来可以更容易剥掉鸡蛋壳。但有说法称，这么做忽略了冷水中有大量细菌，鸡蛋被加热后，可以阻止细菌通过的蛋壳膜被破坏了，蛋壳通气孔不再对细菌有阻挡作用，于是冷水中的细菌极易趁机侵入蛋内。

这样的担心是完全没有必要的。从 2012 年 7 月 1 日开始，国家就强制实施最新饮用水标准《生活饮用水卫生标准》（GB 5749—2006）。新标准的检测指标从原来的 35 项增加到 106 项，接轨国际通用水质标准。

若实在不放心，我们也可以采用其他方法，例如在煮制鸡蛋的过程中加入少量食盐。食盐既可以杀菌，又能使蛋壳膜和蛋清膜之间因收缩程度不同而形成一定的空隙，让蛋壳较易被剥离。

鸡蛋胆固醇高，食用鸡蛋会增加血清总胆固醇吗？

我们并不需要对鸡蛋惧而远之。

21 世纪初，出现了关于因食用以高胆固醇物质为饲料的动物而引起心血管疾病的报道，这引发了大众对胆固醇的恐慌。由于鸡蛋中的胆固醇含量相对较高，因此鸡蛋的高胆固醇问题成为消费者关注的一个重要话题。

其实，胆固醇是一种脂类化合物，广泛存在于动物体内，在脑、神经组织、肝、肾和表皮组织中含量尤为丰富，约占大脑干重的 17%，是动物组织细胞不可缺少的重要物质。人体内胆固醇来源可分为两类：一是外源性的，二是内源性的。外源性胆固醇主要来源于动物性食物，特别是脑、卵和内脏。

目前，没有明确的证据说明鸡蛋胆固醇会增加血清总胆固醇，即使鸡蛋的胆固醇含量较高，但人体每天自身合成的胆固醇含量远高于从食物中摄取的胆固醇。**鸡蛋自身的营养物质以及人体的调控机制均会使血清总胆固醇维持在正常水平，因此不用对鸡蛋惧而远之。**此外，影响血清总胆固醇的因素有很多。在现今生活水平日益提升的情况下，人体每天摄入的饱和脂肪酸含量、每天的运动量等生活习惯问题才是影响血清总胆固醇的主要因素。

虽说鸡蛋胆固醇与血清总胆固醇并不是正相关的关系，但鸡蛋也并非吃得越多越好。食用过多鸡蛋不仅会使多余的蛋白质无法吸收，造成浪费，而且会加重肝、肾的负担。青少年、重体力劳动者和营养消耗过多的人可以每天吃 2~3 个鸡蛋；儿童和老人一般每天吃 1 个鸡蛋即可满足机体需要，孕妇、产妇、贫血患者、体虚者及手术后恢复期患者，因为需要增加优质蛋白源，所以每天可吃 3～4 个鸡蛋（不宜过多），同时应注意与其他食物的合理搭配。

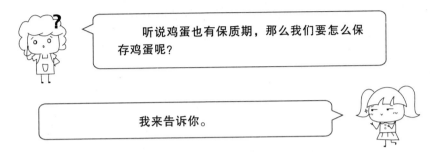

听说鸡蛋也有保质期，那么我们要怎么保存鸡蛋呢？

我来告诉你。

很多人认为鸡蛋的外壳能把所有细菌都拦在外面，但事实并非如此。蛋壳上有很多肉眼看不到的小孔，细菌有可能穿过蛋壳渗入蛋内。所以即使是放在冰箱内储存，也并不能抑制细菌的繁殖。

一般来讲，在 2～5℃的环境下，鸡蛋的保质期是 40 天；而在夏季室内常温中，鸡蛋的保质期只有 10 天。但是在购买时，鸡蛋往往已经在超市储存了一段时间，所以建议购买鸡蛋最好以一周的量为宜。比如，一家三口每天每人吃一个，那一次购买 20 个左右就可以了。**在放入冰箱前，最好用干布擦去鸡蛋表面不干净的东西，而不要用水洗，这是因为水洗会破坏蛋壳外的保护膜。另外，鸡蛋最好隔开存放。**

有些人觉得鸡蛋脏，故将其放在塑料盒里密封"隔离"，这样是不对的。因为在存放过程中，鸡蛋也需要"呼吸"，向外蒸发水分，用塑料盒保存，盒内不透气，里面的环境潮湿，会使蛋壳外的保护膜溶解而失去保护作用，加速鸡蛋的变质。

哎，看来我步入鸡蛋的误区了。

没事，这不还有我吗？辟谣小能手在此。

参考文献

[1] 佚名．日常吃鸡蛋的十大误区 [J]．安全与健康，2014 (3)：48-49.

[2] 吕斌．感冒后真的不能喝鸡汤与吃鸡蛋吗？[J]．山西老年，2014(3)：79.

[3] 新西．煮完鸡蛋别用冷水泡 [J]．百姓生活，2010 (4)：53.

[4] 王桂明．解读鸡蛋中胆固醇的认识误区 [J]．上海畜牧兽医通讯，2012(3)：55-57.

细数与鸡蛋相克的 ABCD

作者：缪丝羽

妈妈，我早餐想吃油条、鸡蛋和豆浆。

不行，鸡蛋和豆浆是不能一起吃的！吃了等于白吃，什么营养都没有吸收到。

妈妈，你这是从哪里听说的呀？

这里有一篇关于和鸡蛋相克的文章，里面说"鸡蛋与糖""鸡蛋与豆浆""鸡蛋与茶"等都是不能一起吃的，乱吃的话轻则影响吸收，重则引起中毒、癌症甚至死亡，很可怕的。

这是谣言，没有科学依据，你听我解释一下。鸡蛋和糖所起的美拉德反应对人体无害，它们是可以一起吃的。

网上有许多说法认为，将鸡蛋与糖放在一起烹饪，两者会因高温作用生成一种叫糖基赖氨酸的物质。糖基赖氨酸会破坏鸡蛋中对人体有益的氨基酸成分，而且这种物质不易被人体吸收，会对健康产生不良作用。

上面所说的高温下的作用其实是美拉德反应。这是羰基化合物（还原糖类）和氨基化合物（氨基酸和蛋白质）之间的反应，广泛存在于日常生活中。鸡蛋中的氨基酸与还原糖在加热的作用下会发生该类反应。

这一方面会导致鸡蛋中的赖氨酸、精氨酸等蛋白质含量降低，另一方面则会带来美拉德反应所形成的独特香味以及色泽。如此美味只需要牺牲一点蛋白质，并不会造成多大的营养损失。**美拉德反应在食品加工中应用广泛，对人体不会造成伤害，比如红烧肉的色泽与香味就是美拉德反应带来的，所以鸡蛋和糖是可以一起吃的。**

听说鸡蛋与豆浆不能同时吃？

大可不必担心，充分加热的豆浆不会干扰鸡蛋蛋白质的消化和吸收。

这篇文章中提到，豆浆中所含的抑肽酶会影响小肠中胰蛋白酶的活性，干扰鸡蛋中蛋白质的消化和吸收，甚至会使人腹泻，所以鸡蛋与豆浆不能搭配着吃。

然而真相并非如此。

实际上，大豆中的抑肽酶经加热煮沸 8 分钟后可被破坏 85% 以上，其中虽然尚含少量抑肽酶，但活性较低，不足以干扰鸡蛋蛋白质的消化和吸收。更何况豆浆中本身就含有大量蛋白质（和牛奶的含量相当），就算产生影响也是先影响到豆浆自己。

目前市售豆浆均经过充分加热。很多家庭用的全自动豆浆机，从豆子破碎之前就开始加热，全部程序达到 18～20 分钟，残余的活性抑肽酶非常少，可以放心饮用。

另外，**豆浆和鸡蛋不仅可以同吃，而且是很好的搭配**，因为鸡蛋中的甲硫氨酸和大豆中的赖氨酸可以形成蛋白质互补，提高两种氨基酸的利用率，符合推荐的膳食多样性原则。

那么鸡蛋与消炎药可以一起吃吗？

两者并没有相互的药理作用，但在消化道炎症期间应减少食用高蛋白食品。

消炎药分为非甾体类消炎药和甾体类消炎药（糖皮质激素等），这两类药物的用药说明中均没有提到鸡蛋是其禁忌或者有相互的药理作用。由于人在炎症期间消化道功能降低，摄入过多的蛋白质会加重机体的代谢负担，因此在消化道炎症期间应该尽量少食用高蛋白食品（如鸡蛋、牛奶等）。但这并不是说鸡蛋与消炎药一起吃会导致什么可怕的后果，鸡蛋与消炎药并没有相互的药理作用。

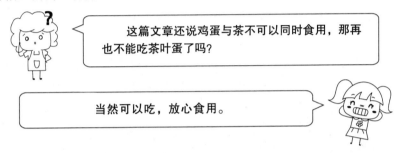

这篇文章还说鸡蛋与茶不可以同时食用，那再也不能吃茶叶蛋了吗？

当然可以吃，放心食用。

近日网上许多文章指出，茶叶中含有鞣酸成分，在烧煮时会渗透到鸡蛋里，进而与鸡蛋中的铁元素结合而形成沉淀，这对胃有很强的刺激性，长此以往，会影响营养物质的消化、吸收，不利于人体健康。茶叶中的生物碱类物质同鸡蛋中的钙质结合，不仅会妨碍鸡蛋的消化、吸收，而且会抑制十二指肠对钙质的吸收，容易导致缺钙和骨质疏松。

但是，真相并非如此。

有文献表明，茶叶中的茶多酚会促进鸡蛋蛋白质在胃液中的消化，抑制其在肠液中的消化。但是实验结果表明，人体总体的消化能力随着茶叶含量的增加而增强，与网上抑制鸡蛋蛋白质消化的说法恰恰相反。同时，茶叶对于鸡蛋还具有增加色泽和口味的作用，在一定浓度下也具有抑菌作用。所以，**鸡蛋和茶叶可以同时食用，茶叶蛋也是可以食用的**！

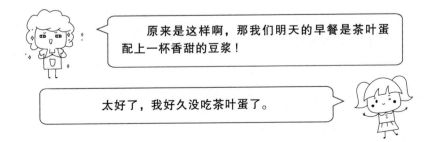

原来是这样啊，那我们明天的早餐是茶叶蛋配上一杯香甜的豆浆！

太好了，我好久没吃茶叶蛋了。

参考文献

[1] 沈飞. 茶叶对茶卤蛋加工品质及其消化影响研究 [D]. 无锡：江南大学，2014.

[2] 付莉，李铁刚. 简述美拉德反应 [J]. 食品科技，2006，31(12)：9-11.

[3] 陈冠如. 鸡肉、鸡蛋食物配伍禁忌拾粹与思考 [J]. 中国禽业导刊，2006(12)：35-36.

吃姜会致癌吗

作者：刘瑶

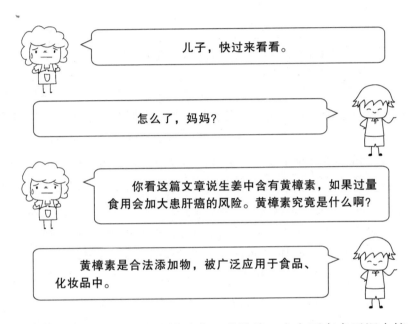

黄樟素（safrole）又称黄樟油素、黄樟脑，它主要存在于沉水樟、坚叶樟等樟属植物的精油中。黄樟素是一种天然香精，在姜、肉桂、肉豆蔻、罗勒这些家中常见的香辛料中都可以见到它的身影，它还被用于食品添加剂和化妆品中。

说起黄樟素，那真是一部血泪史。黄樟从很久以前就被广泛地用于烹饪和饮料中，一直以来都没有临床的案例证明它会对人体产生毒性。但是在20世纪六七十年代，针对黄樟素的动物研究引起了人们的忧虑。这些早期的动物研究表明，黄樟素会对许多动物的肝脏造成永久性的伤害。这些研究促使美国的管理机构，即美国食品药品监督管理局（FDA）禁止将黄樟和黄樟素用于食品和饮品当中。

但是峰回路转，1994年美国新的立法使得黄樟又可以被使用了，立法

允许黄樟草药及其产品以食品添加剂的形式进入市场，并且不必说明它的
有效性和安全性。因此，黄樟在美国又被广泛地种植和使用起来。然而，
却没有新的关于黄樟素的研究被发表出来。

文章不是说人类摄入黄樟素会致癌吗？怎么
它还是合法添加剂啊，太可怕了！

文章中提及的研究都是针对小鼠而非人类的，
所以不必过度惊恐。

通过查找这篇文章提及的研究所在文献，我们发现原文献中其实没有
直接得出有关人类摄入黄樟素会导致肝癌的实验结果，所有结果都是针对
小鼠和大鼠得出的。原文献的结论是，小鼠小剂量口服黄樟素后会很快被
机体吸收，并且在 24 小时之内就会经尿液排出体外。当小鼠的口服剂量从
0.6mg/kg 加大到 750mg/kg 后，则在 24 小时之内仅有 25% 的代谢产物从
尿液中排出。当使用高剂量后，在 48 小时内血浆和组织中的黄樟素浓度还
在持续上升，这从某种程度上说明小鼠的排泄通路受到了破坏。

黄樟素在尿液中的主要代谢产物是 1，2- 二羟基 -4- 烷基苯和 1- 羟基
黄樟素这两种致癌物质，但是在后续的人体实验中并未检测到相关的代谢
产物。读到这里，相信大部分读者大概已经了解到整个事件的真相，那就
是原研究中黄樟素具有诱导肝癌的作用是直接作用于小鼠身上的。至于人
类到底会不会因为摄入过多黄樟素而罹患肝癌，该研究并未直接告诉我们。

但还是很可怕呀，官方有没有确切的说
明，让我们可以吃得安心呀？

欧盟委员会对黄樟素的摄入量做出了规范，
允许加入量为 2mg/kg。

针对上述研究，为了预防万一，2002 年欧盟委员会下属的健康与消费
者保护理事会对黄樟素的摄入量做出了规范。在绝大部分食物中，黄樟素

的允许加入量为 2mg/kg。其中对罐头鱼、口香糖、肉桂做出了特别限定，并且对人的黄樟素日摄入量做出了粗略估算：每人每天不超过 1mg。

由于很多文献并没有提及测定姜中黄樟素含量的方法，因此只能借同属于姜科的小豆蔻的测量方法来推算：利用高效液相色谱法测得豆蔻油中的黄樟素含量为 138μg/g（已是经过提纯而得到的精油）。从 500g 小豆蔻中最多能得到大约 5g 的纯化物，这样计算下来，500g 小豆蔻中黄樟素的含量大约为 700μg，也就是说，要达到欧盟委员会规定的日摄入量上限，每天要吃 715g 的小豆蔻，还要保证全部吸收，并且坚持日日如此，最终才能达成罹患肝癌的"大业"。

若食用姜也是如此，那么普通人如果没有异食癖，估计没有谁会这样吃姜吧。想通过吃姜来患癌，要走的路还很长啊。

除了**无须担忧日常食用姜会造成肝癌以外**，这里还想告诉大家，根据《癌症风险因子暴露指南》[*Ranking Possible Cancer Hazards from Rodent Carcinogens，Using the Human Exposure/Rodent Potency Index*（HERP）]所列出的风险因子及临界值可以发现，除黄樟素外，苹果、橙汁、咖啡、土豆、番茄等日常食品也会成为罹患癌症的风险因素。所以，我们每时每刻都暴露在风险因子之中。

总而言之，离开剂量谈毒性，只一味地说某种食物会致癌而罔顾实际所含的剂量，都是不科学的。与其如履薄冰、如坐针毡般地惶惶不可终日，还不如豁达一点。

也是，这些谣言都是在抛开剂量骗人。

参考文献

[1] 李长于，李祖光，周示玉，等．气相色谱 – 串联质谱法测定香精香料中的香豆素和黄樟素 [J]．质谱学报，2011，32(5)：265-270.

[2] Liu T Y, Chen C C, Chen C L, et al. Safrole-induced Oxidative Damage in the

Liver of Sprague-Dawley Rats [J]. Food and Chemical Toxicology，1999，37(7)：697-702.

[3] Benedetti M S, Malnoe A, Broillet A L. Absorption, Metabolism and Excretion of Safrole in the Rat and Man [J]. Toxicology，1977，7(1)：69-83.

[4] 王海利，孟昭宇，汤建国，等. 超高效液相色谱法测定天然提取物中的黄樟素 [J]. 香料香精化妆品，2009，2009(6)：11-13.

睡前喝牛奶能安然入睡吗

作者：夏冬

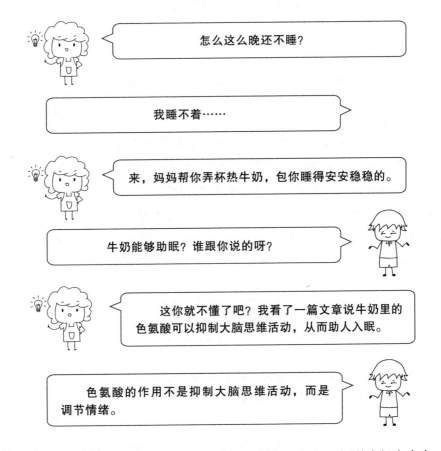

怎么这么晚还不睡？

我睡不着……

来，妈妈帮你弄杯热牛奶，包你睡得安安稳稳的。

牛奶能够助眠？谁跟你说的呀？

这你就不懂了吧？我看了一篇文章说牛奶里的色氨酸可以抑制大脑思维活动，从而助人入眠。

色氨酸的作用不是抑制大脑思维活动，而是调节情绪。

关于牛奶助眠，有人从"科学"的角度进行过解释。据说牛奶中含有一种能使人产生疲倦欲睡感觉的物质——色氨酸。色氨酸是大脑合成 5- 羟色胺的主要原料，而 5- 羟色胺能使大脑思维活动暂时受到抑制，从而使人想入睡。

但真相是，5- 羟色胺是大脑内的"快乐素"，它可以影响大脑活动的每一个方面，如调节情绪、增加精力、加强记忆力，甚至能改变人生观、价值观，所以它的作用并不是抑制大脑思维活动。理论上说，与情绪关系较为密切的色氨酸进入大脑后，在酶的作用下，会合成5-羟色胺，改善情绪从而促进睡眠。

既然色氨酸能够改善情绪，为什么不能促进睡眠呢？

有其他氨基酸作为强大的竞争对手，大脑要吸收牛奶中的色氨酸是很难的。

在现实中，大脑要想吸收牛奶中的色氨酸从而合成5-羟色胺，恐怕没那么容易。美国斯坦福大学的教授做了一个相关实验，实验结果表明，在人类或者动物食用牛奶后，脑内的色氨酸并没有明显增加。研究发现，牛奶中不仅含有色氨酸，还有很多其他的氨基酸作为色氨酸的竞争对手，比如酪氨酸等，它们都会影响大脑吸收牛奶中的色氨酸。而且，酪氨酸甚至会给大脑带来兴奋感。因此，**牛奶实际上很难达到改善睡眠的作用。**

那我们应该怎样做，才能让大脑顺利地吸收牛奶中的色氨酸呢？

在喝牛奶前吃些碳水化合物，促使身体分泌出胰岛素，为色氨酸"开道"。

我们可以做的，就是帮助色氨酸打败它的竞争对手。在碳水化合物进入我们的体内后，水解产生糖分，会促使身体分泌出胰岛素来抑制糖分，而这些胰岛素的分泌正好可以为色氨酸"开道"，色氨酸就会比较容易进入我们的大脑中。就目前市面上出售的牛奶而言，其本身仅含少量碳水化合物，难以启动较多的胰岛素进行代谢。所以，**可以在喝牛奶前吃些碳水化合物，这样就可以让牛奶有效地改善人体睡眠。**

　　针对睡前喝牛奶，从营养的角度来讲，牛奶除了含有色氨酸以外，还有低热量、容易消化的优点。但是用它来改善睡眠时，不仅要配合碳水化合物，而且喝牛奶的时间也很重要。如果喝完牛奶立即睡觉，牛奶很难被马上吸收；如果睡觉前既吃零食又喝牛奶，胃里存有很多食物，那么会增加消化负担，不利于我们睡眠。而且，如果晚上在刷牙后再喝牛奶，对牙齿也不好。因此，**如果依靠食物来改善睡眠，就要把握好时间，不能顾此失彼。**

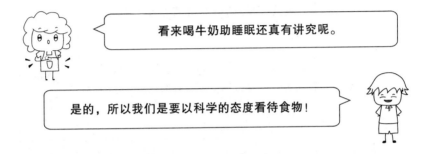

看来喝牛奶助睡眠还真有讲究呢。

是的，所以我们是要以科学的态度看待食物！

参考文献

刘汝佳. 牛奶能否助睡眠？[N]. 北京科技报，2013-9-30(34).

睡前一杯酒，能安睡到天亮吗

作者：夏冬

女儿，我们干了这杯酒之后好好睡觉。

妈妈，我明天还要考试呢，不能喝酒。

你看这篇文章，它说喝酒有助于睡眠，喝完就有睡意，难道不是吗？

喝完酒虽然入睡容易，但会损害下半夜的睡眠质量，破坏正常的睡眠规律。

　　一些人习惯在睡觉前喝一杯酒，让自己放松，帮助入睡。不过，一些新研究表明，睡前喝酒确实能让人很快入睡，但会损害下半夜的睡眠质量，并破坏人体正常的睡眠规律。研究发现，睡前饮酒反而会令失眠更严重。因为喝酒入睡会干扰睡眠内稳态——这是身体内部控制睡眠需求的内计时器。经常饮酒甚至会导致酒精戒断症状和失眠。因此，研究得出的结论是，**酒精不应该用来帮助睡眠**。

　　酒精助眠的支持者普遍认为，酒精可以通过改变一个人的生理节奏（即生物钟）来促进睡眠，但事实并非如此。当一个人睡不着的时候，身体会产生腺苷，这是一种增加睡眠需求并使人入睡的天然物质。然而，如果我们采用酒精来帮助睡眠，就会改变睡眠内稳态，迫使自己入睡，长此以往，睡眠周期就会发生变化，可能导致睡眠中断和早醒等情况发生。并且，酒精还是一种利尿剂，这就意味着它会加速身体排水，促使人产生尿意，所以就会很早起床。

除了酒精对睡眠内稳态影响的研究以外，研究人员还探索了酒精戒断是如何影响睡眠的。他们发现，在长时间频繁地饮酒后，受试者虽然会像预期的那样很快睡着，但将在几个小时内醒来，然后再也无法入睡。当受试者不再饮酒后，他们开始出现失眠症状，这意味着睡眠内稳态受损。

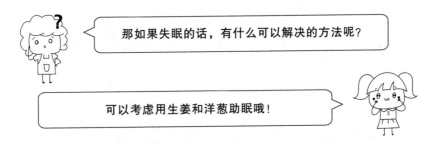

那如果失眠的话，有什么可以解决的方法呢？

可以考虑用生姜和洋葱助眠哦！

助眠小方法

1. 生姜

生姜味辛、性微温，入肺、脾、胃经，具有发汗解表、温中止呕、散寒止咳的功效。现代药理研究表明，生姜含姜醇、姜烯、柠檬酸等多种成分，具有缓解疲劳、改善睡眠等作用。取生姜20g，洗净切碎，用纱布包裹，置于枕边，每晚睡前闻其气味，10分钟左右便可入睡。

2. 洋葱

洋葱味辛、性温，入肺、胃经，具有发表散寒、通阳、芳香开窍的作用。现代药理研究表明，洋葱中含有糖、蛋白质、维生素及多种微量元素，还含有大蒜素和植物杀菌素，可缓解人体疲劳。洋葱特有的辛辣气味，能发挥镇静神经、诱人入眠的功效，可治疗失眠、多梦等病症。取1/4个洋葱，洗净捣烂，放入小瓶内盖严，置于枕边，睡前稍开盖，闻其气味，10分钟左右即可入睡。

以上两种方法任选其一，连续使用15～30天后，睡眠状况会有明显改善。

原来这样，那么文章里说的喝酒治失眠不都是骗人的吗？

睡前饮酒会破坏睡眠内稳态，所以用酒精助眠是万万不可的。

那我得赶紧跟你阿姨说一声，免得她还傻乎乎地每天睡前喝杯酒。厨房里还有生姜和洋葱，你自己去捣鼓捣鼓吧……

参考文献

[1] 江帆．睡前一杯酒，失眠更严重 [J]．家庭医药．2015(1)：7.

[2] 顺琪．失眠时闻闻洋葱和生姜味 [J]．家庭科学，2013(10)：54.

喝牛奶，越喝越骨质疏松吗

作者：马逸豪

妈妈，家里没有牛奶了。

这篇文章都说了，喝奶越多的国家，骨质疏松越厉害，你还敢喝那么多呢！

骨质疏松以遗传和后天因素为主，可不能怪到牛奶头上。

网上很多文章提出，在美国、芬兰、丹麦、瑞典等喝奶很多的国家中，骨质疏松导致骨折的发病率很高；而亚洲、非洲很多不喝奶的地区却恰好相反。于是文章得出结论，喝奶会引发骨质疏松。

其实，这种说法虽然有一定的事实依据，但是一种似是而非、没有排除干扰的推理。不同国家和地区的人，先天的遗传和后天的生活方式都不同，直接比较其骨质疏松的发病率意义不大，也难以把原因都归于喝牛奶的量。而且，这样的推断过程本身就有不少漏洞，因为还有很多可能的情况没有考虑。举个例子，发达国家的医疗水平高，对骨质疏松的统计也比较翔实，而发展中国家的统计可能漏掉了许多病例。再比如，欧美国家的人均乳品消耗量非常高，2011年美国人均乳制品消费量为中国人的10倍。文章猜想，喝了太多的牛奶可能会反过来增加骨质疏松的风险，而喝牛奶比较少的国人多补充一些乳制品则可能会有好处。另外，骨折风险与身高、体重也有一定的关系，而亚洲人和欧美人在这些方面也是有明显差别的。

中山大学公共卫生学院营养学系主任蒋卓勤教授认为，欧美国家饮食中的蛋白质含量太高，肥胖的人比较多，而晒太阳又比较少，这些更可能是骨质疏松高发的原因。而且，除了饮食补钙以外，锻炼也对强筋壮骨有很大的好处。若只从补钙的角度讨论，牛奶是一种非常优秀的食品。

因此，仅凭多喝牛奶的国家骨质疏松高发的现象，就简单地认为喝牛奶会导致骨质疏松是说不通的。关于喝牛奶和补钙是否能够降低骨质疏松的风险，学界有过一些争论。有的研究认为，喝牛奶和补钙对降低某些骨折风险没有作用；而也有很多研究指出，喝牛奶和补钙对提高骨密度、预防骨折有显著的作用。但是，目前并没有非常可信的研究可以证明喝牛奶和补钙反而会增加骨质疏松风险。因此，**喝奶补钙越多，骨质疏松越厉害的说法是缺乏依据的。**

从权威意见来说，现有的一些共识和临床指南仍然推荐通过食用乳制品补钙来防治骨质疏松。有人认为，外国的临床指南不能直接套用在中国人身上，这也有一定的道理。据中山大学生命科学学院马文宾教授介绍，中山大学正在开展一项针对 3000 多名中国人的调查，研究乳制品摄入对中国人的影响，相信在不久的将来就可以看到成果。笔者认为，鉴于目前中国人人均钙摄入量不到 400mg，比目前任何指南里的推荐量都要低，而牛奶里的钙含量丰富，易于吸收，是难得的优质钙源，因此从目前来看，**通过食用牛奶和乳制品来预防骨质疏松是有很大益处的。**

听说牛奶里的蛋白质是钙的"天敌"，这能当真吗？

过量摄入蛋白质确实可能造成钙流失，但适量摄入蛋白质是有利于钙的吸收的。

另外还有一种说法认为牛奶对补钙没有作用，指出牛奶中含有丰富的蛋白质，而补充过量的蛋白质会使人身体里的钙流失。牛奶是一种蛋白质含量较高的饮料，因此喝牛奶来补钙"得不偿失"，补进来的没有流走的多，反而引发骨质疏松。那事实是怎样的呢？

这种说法是有一定依据的。一些实验发现，高蛋白饮食的动物和人会随尿液排出较多的钙。那么，蛋白质是否就是钙的"天敌"呢？日内瓦大学医院的让·菲利普·博朱尔（Jean Philippe Bonjour）教授在他的研究里做出了回答。他认为，首先，摄入蛋白质在增加排钙的同时，也增加了肠道对钙的吸收；其次，摄入足够的乳制品蛋白可以促进胰岛素样生长因子的分泌，这是有助于骨的生长的；最后，在老年病例中，更常见的是缺乏蛋白质引起的骨质疏松和骨折。另外，牛奶里的蛋白质和钙结合后，让钙变得更容易吸收了。因此可以得出结论，**虽然过量摄入蛋白质确实可能造成钙流失，但在一定范围内，摄入蛋白质是有利于钙的吸收和骨的生长的**。中国老年学学会骨质疏松委员会编写的指南也采纳了以上说法。

那摄入多少蛋白质会造成钙流失呢？

每天摄入超过 100g（相当于 10 个鸡蛋或者 500g 牛肉）。

一般认为，**每日摄入超过 100g 蛋白质（相当于 10 个鸡蛋或者 500g 牛肉）就会有钙流失的风险**。根据国家卫生和计划生育委员会的调查，2015 年中国人均每天摄入的蛋白质在 65g 左右，离 100g 这个数字还有很大一段距离。另外，选择高蛋白饮食的人一般应加强锻炼，否则会对肾脏造成不必要的负担，而锻炼本身就有显著的强健骨骼的作用。因此，我们不必对牛奶里的蛋白质感到恐惧。蒋卓勤教授建议，成年人可以按照体重计算应该摄入多少蛋白质，一般每千克体重每天摄入 1g 蛋白质。如果运动量较大或者体力劳动较多，也可以适当增加到每千克体重每天摄入 1.2～1.5g。运动员、重体力劳动者、孕妇等特殊人群可以咨询专业人士，获得具体的营养建议。

在常见食物中，干酪、蛋黄、荠菜、海带、紫菜、虾皮、木耳、黑豆、大豆等是含钙比较丰富的食物。牛奶的含钙量不及它们，但牛奶中的钙特别容易被人体吸收，这是其他食物望尘莫及的。因此目前我们认为牛奶是最优良的补钙食品。

综上所述，就目前而言，牛奶仍然是优质的钙来源和蛋白质来源，可以有效防治骨质疏松，推翻这一观点的证据不足。而喝牛奶带来的一些负面作用，可以通过选用适合自己的乳制品和食用方式来消除。

喝牛奶补钙应注意什么问题？

根据上述内容，牛奶仍然是补钙、强骨的优秀食品，但是喝起来有一定的讲究。

Q：我有乳糖不耐受，怎么办？

A：乳糖不耐受症表现为喝牛奶后腹痛、腹胀、排气，出现严重腹泻。调查表明，乳糖不耐受的人喝牛奶也是可以正常补充钙质的，而且**吃固体食物后再喝牛奶、少量多次喝牛奶可以改善这种不耐受。如果仍然觉得难以忍受的话，也可以选择去乳糖奶和酸奶。**

Q：应该选择脱脂奶吗？

A：全脂牛奶含维生素 A 和维生素 E，风味更香浓；而脱脂牛奶的饱和脂肪酸、胆固醇含量更低，对心血管更好。由于维生素可以通过其他途径补充，而大量摄入动物脂肪比较不利，因**此如果每天大量喝奶或者饮食比较油腻，可选择低脂牛奶或脱脂牛奶。**

Q：喝牛奶就能满足补钙、强骨的所有需求吗？

A：不是的。首先，按每天喝 300mL 牛奶计算，大致可以满足人体一半的钙需求量，而另外一半需求量则可以通过吃谷物、豆制品和某些蔬菜（如卷心菜）来满足。一般成年人每天建议摄入 650mg 钙。其次，良好的生活习惯也非常重要，比如多晒太阳、增加运动对增强骨骼有着至关重要的影响。如果已经患有骨质疏松症，还应该在医生的指导下进行药物治疗等。运动员、孕妇、儿童等特殊人群需要的营养，可以咨询专业人士。

看来喝牛奶还是有助于补钙的。

对啊，所以妈妈你要记得买一些回家。

对了，我刚才看到楼下超市的牛奶正在搞活动，正好你在家，就陪我一起去买吧。

妈，你想让我做搬运小弟可以直说……

参考文献

[1]　FAO R. Human Vitamin and Mineral Requirements. Report of a joint FAO/WHO expert consultation, Bangkok, Thailand [J]. Food and Nutrition Division, FAO, Rome, 2001(21)：235-247.

[2]　刘锐，王莉. 中国乳品消费及影响因素研究 [J]. 农业展望，2013，9(3)：71-75.

[3]　Compston J E, Flahive J, Hosmer D W, et al. Relationship of Weight，Height, and Body Mass Index With Fracture Risk at Different Sites in Postmenopausal Women ：The Global Longitudinal Study of Osteoporosis in Women (GLOW) [J]. Journal of Biological Chemistry，2014，29(2)：487-493.

[4]　Cauley J A, Cawthon P M, Peters K E, et al. Risk Factors for Hip Fracture in Older Men: The Osteoporotic Fractures in Men Study (MrOS) [J]. Journal of Bone and Mineral Research，2016，31(10)：1810-1819.

[5]　Michaëlsson K，Melhus H，Bellocco R，et al. Dietary Calcium and Vitamin D Intake in Relation to Osteoporotic Fracture Risk [J]. Bone，2003，32(6)694-703.

[6]　Kanis J A，Johansson H，Oden A，et al. A Meta-analysis of Milk Intake and Fracture Risk ：Low Utility for Case Finding [J]. Osteoporosis International，2005，16(7)：799-804.

[7]　Feskanich D，Willett W C，Stampfer M J，et al. Milk，Dietary Calcium, and Bone

Fractures in Women：A 12-year Prospective Study [J]. American Journal of Public Health，1997，87(6)：992-997.

[8]　Weaver C M. Should Dairy Be Recommended as Part of a Healthy Vegetarian Diet? Point [J]. American Journal of Clinical Nutrition，2009，89(5)：1634-1637.

[9]　Prior J C，Barr S I，Chow R，et al. Prevention and Management of Osteoporosis：Consensus Statements from the Scientific Advisory Board of the Osteoporosis Society of Canada. 5. Physical Activity as Therapy for Osteoporosis [J]. Metallurgical & Materials Transactions A，1978，9(7)：1020.

[10]　杨晓光，翟凤英，朴建华，等. 中国居民营养状况调查 [J]. 中国预防医学杂志，2010 (1)：5-7.

[11]　Barzel U S，Massey L K. Excess Dietary Protein can Adversely Affect Bone [J]. Journal of Nutrition，1998，128(6)：1051-1053.

[12]　Breslau N A，Brinkley L，Hill K D，et al. Relationship of Animal Protein-rich Diet to Kidney Stone Formation and Calcium Metabolism [J]. Journal of Clinical Endocrinology & Metabolism，1988，66(1)：140-146.

[13]　Jean-Philippe B. Dietary Protein: An Essential Nutrient for Bone Health [J]. Journal of the American College of Nutrition，2005，24(6)：526-536.

[14]　Bonjour J P，Schüren M A，Chevalley T，et al. Protein Intake，IGF-1 and Osteoporosis [J]. Osteoporosis International，1997，7(3)：36-42.

[15]　程义勇.《中国居民膳食营养素参考摄入量》2013 修订版简介 [J]. 营养学报，2014，36(4)：313-317.

[16]　王国强. 中国居民营养与慢性病状况报告（2015 年）[R]. 北京：中华人民共和国国家卫生和计划生育委员会，2015.

[17]　吴晖，牛晨艳，黄巍峰，等. 乳糖不耐受症的现状及解决方法 [J]. 现代食品科技，2006，22(1)：152-155.

[18]　张佳程. 脱脂牛奶 PK 全脂牛奶 [J]. 家庭医学，2013(6)：60-61.

香蕉是通便神器？谁告诉你的

作者：周姝睿

你怎么空腹吃香蕉啊？不怕拉肚子吗？

妈妈，你这又是从哪里听回来的呀？

你看看这篇文章，它说香蕉不能空腹食用，不然会拉肚子，还可能诱发心肌梗死呢！

无论是否空腹，吃香蕉不仅不会引起腹泻和心脏病，反而是帮助预防某些心脏疾病的健康食品，适合健康人和很多患者食用。

有文章称，香蕉含有丰富的膳食纤维和果糖，这两样都有良好的通便效果，而且因香蕉含有过多的果糖，空腹吃香蕉会导致腹泻。香蕉真的有那么神奇的通便功效吗？我相信，香蕉通便的形象已经深入人心。

其实不然。膳食纤维指的是食物中不能被人体消化的植物细胞残存物，包括纤维素、果胶等，它们确实有软化大便、促进排便的作用，适当食用有益健康。

但是香蕉的膳食纤维含量仅为 1.2g/100g，不仅低于同为水果的梨、橘子等，也远远低于大多数谷类、蔬菜。如果按膳食纤维含量计算，香蕉并不具备比其他植物性食物更为良好的通便能力。

果糖是一种高渗透性的物质，如果它能顺利达到大肠，就能吸收组织间隙中的水分并软化大便，达到所谓的通便效果。但是，香蕉中的果糖含量并没有很突出的表现，因而不具备通便甚至引起腹泻的能力。同时，健康个体的小肠具有强大的消化、吸收功能，无论是纯净的果糖，还是蔗糖中的果糖，小肠都能充分地吸收利用。除非人体在短时间内摄入大量果糖，否则一般吸收、消化果糖的机会很少会留给大肠，所以**香蕉无论是否空腹食用，都难以发挥有效的"通便"作用**。

听说空腹吃香蕉会引起心肌梗死，这又是真的吗？

正常食用香蕉不会影响心脏功能，但过量食用容易导致心脏传导功能发生障碍。

那空腹吃香蕉可能引起心梗吗？不得不说，吃香蕉的确会对心脏造成一定的影响，这主要与香蕉中所含的两种较多的营养素有关系，即镁和钾。从临床营养学的角度来说，适量的镁有利于保护心脏，但过量会导致心脏的传导功能发生障碍。这并不是说，空腹吃富含镁元素的香蕉便会让血液中的含镁量骤然升高而影响心脏。因为吃一根香蕉所摄入的镁约为14mg，而《中国居民膳食营养素参考摄入量》的数据显示，成年人的镁适宜摄入量为350mg/d，所以正常吃香蕉不可能让体内的镁过量。

另外，人体每天对钾的需求量非常大。一个健康非孕期的成年人，每天需要的钾约为2 000mg。人体内所含的钾总量为140～150g，这些钾主要存在于细胞内，只有极少量存在于血浆中，而这极少量的钾却对人体的各种生命活动发挥着极大的作用。

因此人体内发展出了一整套极其复杂而又精密的血钾调节机制：以细胞作为钾的储备库，血钾高时存入细胞内，血钾低时放出，进而维持血液钾离子的稳定，而盈余的钾离子则通过肾脏排出体外。肾脏是人体最强大的废水处理厂，每天能够滤过33 000mg钾，而香蕉的钾含量仅为256mg/100g。因此从理论上讲，健康人即使每天摄入三十几克钾（约合13吨香蕉）也不会有生命危险。

　　只有对于那些肾脏或内分泌功能受损，不能正常排泄钾的人来说，严格限制钾的摄入量才是有必要的。虽然严重的心脏问题也会引起肾功能受损，但心脏疾病本身并不会使人不适合摄入钾。相反，对于冠心病的重要危险因素——高血压的患者来说，适当的高钾低钠饮食在控制血压和血管硬化、预防心肌梗死的发生方面有积极的作用。

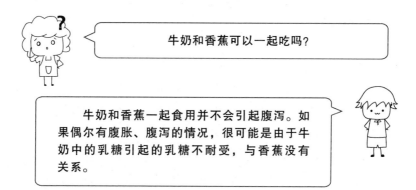

牛奶和香蕉可以一起吃吗？

牛奶和香蕉一起食用并不会引起腹泻。如果偶尔有腹胀、腹泻的情况，很可能是由于牛奶中的乳糖引起的乳糖不耐受，与香蕉没有关系。

　　牛奶中的蛋白质在酸性环境下会变性沉淀。但是，蛋白质变性之后只是因为结构改变而失去生物活性，这并不影响它的营养价值，更不会致癌。比如鸡蛋煮熟后，蛋白质也变性了，但谁会说熟鸡蛋是致癌的呢？何况，香蕉所含的果酸很少，远不及胃酸。就算不吃香蕉，牛奶中的蛋白质也会在胃酸的作用下变性。

　　当然，谣言之所以能传播这么长时间，肯定是有一些"事实"支持的。比如隔壁小王哪天早晨吃香蕉、喝牛奶后拉肚子了，妈妈就语重心长地说：香蕉和牛奶不能一起吃啊，要不然会像小王一样拉肚子的。那么，小王怎么就拉肚子了呢？这很可能是由乳糖不耐受所导致的。

　　乳糖不耐受，是指一些人的肠道里缺乏一种叫乳糖酶的消化酶，无法将牛奶或其他食物中的乳糖有效地分解、吸收。没能分解的乳糖会被肠道细菌发酵，产生气体，引起腹胀，严重的则会腹泻。对于有乳糖不耐受的人来说，空腹喝大量牛奶无疑是更容易引起腹胀乃至腹泻的。与牛奶一起食用的香蕉，只不过是"躺着也中枪"罢了。

患有急慢性肾炎、肾功能不全者是不是不能多吃香蕉，特别是不可与哈密瓜一起食用？

是的，香蕉和哈密瓜都含有大量的钾，功能不全的肾脏不能使多余的钾顺利排出，就会造成高血钾。

香蕉和哈密瓜等都是富含钾的食物，正常的肾能帮助人体通过尿液排出多余的钾，使排出量与摄入量大致相等。但当肾功能衰竭时，由于肾小球滤过率下降及肾小管功能降低，会出现血钾紊乱。当钾吸收量过多时，细胞外液中的钾便急剧升高，体内增多的钾不能立即从肾脏排出，就会引起高血钾。高血钾可对心脏产生较大影响，如发生心动过缓、传导阻滞、心室纤颤，甚至心脏突然停搏而危及生命。因而肾功能不全者应少吃或不吃含钾量高的食物。

看到这里，真相终于大白了，大家应该记住：**香蕉并不能通便！空腹吃香蕉、牛奶和香蕉同食都不会导致腹泻，更不会诱发心肌梗死。但要特别注意的是，肾功能受损的病人不宜多食香蕉，以防因排钾功能受损而发生高钾血症。**

对正常人来说，食用香蕉还是比较安全的，但家里如果有肾功能不全的人就要注意了。

那我等一下多买一点香蕉回来。

也不用太刻意地去吃，正常就好……

参考文献

[1]　中国营养学会．中国居民膳食指南 [M]．2007 版．拉萨：西藏人民出版社，2007．

[2]　姚泰．生理学 [M]．北京：人民卫生出版社，2010：264-301．

[3]　赵显峰，荫士安．乳糖不耐受以及解决方法的研究动态 [J]．中国学校卫生，2007，28(12)：1151-1153．

[4]　王文建．乳糖不耐受症的诊断与治疗 [J]．实用儿科临床杂志，2012，27(19)：1468-1470．

葡萄干＋醋＝冬虫夏草吗

作者：周怡

妈妈，你怎么买了这么多葡萄干啊？

有文章说葡萄干中的花色素可以抗氧化、抗癌、降低心血管疾病风险，而且在醋的作用下更稳定，更有利于吸收，功效堪比冬虫夏草呢！今天我就亲自试试。

妈妈，如果这样做真的有效，冬虫夏草就不会卖得那么贵啦！今天我来让你科学地认识葡萄干的功效，首先我们来看看它的制作过程。

葡萄干是指成熟的葡萄通过日晒、风干等工艺制成的果品，是日常生活中很受欢迎的一种食品。因为它是由葡萄制成的，其营养成分与葡萄基本相同，两者最主要的差别在于物质成分的浓缩。与葡萄相同，葡萄干富含糖和膳食纤维，同时含有一些具有抗氧化活性的物质，比如维生素C、维生素E、多酚类化合物。由于水分散失，因此葡萄干中的物质浓度较高，但与此同时，与新鲜葡萄相比，葡萄干中的维生素含量较低。葡萄变成葡萄干，其实只是变成了浓缩的另一种美食。

但葡萄干里面有花色素，醋泡葡萄干应该作用很明显。

葡萄干里面花青素的含量是十分少，还没吃到可以有所作用的量就已经糖摄入量超标。只有对花青素有一个科学的认识才能更全面地识别这个谣言。

花青素也叫花色素，是一种植物色素，它会使植物呈现出除绿色之外的颜色。葡萄富含花青素，茄子、紫甘蓝也富含这种物质。而原花青素是富含于葡萄籽和皮中的一类化合物，是生成花青素的前体。许多研究都表明，它具有很好的药用价值，已经应用于一些药品、保健品中。在酸性环境，比如醋中，原花青素确实更加稳定。

然而葡萄果肉中的原花青素含量是十分少的，前面已经提到，它主要存在于皮和籽中，而一颗葡萄干的皮和籽的重量都不到总重量的1/20，糖的含量却有80%，估计你还没吃到可以有所作用的量就已经糖摄入量超标，更何况是醋泡葡萄干这么"重口"的东西，如果真要吃到起效，那也挺难了。

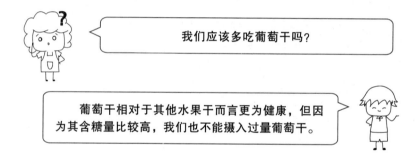

我们应该多吃葡萄干吗？

葡萄干相对于其他水果干而言更为健康，但因为其含糖量比较高，我们也不能摄入过量葡萄干。

虽比不上冬虫夏草，但葡萄干确实是一种不错的零食。

首先，葡萄干易于保存，风味尚佳。其次，相比其他一些果脯、水果干，葡萄干更为健康。因为它是由葡萄直接风干而来的，没有经过油炸、腌制等工艺，所含有的油脂、钠更低，且富含纤维和维生素等物质。但食用葡萄干不足以让你远离疾病，代替一些零食却是不错的选择。最后，作为糖水、甜品的辅料，葡萄干也是不二之选。温馨提示一下，葡萄干的含糖量还是比较高的，所以一次不要食用太多！

在日常吃的很多食物中都含有类似原花青素的物质，具有很多对人体有益的活性物质。可是就算天天吃，也没办法保证百毒不侵。

离开剂量谈毒性是不科学的，离开剂量谈效果也没好到哪里去！这些物质只有经过提纯，制成有一定含量的产品，才足以发挥一定的效果。所以说，合理、均衡的饮食才是健康的关键。

原来是这样，早知道就先问问你，不然我也不会往家里搬这么多葡萄干了。

对啊，以后可不能轻信这些标榜"怎样吃有神奇功效"的文章，别把自己的身体当小白鼠！

参考文献

[1] 周晓明，郭春苗，樊丁宇，等．葡萄干营养与功效的研究进展 [J]．食品研究与开发，2015，36(19)：179-183．

[2] 张妍，吴秀香．原花青素研究进展 [J]．中药药理与临床，2011，27(6)：112-116．

[3] 张琦，孟宪军，孙希云，等．葡萄籽中原花青素的稳定性研究 [J]．沈阳农业大学学报，2006，37(2)：232-234．

植物奶油的是是非非

作者：张朴尧

刚刚我经过蛋糕店买了我最爱的奶油蛋糕，妈妈我们一起吃吧。

快放下，不能再吃了！最近我看到有篇文章说，植物奶油的毒性堪比杀虫剂，是为糖尿病、高血压等令人头痛的疾病埋下的一颗雷。多么可怕，这些奶油可都是毒药！你还敢吃吗？

妈妈，没有那么可怕的，今天我就和妈妈你科普植物奶油那些事。

奶油是蛋白质包裹脂肪小颗粒的结构，这样的构造使其易于分散到水中。而植物奶油是相对于来自牛奶的天然奶油而言的，如果说天然奶油是动物蛋白质包裹着动物脂肪，那么植物奶油就是一些动物蛋白质或其他蛋白质包裹着植物脂肪。

动物脂肪酸多为饱和脂肪酸，在常温下多呈固体；而植物脂肪酸为不饱和脂肪酸，在常温下多呈液体。因为是液体，它在口感以及视觉上都没有固体奶油好，拿植物奶油做蛋糕，一不留神蛋糕就变成液体流走了，这怎么成？因此这就有了第二个概念——氢化油。

氢化油就是被氢化的植物油，它提高了植物油的饱和程度和熔点，使其能够在常温下保持固体的形态。而真正让植物奶油臭名远扬的就是反式脂肪酸，它可以引发心血管疾病如动脉硬化、血栓形成、免疫异常、认知障碍等。

植物奶油可以是氢化油，因为它不能被百分之百地氢化，所以部分包含着反式脂肪酸，但是植物奶油不等于反式脂肪酸。

那么到底是植物奶油好些，还是动物奶油好些呢？

根据不同的判定标准得到的结论不一样。

动物奶油的原料是鲜奶，其中含有大量的饱和脂肪酸，热量非常高，容易变质，价格昂贵，相比之下，植物奶油就更胜一筹了。但是，动物奶油的味道鲜美程度确实不是植物奶油可以媲美的。

植物奶油的能量较低，其蓬松的性质使它容易被做成精美的图案，且易保存、价格低廉，这也就是植物奶油能够在市面上被广泛使用的原因。在植物奶油的制造过程中，人们采用新的工艺，例如低温高压、新的催化剂以及完全氢化的工艺，来大幅度减少植物奶油中的反式脂肪酸。但不可避免的是，植物奶油中的添加剂也多了很多。

但是，**奶油还是要少吃为宜**，在膳食宝塔中，每日脂肪摄入所占的比例应当是最小的，摄入量不应超过30g。毕竟若脂肪含量高的食物摄入过多，一会导致肥胖，二会增加血液中的胆固醇含量，从而增加人们患心血管疾病的风险。

看来这些东西还是要少吃为妙。

偶尔吃一次是没关系的，但一定要适可而止。

参考文献

[1]　李慧．我国反式脂肪酸基本情况及存在问题 [J]．湖南包装，2013(1)：3-6.

[2]　云无心．植物奶油恐慌 [J]．科学世界，2011(1)：78-79.

[3]　赵国志，等．反式脂肪酸危害与控制 [J]．粮食与油脂，2007(1)：7-10.

纯净水到底能不能喝

作者：周姝睿

孙博士，我最近看到有一篇文章说纯净水不能喝。纯净水真的有那么可怕吗？纯净水都不能喝了，那我们还能喝什么水啊？

这种文章不能轻易相信，早在2013年5月，《人民日报》就已经证实，"上海市政府强调中小学生一律禁止饮用纯净水"一事为假新闻。他们这次又是怎样污蔑纯净水的？

他们说纯净水缺点很多，不能用作日常饮水，文章的具体内容我给你细说。

这篇文章写道，上海一家医院的临床报告称：有些孩子不明原因地全身乏力、贫血、掉头发，经医生调查，这些小患者的家庭都将纯净水作为日常饮水使用。

文章将纯净水说得穷凶极恶，还列举了纯净水的两个缺点。

第一，它会去除人体内所有滋养人体的生命离子。纯净水也叫"穷水"，因为纯净水不但不含有任何微量元素，而且越喝体液越呈酸性。

第二，它会去除人体内的大量微量元素。水来到人体里，发现被剥夺的所有微量元素在人体里随处都有，它就会对人体内大量的各种微量元素进行去除代谢，这样人体不仅没有从中补充到所需元素，而且体内的有益元素还被带到体外。

我们常说纯净水，究竟怎样的水才是纯净水？

纯净水是指经过纯化后可以直接饮用的水。

纯净水是指采用膜过滤、蒸馏等方式纯化的水，不含任何添加物，可直接饮用。根据纯化方式，纯净水可分为两种：以反渗透方式处理的是过滤水，以加热、蒸馏方式处理的是蒸馏水。经反渗透处理的过滤水中含有少量人体所需的微量元素，经高温处理过的蒸馏水中则基本不再含有这些微量元素。

那"生命离子"又是什么东西呢？

其实并无"生命离子"的说法。

《人民日报》中被采访的专家称，并没有所谓的"生命离子"的说法。纯净水并不是不含有任何微量元素，只是经过处理以后，其中钙、镁、钾、钠等人体必需的微量元素显著减少。

那喝纯净水真的会让体液越喝越酸吗？

其实常喝纯净水并不会使体液变酸，因为体液 pH 值受外界影响较小。

人体体液的正常 pH 值在 7.35～7.45 之间，尽管机体在不断产生和摄取酸碱类物质，但是体液的 pH 值并不发生明显变化。这一方面是因为人体体液是一个缓冲体系，pH 值受外界影响较小；另一方面是因为肺和肾的调节作用会减轻 pH 值的显著变化。纯净水属中性或弱酸性，经过胃液调酸、肠道吸收后，并不会改变脏器和组织的 pH 值。**对人体来说，本质上喝水都是补充 H_2O，长期饮用纯净水并不会导致体液越来越酸。**

纯净水是导致报道中的孩子患佝偻病的罪魁祸首吗？

其实纯净水和佝偻病并无直接关系。

佝偻病有维生素 D 摄入不足、钙含量过低、钙磷比例不当、日光照射不足等多种原因。虽然纯净水中参与骨骼发育的钙、镁等重要矿物元素含量不足，但是人体摄入营养物质的主要途径为饮食，通过蛋类、鱼类、动物肉类等含丰富的钙、磷等元素的食物进行补充。因此"常喝纯净水会引起软骨病"这种说法不科学，文章中提到的案例不可靠。

所以我们可以放心大胆地喝纯净水了？

不一定，纯净水是把双刃剑。

不得不说，**纯净水是把双刃剑，它有不可比拟的优势，也有着不可避免的劣势。**

- 优势：
  - 纯净水可以说是最为"干净"的饮用水，因为过滤纯净水的反渗透膜可以去除水中的细菌、杂质。就毒性而言，纯净水无疑比其他饮用水更为安全、卫生。
  - 含有过多矿物质的水会给人体造成不必要的负担，有的矿物质人体不一定能吸收，长期积聚在体内，会直接影响人体健康。因此纯净水能够帮助排泄人体内的毒素。

● 劣势：

■ 长期饮用纯净水可能造成机体矿物元素缺乏，如饮食中也缺乏相应的矿物元素，就会对机体健康产生一系列影响，如诱发心血管疾病，引起少年儿童发育不良，引起老年人的各种微量元素缺乏症。

■ 长期饮用纯净水可能会导致体内铅的含量超标。因为钙和铅在人体中是竞争关系，一方增多，另一方就会减少；反之，一方减少，另一方就会增多。纯净水中没有钙，人体就会吸收大量的铅，从而导致人体内含铅量超标。

综上所述，纯净水可以喝，并没有传言中的那么可怕。为了能更健康地喝水，本文提出以下建议。

（1）膳食中微量元素的摄取应合理、适量。

（2）微量元素含量适度、无污染的天然水应为饮水的最佳选择，但短期饮用纯净水并不会造成身体危害，对身体也有一些益处。

（3）儿童、孕妇、高强度体力活动人群（如战士、运动员等）、肥胖人士、心血管疾病患者、免疫功能低下者不宜长期饮用纯净水。

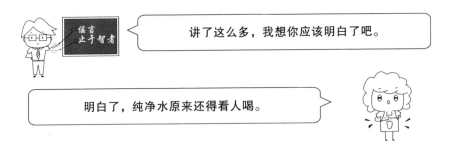

谣言止于智者

讲了这么多，我想你应该明白了吧。

明白了，纯净水原来还得看人喝。

参考文献

[1] 田豆豆，王有佳，李永宁. 饮用水传闻基本不靠谱 [J]. 刊授党校，2013(7)：59.

[2] 舒为群，赵清，曾惠，等. 长期饮用纯净水对机体健康影响的实验研究 [J]. 癌变·畸变·突变，2007，19(3)：171-173.

[3] 曾强，赵亮，刘洪亮. 饮用纯净水对健康影响的研究进展 [J]. 环境与健康杂志，2012，29(5)：477-479.

喝了一杯茶就能治好高血压，真有这么神奇吗

作者：刘瑶

孙博士，最近我看到一篇文章，它说一位被称为国医大师的李济仁教授在 50 多岁时，由于工作量太大，患上了高血压，最高时血压能达到 190～200mmHg，但是他 30 年的高血压被一杯自制茶喝好了。李教授还把配方公开了！

这一看就是谣言。根据《中国高血压防治指南》对高血压的分级，收缩压等于或超过 180mmHg 已经是三级高血压，也就是重度高血压，老爷子为了医学事业也真的是鞠躬尽瘁！一直用药物控制都不能完全控制好的三级高血压，居然因为喝了一杯茶就被治好了？这么重大的发现都拿不到诺贝尔奖，不合理啊。

但是这篇文章写得很详细，秘方还公开了呢！

那你把秘方和我说说，我给你分析分析。

这个配方是：黄芪 10～15 克，黄精 10 克，西洋参 3～5 克，枸杞子 6～10 克。

文中的李济仁教授认为：这一配方的机制主要是气血双补，调理气血，调理经络。对于头晕无力，现代医学认为是高血压导致的，而在中医看来，这是因为气血亏虚。这四味药的用量都不大，但坚持吃却能达到"气血和，

百病消"的效果，具体原理如下。

（1）黄芪是补气第一药，可以补养五脏六腑之气（利尿）。

（2）黄精是滋肾补血的药物（健脾益肾、润肺）。

（3）西洋参不仅可以滋阴补气，还因为其性凉，可以中和黄芪的热性，避免上火（补肺降火）。

（4）枸杞子是滋补肝肾的，肝藏血，肾纳气，人的气血亏虚大多和这两个脏器有关系，所以需要滋补。

根据老教授列出的几味药材，现在还未有明确的文献指出其中所具有的肝肾毒性，这不代表大家可以把这些药材当作茶来长期饮用。因为在中医理论中占有很大分量的配伍禁忌指出，没有专业指导不要随意服药。因为中药材中含有鞣酸、金属离子等一些会和西药成分相互作用的物质，要么会加重药物的肝肾毒性，要么会减弱药效，这其中的机制十分复杂，只有在临床医生的指导下才能合理、安全、有效地用药。

同时，人与人的体质不同，体质也会影响药物的作用。比如黄芪，《本草纲目》中讲到，这种药物不能用于表实邪旺者，阴虚者也应少用。这到底讲的是什么意思，孙博士作为一个西医临床专业人士表示无法理解，相信普通百姓应该也不太明白，所以不知道自己是什么体质就随意服用中药，很有可能适得其反、得不偿失。就目前来讲，对于已经确诊的高血压患者，临床主张终身服药来控制血压。

另外文章中的服用方法也值得质疑。

第一，要焖一下，早上将上述药材放入保温杯内，倒入开水，焖10分钟左右就可以喝了；第二，要反复喝，在杯内的水喝完后可以不断添加热水，喝上一整天；第三，要吃药材，晚上要把泡过的药材吃下去。

这种"不中不洋"的加工方法孙博士还从来没见过，服用方法与平常的泡茶有点像。有一种中药材的加工方法，主要用于治疗一般常见的慢性病，如脾胃病、脏腑功能失调、高血压、心血管类疾病的调理性药物。这种加工方法的"头煎"是沸后中火煎煮20～30分钟，在第二次煎沸后再煎15～20分钟。所以仅仅用热水泡能不能起效，孙博士在这里先打个问号。对于药材的服用方法，根据文献，确实有些中医认为将泡过的中药残渣一并服下，可使残渣中剩余的药物成分也能发挥作用。

孙博士，能给我讲讲高血压吗？

确实需要，很多人其实并没有真正了解这个疾病。

高血压是指以体循环动脉血压（收缩压和／或舒张压）增高为主要特征，可伴有心、脑、肾等器官的功能或器质性损害的临床综合征。其表现为收缩压≥140mmHg，舒张压≥90mmHg，这里的收缩和舒张并不是指血管，而是指心脏。心脏收缩时，向外泵血，此时血液对血管壁的压力升高称为收缩压，反之称为舒张压。

高血压是最常见的慢性病，也是心脑血管病最主要的危险因素。正常健康人血压的节律在一天之中是波动的。一般来说白天波动在较高水平，从晚8点起逐渐下降，到夜里2：00~3：00降至最低谷，凌晨血压急剧上升，到上午6：00~8：00达到最高峰，这也是为什么心脑血管事件多发生在清晨。

正常人的血压随内外环境变化在一定范围内波动。在整体人群中，血压水平随年龄逐渐升高，收缩压更为明显，但在50岁后舒张压呈现下降趋势，脉压差也随之加大。

临床上高血压可分为两类。

（1）原发性高血压。这是一种以"血压升高"为主要临床表现，但病因尚未明确的独立疾病，占所有高血压的90%以上。针对这类患者，只能对症治疗，也就是控制血压。

（2）继发性高血压，又称为症状性高血压。它病因明确，高血压仅是该种疾病的临床表现之一，血压可暂时性或持久性地升高。针对这类患者，只要将原发病因解除，血压就可以恢复到正常水平。

很多临床上的高血压患者只能通过终身服药来控制血压，因为他们患高血压的病因不明，所以无法对因治疗，致病因素一直无法消除，因此症状持续存在。老教授到底有没有被明确诊断为高血压还有待查证，如果真的是重度高血压患者，那么他患病30年应该属于原发性高血压，终身服药是逃不掉的，一杯茶就喝好了更是不可能的。

高血压的症状因人而异。早期可能无症状或症状不明显，常见的是头晕、头痛、颈项板紧、疲劳、心悸等，仅仅会在劳累、精神紧张、情绪波动后发生血压升高，并在休息后恢复正常。随着病程延长，血压明显地持续升高，逐渐会出现各种症状，此时被称为缓进型高血压。

高血压病人应该怎么选择降压药呢？

以温和、持久为主，按病期配合其他降压药。

如果降压药物是用于治疗原发性高血压的，那么，因为需长期服药，故应选用降压作用温和、缓慢、持久、不良反应少、病人易于掌握且使用方便的口服降压药，如氢氯噻嗪、利舍平等。

选择基础降压药，再按不同病期合用其他降压药物。需要关注的是，如果自己在家里连续多天测量都发现血压高于正常值，那么一定要记得去医院接受正规的诊断和治疗，不要根据自己的判断随意用药，否则可能会导致严重的后果。

原发性高血压是一种慢性疾病，一旦确诊就要坚持终身服药，以目前的医疗水平来看，还没有哪一种治疗方法可以根治原发性高血压。至于老教授的方子，我们都知道中药材不仅有治疗效果，它们所具有的肝肾毒性也是不可小觑的，所以中药不是万能的，也不是平时天天服用都没问题的，长期服用同一种药材可能会造成肝肾损伤，所以遵医嘱是必需的，大家有病还是找医生比较靠谱。

那高血压患者使用的药物都有哪些呢？

根据降压药物作用的位点和机制的不同，降压药可分为以下几类。

（1）利尿降压剂：氢氯噻嗪、环戊噻嗪、呋塞米等。临床抗高血压的基础用药，由于利尿剂能增强其他降压药的疗效，因此常与其他抗高血压药合用，起效较平稳、缓慢，持续时间相对较长，作用持久，在服药2～3周后血药浓度达高峰，适用于轻、中度高血压；痛风患者禁用。

（2）中枢神经和交感神经抑制剂：利舍平、降压灵、盐酸可乐定。不良反应较多，目前不主张单独使用，但是在复方制剂或联合治疗时仍在使用。

（3）肾上腺素能受体阻滞剂（β-blocker）：β受体阻滞剂有普萘洛尔、阿替洛尔和美托洛尔等；α受体阻滞剂有酚苄明；α+β受体阻滞剂有柳氨苄心安。适用于各种不同严重程度的高血压，尤其是心率较快的中青年患者或合并心绞痛患者，对老年人高血压的疗效相对较差。虽然糖尿病不是使用β受体阻滞剂的禁忌证，但它增加胰岛素抵抗，还可能掩盖和延长降糖治疗过程中的低血糖症，所以容易导致糖尿病患者感受不到低血糖所导致的心悸，因而不会主动去吃糖，患者就会发生晕厥，如果抢救不及时会有生命危险。

（4）血管紧张素转换酶抑制剂（ACEI）：血管紧张素转换酶抑制剂有卡托普利、依那普利等。降压起效缓慢，逐渐增强，在3～4周时达到最大作用，限制钠盐的摄入或联合使用利尿剂可使其起效迅速和作用增强。ACEI具有改善胰岛素抵抗和减少尿蛋白的作用，在肥胖、糖尿病和心脏、肾脏靶器官受损的高血压患者中具有相对较好的疗效，特别适用于伴有心力衰竭、心肌梗死、糖耐量减退或糖尿病肾病的高血压患者。不良反应主要是刺激性干咳和血管性水肿，停用后可消失。高血钾症、妊娠妇女和双侧肾动脉狭窄患者禁用。

（5）钙离子拮抗剂（CCB）：硝苯地平（拜新同）、氨氯地平（络活喜）、非洛地平（波依定）等。在老年患者中有较好的降压疗效，主要缺点是在开始治疗阶段，血压下降会使交感神经反射性地活性增强来克服血压的降低，尤其是使用短效制剂，可引起心率增快、面部潮红、头痛、下肢水肿等。非二氢吡啶类钙离子拮抗剂抑制心肌收缩及自律性和传导性，不宜在心力衰竭、窦房结功能低下或心脏传导阻滞患者中应用。

（6）血管扩张剂：肼屈嗪、米诺地尔、哌唑嗪、呱氰啶等。不良反应较多，目前不主张单独使用，但是在复方制剂或联合治疗时仍在使用。

（7）血管紧张素Ⅱ受体阻滞剂（ARB）：常用的有氯沙坦、缬沙坦、伊贝沙坦、替米沙坦和坎地沙坦。降压作用起效缓慢，但持久而平稳，一般在6～8周时达到最大作用，作用持续时间能达到24小时以上。ARB在治疗对象和禁忌证方面与ACEI相同，不仅是ACEI不良反应的替换药，更具有自身的疗效特点。

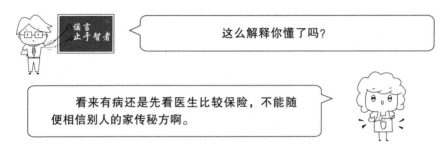

谣言止于智者

这么解释你懂了吗？

看来有病还是先看医生比较保险，不能随便相信别人的家传秘方啊。

参考文献

[1] 葛均波，徐永健．内科学 [M]．北京：人民卫生出版社，2013，257-271.

[2] 杨宝峰，陈建国．药理学 [M]．北京：人民卫生出版社，2015，233-247.

[3] Diao D, Wright J M, Cundiff D K, et al. Pharmacotherapy for Mild Hypertension [J]. Sao Paulo Medical Journal，2012，130(6)：417-418.

这些药和食物一定不能一起吃

作者：郑洪

女儿，你是医学生，帮我看看这篇文章，它说西柚和很多药物相克呢。

这还是有一定道理的。好吃的西柚会与多达85种药物发生相互作用。

那西柚可以和降血压药、降血脂药一起吃吗？

西柚会使药物在血液中的浓度升高，产生不良后果。

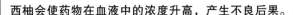

西柚会使如硝苯地平、非洛地平等有着"××地平"后缀名的降血压药物在血中的浓度增高，使药效增强，从而存在导致低血压的风险。这是因为西柚中含有一种叫作"呋喃香豆素"的物质，会抑制肝药酶CYP3A4的活性。肝药酶CYP3A4是一大类在肝脏中能够代谢降解各种药物的酶，抑制它的活性会导致药物的清除速率变慢，进而使药物在血液中的浓度升高，作用时间延长或药效增强。有研究表明，吃一次西柚对硝苯地平药效的影响会持续三天以上。

同样，西柚会因为抑制肝药酶CYP3A4的活性而导致如"阿托伐他汀""辛伐他汀"等以"××他汀"为后缀名的降血脂药物的浓度增高，从而增加发生不良反应的风险，如横纹肌溶解。

听说西柚和抗器官移植排斥反应药也不可以一起吃？

是的，西柚会增加药物在血液中的浓度。

"环孢素""他克莫司"等抗器官移植排斥反应药和西柚不能一起服用，这主要是因为西柚会增加"环孢素"在血液中的浓度，从而增加发生不良反应的风险，如肾毒性。

那么绿色蔬菜这种健康食品应该不会影响药效吧？

不，还真有。绿叶蔬菜会降低华法林的药效。

说起绿叶蔬菜，如菠菜、羽衣甘蓝、花椰菜等，大家一定会觉得它们是健康食品，多吃有益。但是，如果你身边的朋友正在服用抗血栓药物华法林，那你可要提醒他们多留个心眼！

绿叶蔬菜中含有丰富的维生素 K，而维生素 K 是参与凝血反应的重要物质。大量摄入维生素 K 就会降低华法林的抗凝血与抗血栓药效，从而增加发生血栓和中风的风险。

除了这些蔬菜以外，还有一些水果（如奇异果、牛油果）和很受欢迎的坚果（如开心果）中都含有丰富的维生素 K，因此在服用华法林的时候，注意不能吃太多！

连绿色蔬菜都有忌讳，那奶制品也肯定有吧？

对！奶制品会降低四环素类抗生素的药效。

四环素类抗生素能够和钙、镁、铁等金属离子结合，产生不溶性的络合物，使人体对它的吸收减少，从而使其杀菌作用减弱。

因此，在服用四环素期间，不要食用钙含量高的奶制品，如牛奶、酸奶、芝士等。而且由于四环素会与人体内的骨组织结合，因此孕妇和 8 岁以下的幼儿也不要服用四环素类抗生素，以免影响胎儿的骨骼发育，以及产生黄黄的难看的"四环素牙"。

那还有其他比较常见的禁忌需要注意吗？

啤酒、红酒、巧克力不要与某些抗抑郁药一起服用。

啤酒、红酒和巧克力可能是非常好的让人放松的食物，但是它们都含有一种叫作"酪胺"的物质。当你正在服用单胺氧化酶抑制剂类（MAOIs）抗抑郁药（比如吗氯贝胺）时，由于该类药物能够抑制酪胺的分解，因此会导致体内酪胺含量升高，从而增加罹患高血压的风险。

酪胺含量高的食物还包括，加工过的肉类、牛油果和某些奶酪。

那有什么识别药品的小技巧吗？

还真有哦！一般来说，主要成分或有效成分有相同后缀的，是同一类型的药物。

比如"××地平"是一类降压药的主要成分，拜耳公司生产的硝苯地平商品名叫"拜新同"，阿斯利康公司生产的非洛地平商品名叫"波依定"。虽然商家的取名不同，但两个商家的产品"拜新同"和"波依定"的主要成分因为后缀都是"地平"，所以是同一种类型的药物。

这篇文章中列举的只是一些常见的食物与药物在共同服用时会发生的不良反应，挂一漏万是在所难免的。因此，**大家在服药的时候，不妨多向医生、药师询问有哪些不宜同时服用的药物或者食物，还应该认真看看药品说明书**，这是很有必要的。

原来吃药有这么多忌口的东西。

是的，所以在买药、看病的时候多问问医生、多看看说明书是有必要的。

参考文献

[1] Bailey D G, Dresser G, Arnold J M O. Grapefruit–Medication Interactions : Forbidden Fruit or Avoidable Consequences? [J]. Cmaj, 2013, 185(4): 309-316.

[2] Sathyanarayana T S R, Yeragani V K. Hypertensive Crisis and Cheese [J]. Indian Journal of Psychiatry, 2009, 51(1): 65-66.

[3] D'andrea G, Nordera G P, Perini F, et al. Biochemistry of Neuromodulation in Primary Headaches : Focus on Anomalies of Tyrosine Metabolism [J]. Neurological Sciences, 2007, 28(2): S94-S96.

[4] Riordan J, Wambach K. Breastfeeding and Human Lactation [M]. Boston : Jones & Bartlett Learning, 2010: 179.

HEALTH CARE

养生篇

6 个月内的健康宝宝只需纯母乳喂养不用喂水？是真的

作者：李洽宁

去帮你小外甥拿点水来喝。

妈，6 个月内的宝宝只用喝母乳，不用喝水。6 个月内的健康宝宝摄水过多是会出事的。

这有权威证明吗？怎么可能呢？

无论是国内还是国际上的相关指南，都指出母乳喂养的孩子是不需要额外补充任何食物、饮料的。我和你一一细说。

1. 世界卫生组织（WHO）和联合国儿童基金会（UNICEF）

20 世纪人们一直提倡纯母乳喂养 4～6 个月。

2001 年，WHO 经过全面、综合的研究分析以及专家协商后提出，婴幼儿在出生后的最初 6 个月应进行纯母乳喂养，以实现最佳生长和发育。

WHO 和 UNICEF 对于纯母乳喂养的建议为：①在出生后一小时内开奶；②纯母乳喂养，即除母乳外不添加任何食物和饮料，包括水；③按需哺乳；④不使用奶瓶、奶嘴和安慰奶嘴。

2. 美国儿科协会（AAP）

AAP 在 2012 年发布的《母乳喂养和人乳使用指导原则》（*Breastfeeding*

and the Use of Human Milk）中指出，除非具备某些医学指证，否则不得对母乳喂养的新生儿额外补水（包括水、葡萄糖水、配方奶粉以及其他液体）。

3.《中国居民膳食指南（2007 年）》

在 0～6 月龄婴儿喂养指南中提到，纯母乳喂养能满足 6 个月龄以内的婴儿所需要的全部液体、能量和营养素。

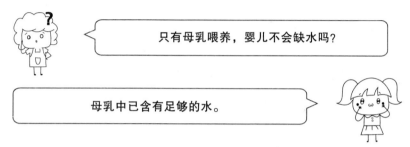

只有母乳喂养，婴儿不会缺水吗？

母乳中已含有足够的水。

小于 1 岁的婴儿的每日需水量为 120～160mL/kg。正常乳母平均每天的泌乳量随时间逐渐增加，成熟乳量可达 700～1000mL，而水在母乳中的含量可高达 90%。

中国新生儿的出生体重普遍为 3.2±0.4kg（女）或 3.3±0.4kg（男），3 个月时约为 6kg，6 个月时的体重约为 7.5kg。这样算下来，在正常情况下 6 个月内的健康宝宝由纯母乳喂养，并不缺水。请注意，这里说的是正常情况下的健康宝宝。

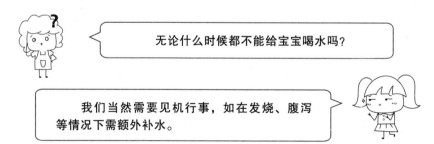

无论什么时候都不能给宝宝喝水吗？

我们当然需要见机行事，如在发烧、腹泻等情况下需额外补水。

由于婴儿的肾脏尚未发育成熟，浓缩和稀释功能差，因而水平衡调节能力差。摄水量过多易导致水肿甚至水中毒。但如果婴儿出现发烧、腹泻等情况，或是天气过于炎热，这时就需要及时补充额外的水分。因为摄水量不足会导致代谢产物滞留和高渗性脱水，甚至导致代谢性酸中毒。这也是美国儿科协会的指南中所指出的出现"医学指证"的情况。当然，遇到自己解决不了的问题时，请及时去看儿科医生！

所以，记住：**在正常情况下，6 个月内的健康婴儿由纯母乳喂养，不用添加任何其他的饮食，包括水！**

原来 6 个月内的宝宝不用喂水，之前还跟你姐说错了，得跟她说一声才行。

哎，看来我以前就是这样一边喝母乳一边喝水长大的……

参考文献

[1] 陈藜，戴耀华. 纯母乳喂养的最佳持续时间的研究进展 [J]. 中国儿童保健杂志. 2007，15(6)：640-642.

[2] Margreete J, Susan Larry N, Kinga S, Laura V. Breastfeeding and the Use of Human Milk, Section on Breastfeeding [J]. Pediatrics, 2012，129(3)：827-841.

[3] 佚名. 中国居民膳食指南（2007）(节录) [J]. 营养学报. 2008，30(1)：2-18.

[4] 王卫平. 儿科学 [M]. 北京：人民卫生出版社，2013：10，38-40，54-56.

经期洗头有害还致癌吗

作者：周姝睿

哎呀，怎么生理期还洗头呢？

没事的，我都洗这么多年了。

你看，这篇文章说经期洗头会让子宫收缩不完全，致使污血残留在子宫里，不仅会使荷尔蒙分泌不平衡，还会导致乳腺癌、宫颈癌呢！

妈妈，文章里面说的是谣言，经期洗头不会让子宫收缩不完全，更不会让经血残留。要科学认识经期，我们首先要了解一下月经是什么。

　　月经，俗称"好朋友""大姨妈"等，是指血液或黏膜定期从子宫内膜经阴道排出体外的现象，流出的血液称为经血。在未受孕的情况下，性成熟女性体内的雌激素和孕激素发生周期性变化，从而使子宫内膜发生一系列自主增厚、血管增生、腺体生长分泌以及子宫内膜脱落并伴随出血的周期性变化，这就是月经的形成机制。

　　首先，需要明确的是，经血并不是"污血"，而是人体正常的血液。其成分主要是血液（3/4 动脉血、1/4 静脉血）、子宫内膜组织碎片和各种活性酶及生物因子。其中纤溶酶使月经血呈液态，不致凝固，而前列腺素起到收缩子宫的作用。

　　其次，经血也并不会"残留"。在月经期间，宫颈口会微微打开，月经一旦产生，便会从宫颈口进入阴道，而后排出体外。一个未孕女性的子宫容量仅仅约 5mL，你说能"残留"住多少血呢？

而在月经前，子宫肌层的确会发生收缩，从而关闭小动脉对内膜的供血，以免经期子宫内膜脱落后，小动脉暴露导致出血过多。影响子宫收缩的因素有很多，但大多数与内分泌有关，经期分泌的前列腺素、血栓素等都能促使子宫收缩，以止血和促进经血排出体外。但如果真的有什么因素引起"子宫收缩不完全"，那后果就是阴道不停地流血，而不是"残留"在里面"憋成内伤"。**所以洗头造成"子宫收缩不完全"的说法完全是无稽之谈。**

那宫颈癌和乳腺癌是什么原因引起的，它和冷水洗头相关吗？

肿瘤的形成是很复杂的，一般由多种因素共同作用所致。

研究表明，人乳头瘤病毒（HPV）感染、多孕、多产、多婚、性生活紊乱、重大精神创伤、慢性宫颈炎、恶性肿瘤史和吸烟等都是宫颈癌的危险因素。国际癌症研究中心专题讨论会明确提出，HPV 感染是宫颈癌的主要危险因素，99% 以上的宫颈癌由 HPV 感染引起。

乳腺癌的危险因素主要有以下几种。

（1）内源性或外源性雌激素的长期作用：乳腺癌多发生于内分泌失调、雌激素水平偏高的 40 岁以上的妇女。

（2）乳腺导管和小叶的不典型增生：研究表明，伴有乳腺导管和小叶不典型增生者发生乳腺癌的危险性增加。

（3）遗传和家族史：有乳腺癌家族史的女性，发生乳腺癌的危险是一般人群的 2～3 倍。

（4）营养因素：研究显示，乳腺癌的发生与高脂肪、高蛋白等营养物质的摄入过多有一定的相关性。

（5）离子辐射：已被证实，接受高水平的电离辐射后，发生乳腺癌的危险性增加。

（6）病毒：研究发现，乳腺癌的发生可能与致癌性 RNA 病毒有关。

（7）环境因素及生活方式：目前学界认为，主要还是激素因素和遗传因素起较大作用，但患癌与否在人群中有很大的个体差异。

综上所述，**没有证据显示经期洗头与患癌有较强的相关关系。**

大家大可不必谈癌色变，上面谈到的癌症在医学上都有预防的方法。目前 HPV 疫苗可以预防超过 70% 的宫颈癌。大家平时要定期体检，密切注意自身的健康情况。

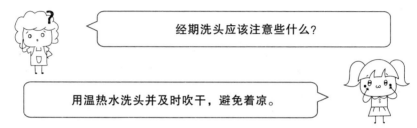

经期洗头应该注意些什么？

用温热水洗头并及时吹干，避免着凉。

虽然经期洗头是允许的行为，并且它本身对身体不会有损害，但要做好以下几点才能更好地保护身体健康。

- 洗头时使用温热水。
- 务必及时擦干或吹干头发，切忌湿发睡觉。
- 勿吹冷风，易着凉。

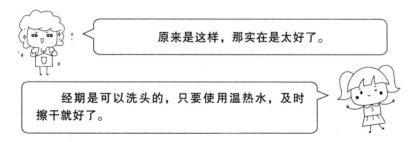

原来是这样，那实在是太好了。

经期是可以洗头的，只要使用温热水，及时擦干就好了。

参考文献

[1] 乐杰. 妇产科学 [M]. 北京：人民卫生出版社，2008：263-268.

[2] 张云珍. 女性经期健康与护理 [J]. 基层医学论坛，2013，17(24)：3236-3237.

[3] Freeman E W. Premenstrual Syndrome and Premenstrual Dysphoric Disorder: Definitions and Diagnosis [J]. Psychoneuroendocrinology，2003(28)：25-37.

[4] Horn L C, Meinel A, Handzel R, et al. Histopathology of Endometrial Hyperplasia and Endometrial Carcinoma: An Update [J]. Annals of Diagnostic Pathology,

2007，11(4)：297-311.

[5] Wren B G. The Origin of Breast Cancer [J]. Menopause, 2007，14(6)：1060-1068.

[6] Wheeler C M. Advances in Primary and Secondary Interventions for Cervical Cancer：Human Papillomavirus Prophylactic Vaccines and Testing [J]. Nature Clinical Practice Oncology, 2007，4(4)：224-235.

[7] 徐艳红. 宫颈癌的致病因素及预防的研究综述 [J]. 中国实用医药, 2009，4(25)：252-253.

[8] 梁东霞，张彦娜. 宫颈癌与 HPV 关系的研究进展 [J]. 实用癌症杂志, 2010，25(2)：202-205.

[9] 杨红鹰. 乳腺癌的病理和预后因素 [J]. 中国临床医生杂志, 2003，31(2)：5-6.

[10] 连伟清，王唯迪，徐梅，等. 原发性痛经发病机制及治疗的研究进展 [J]. 国际妇产科学杂志, 2012，39(1)：29-31.

[11] 吕向华，王淑玲，马伟杰，等. 青年女性原发性痛经发病相关因素的调查分析 [J]. 中国医学工程, 2013(8)：18.

低碳水化合物饮食能减肥吗

作者：张今

闺女，都说"三月不减肥，四月徒伤悲，五月路人雷"。你看看你过完春节都胖成球了。你看，这篇文章说减少摄入碳水化合物可以减肥，我们从今天开始就不吃晚饭了，帮你减肥。

哎哟，我的妈妈呀，这种低碳水化合物减肥法不仅短期会造成虚弱、头晕，长期使用还会加重肝脏和肾脏的负担，你难道忍心看着我为了减肥伤害身体吗？

会这么严重吗？闺女你和我科普一下碳水化合物、糖和淀粉的区别吧，我一直都弄不太清楚。

它们是包含与被包含的关系。

首先，我们需要区分一下这几个概念。碳水化合物是一大类有机化合物的总称，是这三个词中范围最大的概念。碳水化合物绝大多数仅由碳、氢、氧三种元素构成，可分为糖、寡糖和多糖三类。糖只是碳水化合物的一部分，指的是聚合度为 1~2 的碳水化合物，包括单糖（如葡萄糖、果糖等）和双糖（如蔗糖、乳糖等）。淀粉、纤维素、果胶都属于多糖。人们平时说的白砂糖、葡萄糖属于精制糖，只是碳水化合物的一小部分（提倡少吃精制糖）。

究竟怎样才算是低碳水化合物饮食呢？

低碳水化合物是指限制摄入碳水化合物，使其供能比小于或等于 45% 的饮食。

按照《中国居民膳食指南》的推荐，膳食中碳水化合物提供的能量应占总能量的 50% 以上。而低碳水化合物饮食（low carbohydrate diet，LCD）是指限制碳水化合物的摄入，使其供能比为 45% 或更低，从而限制热量的摄入，也称为生酮饮食。低碳水化合物饮食分为很多种（见表 2-1），不同的饮食对于碳水化合物的限量不太一样。

表 2-1　美国心脏协会（AHA）推荐膳食及不同低碳水化合物膳食模式的组成

	理论基础	膳食成分（平均 3 天）			
		碳水化合物	蛋白质	脂肪	能量
AHA 推荐膳食	能量摄入超过能量消耗，导致体内脂肪积累过多	55%～65%	15%～20%	脂肪<30% 饱和脂肪 <7%	限制
Atkins 膳食	限制碳水化合物引起酮症，从而降低饥饿感	5%	27%	总脂肪68% 饱和脂26%	不限制
Zone 膳食	正确的食物组合模式使代谢处于最好的功能状态，使饥饿感降低，体重减轻	36% （酒精1%）	34%	总脂肪29% 饱和脂4%	限制
Protein Power 膳食	食用碳水化合物使机体释放大量胰岛素	16% （酒精4%）	26%	总脂肪54% 饱和脂18%	限制
Sugar Busters 膳食	糖增加胰岛素的释放，加快脂肪的蓄积	52%	27%	总脂肪21% 饱和脂4%	限制
Stilman 膳食	高蛋白食物燃烧体脂，在食用碳水化合物后，机体储存脂肪而不是燃烧脂肪	3%	64%	总脂肪33% 饱和脂13%	限制

低碳水化合物饮食有什么好处吗？

低碳水化合物饮食可以用于某些疾病的治疗。

（1）对于肥胖症，低碳水化合物饮食对于早期快速减肥和后期持续减肥的效果都比较好，且高蛋白 - 低升糖指数的饮食利于维持体重，减少反弹的发生。

（2）低碳水化合物饮食通过降低体重，可以改善代谢，降低发生高血压、糖尿病、高脂血症的风险，减缓某些肿瘤（前列腺癌、胃癌等）的生长。

低碳水化合物饮食减肥的原理是什么呢？

早期减的是水分，长期则是因为热量入不敷出。

短期：低碳水化合物饮食在早期能明显减重，主要是因为肝糖原的损失。糖原含有大量水分子，当饮食不能维持正常血糖水平时，机体开始分解肝糖原，这便伴随着水分的丢失。因此，低碳水化合物饮食的初期减重主要是由于水分的丢失，而不是体脂的减少。

长期：低碳水化合物饮食是通过限制总热量的摄入（除了 Atkins 膳食）来达到减肥的目的。长期摄入的能量少于消耗的能量，入不敷出，能不瘦吗？

那低碳水化合物饮食减肥安全吗？

这种方法无论是用来短期减肥还是长期减肥，对身体都会造成一定的负担。

短期：由于严格限制碳水化合物的摄入，在开始的一两周内，我们可能会出现头晕、头痛、虚弱、便秘等症状，这些症状一般在第 3 周或第 4 周自行消失。此膳食模式容易引起酮症，可表现为恶心、呼吸气味难闻和食欲减退等。

长期：由于脑细胞和红细胞等只能利用葡萄糖供能，当饮食中的碳水化合物提供不足时，机体会动员肝脏和肾脏进行糖异生，也就是将氨基酸、乳酸等通过丙酮酸转化成葡萄糖，来为这些细胞供能。因此，长期的低碳水化合物饮食会加重肝脏和肾脏的负担。大部分研究都是短期的（少于 1 年），对其长期危害，我们并没有找到直接证据。

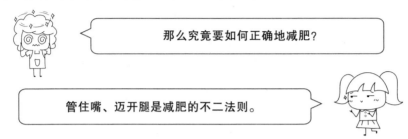

那么究竟要如何正确地减肥？

管住嘴、迈开腿是减肥的不二法则。

低碳水化合物饮食是否能够降低体重的关键是摄入总能量的多少，而不是食物中营养素成分的高低，因此控制总热量的摄入是关键。少吃几口饭，却多吃几口肉，晚上再加点夜宵，怎么能减肥？

虽然低碳水化合物饮食能减肥，但是不推荐长期使用。对于各种减肥方法要辩证、理性地看待，主要的减肥方法还是管住嘴、迈开腿，即少吃多动。 热量消耗大于摄入，慢慢就瘦了。

最后强调一句，**最健康的饮食还是均衡饮食。**

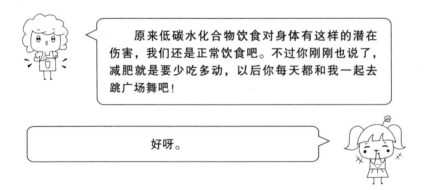

原来低碳水化合物饮食对身体有这样的潜在伤害，我们还是正常饮食吧。不过你刚刚也说了，减肥就是要少吃多动，以后你每天都和我一起去跳广场舞吧！

好呀。

参考文献

[1] 魏文志，翁佳玲，王力. 浅谈低碳水化合物饮食的现代医学研究 [J]. 中华保健医学杂志，2015，17(6)：518-520.

[2] Li S, Flint A, Pai J K, et al. Low Carbohydrate Diet from Plant or Animal Sources and Mortality Among Myocardial Infarction Survivors [J]. Journal of the American Heart Association, 2014, 3(5): 1169.

[3] 刘兰，杨月欣. 低碳水化合物膳食与肥胖 [J]. 国外医学：卫生学分册，2006，

33(6)：358-362.

[4] 郑佳，Hoby H RAFAMANTANANTSOA，陈佩杰. 低碳水化合物膳食和高碳水化合物膳食对体重的影响 [J]. 消费导刊，2008(22)：183-184.

[5] Alexandraki I, Palacio C, Mooradian A D. Relative Merits of Low-Carbohydrate Versus Low-Fat Diet in Managing Obesity [J]. Southern Medical Journal，2015，108(7)：401-416.

[6] Bravata D M, Sanders L, Huang J, et al. Efficacy and Safety of Low-carbohydrate Diets: a Systematic review [J]. Acc Current Journal Review，2003，289(14)：1837-1850.

[7] Matarese L E, Kandil H M. Weight-Loss Diets Weighing the Evidence [M]. New York：Integrative Weight Management，2014：279-292.

保持饥饿能延年益寿？别闹了

作者：杜赟

妈妈，你最近身体不舒服吗？怎么吃得这么少？

这你就不懂了吧。这篇文章说保持轻微饥饿能够延年益寿，还能降压降脂，说是因为轻微饥饿会激发人体的潜能，从而拯救细胞。古人不也有辟谷这种说法吗，所以这肯定是没错的。

妈妈，寿命的长短受很多因素的影响，就算你要仿照古人辟谷也必须遵循"少而精"的原则，可不是盲目地少吃或不吃。

这样子啊，那文中所说的"禁食疗法"是什么意思？

禁食疗法是在保证安全的前提下禁食日常食物的方法，可用于治疗多种疾病。

禁食疗法是指在有限的时间内，机体利用储存的能量和物质，在保证人体正常生命活动需要的前提下，除了可以适量饮水，以及摄入特别提供的低糖、无脂和无蛋白营养液外，禁食日常食物，从而达到预防治疗某些疾病的效果。

在欧美，禁食疗法作为一种成熟、常规的治疗方法，可治疗脂肪肝、高血压、脂质紊乱、肥胖、2 型糖尿病等多种疾病。国外已经有大量的基础及临床研究证实禁食疗法的安全性，国内近年来也开展了相关的临床研究，认为在正确的指导下开展禁食安全有效。在禁食中产生的不良反应是机体在应激状态下的自我保护性反应，短期禁食一般不会对机体造成严重后果。

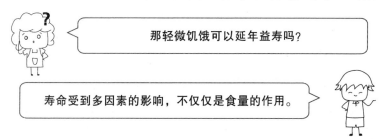

那轻微饥饿可以延年益寿吗？

寿命受到多因素的影响，不仅仅是食量的作用。

节食除了禁食疗法之外，还有热量限制（caloric restriction）——通过减少热量的摄入，而不造成营养不良的一种饮食上的调整，就类似于开头提到的"微饿"。确实有研究表明，在酵母菌、秀丽隐杆线虫、果蝇、啮齿类动物中，通过一定形式的热量限制可以延长其寿命。

综合大量研究，研究人员对通过热量限制给寿命长短造成影响的可能机制，进行了相关的解释：在细胞层面上通过多种信号通路影响细胞的自噬、线粒体的生物合成、氧化应激等多种方式，最终增强机体的抗逆性，从而促进健康、延长寿命。

但实验结果中寿命的长短还受到诸如性别、遗传等多种因素的影响。在另外的研究中，则发现宏量营养素的平衡或许对寿命的延长有更重要的影响作用——适当降低饮食中蛋白和糖类的构成比可以延长寿命。但首先要搞清楚的是个人蛋白摄入是否足够，再决定是否要增减蛋白质的摄入。

饮食对健康、寿命的影响是十分复杂的，对于饮食中各营养素的相互作用及其对人类健康的影响需要有全方位的认识。虽说目前研究者已初步窥探到其可能的作用机制，但人作为一个复杂的生命体，探究饮食对其寿命长短的影响仍有很长一段路要走，而且理解其作用机制需要从多方面考虑，不单单是食量的多少。

那辟谷又是怎么一回事呢？

辟谷不是简单地节食，它在小鼠实验中的结果不能完全套用到人身上。

在中医学中有"辟谷"的说法，其特点是限制或避免常规主食的摄入，但必须添加或替代摄入"辟谷食饵"（以杂粮及可食性中草药加工制成），古代叫"却谷方"，两者结合称为"辟谷食饵疗法"。

据文献记载，久服"却谷方"可起到轻身健体、延年益寿等防病治病、保健养生的作用，涉及某些心脑血管疾病、代谢障碍性疾病，如"三高"（高血压、高脂血症、高血糖）、肥胖症、糖尿病等，并能抗老化。辟谷食饵疗法对小鼠生化代谢影响的实验也在一定程度上证明了"长期辟谷"的安全性。

不过还是要提醒一句，**动物实验结果终究不能完全套用到人身上**，临床上通过控制饮食改善健康状况、治疗疾病的研究虽有报道却不普遍，且均是在专业医师的指导下进行的，病人的饮食自然不同于常人的饮食。对健康人为了预防疾病进行的这种饮食限制的研究，是少之又少的。所以，为了健康起见，我们奉劝大家还是不要盲听盲从。

再说，这里的"适度饥饿"，是在保证营养足够、进食品种全面的"少而精"的前提下进行的，绝不是提倡大家盲目限食、节食，更不是要求大家简单地模仿。"少而精"是在限制食量的过程中容易被忽视且不易做到的，长期的营养不良会严重影响人体生殖系统、骨骼，乃至全身的代谢健康。值得一提的是，很多人希望依靠节食减肥，但研究显示，过度的节食可致脾胃机能失调，造成自身营养失衡，在上述因素的作用下更容易导致骨质疏松，此外还可能引起神经性厌食症，严重者则可能死亡。

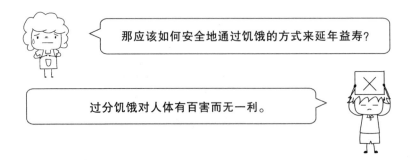

那应该如何安全地通过饥饿的方式来延年益寿？

过分饥饿对人体有百害而无一利。

饥饿，是人体正常的生理现象，是机体正常新陈代谢的结果，是身体需要补充食物的信号。在通常情况下，一般性食物在胃里只能停留3～5小时，高脂肪的肉类、油炸食物可能稍长一些，但最多在 6 个小时内就会被排空。此时，胃开始收缩，饥饿感也就随之产生了。正常的进食时间间隔为 4～5 小时，一日三餐是比较科学的饮食模式。

长时间饥饿会引起对胃黏膜的恶性刺激，影响胃的正常收缩功能，造成胃的病变，可能导致胃痛、胃炎、胃溃疡、胃癌等疾病的发生。如果累及肠、胆、肝、脾、胰等整个消化系统，发生的疾病会更多、更严重。

此外，长时间的饥饿使机体新陈代谢需要的养料失去供应的来源，出现机体营养物质的缺乏或严重不足，是造成机体组织缺氧、缺血的根源，最终有可能导致血液、神经、呼吸、运动、泌尿、内分泌等系统的功能失常，引起广泛的病变。

在饥饿状态下的人，一旦遇上食物，势必会胃口大开、狼吞虎咽。突如其来的繁重负担，使消化系统措手不及，加班加点地工作，必将造成消化过程的速度加快、质量下降，消化不良、急性胃肠炎、胰腺炎、胆囊炎、泄泻等疾病都有可能随之发生。一次性进食过多，还会使胃在短时间内极度膨胀，导致急性胃扩张的出现，有丧命的危险。有调查认为，50% 以上的胃肠病患者与不良进食习惯有关，其中主要就是时饥时饱和暴饮暴食。

总而言之，**饮食确实会对人体健康乃至寿命产生影响，然而寿命还会受到性别、遗传等多种因素的影响，因此不能以偏概全地以为饥饿就能使寿命延长。**至于怎么吃才对身体有益，简单来说就是**合理饮食、营养均衡**！

> 妈妈，延年益寿可不能靠饥饿来实现，最重要的还是均衡饮食、吃动平衡。

> 原来是这样啊！那我现在赶紧去告诉我的姐妹们，不然她们都像我这样就不好了。对了，你给我多留点吃的吧，这几天我都快饿坏了……

参考文献

[1] 储维忠，许锋，王玉英，等. 辟谷食饵疗法对小鼠生化代谢等影响的研究 [J]. 河北中医，2006，28(2)：139-141.

[2] 秦鉴，柯斌，孟君，等. 禁食疗法的安全性初步评价 [J]. 深圳中西医结合杂志，2009，19(1)：41-42.

[3] 柯斌，吴正治，等. 禁食疗法初步应用的不良反应分析 [J]. 中国民间疗法，2009，17(3)：46-47.

[4] 温长路. 正确看待"饥饿疗法" [J]. 中华养生保健，2008(07)：32.

[5] 郭建红. 辟谷实践及探讨 [J]. 中医研究，2011(01)：33-35.

[6] Solon-Biet S M, Mitchell S J, De C R, et al. Macronutrients and Caloric Intake in Health and Longevity [J]. Journal of Endocrinology, 2015，226(1)：17-28.

[7] 罗彤，高毅. 过度节食及营养缺乏对女性骨质疏松症发病机制的影响概况 [J]. 山东中医杂志，2014(1)：72-74.

吃什么养胃？胃说了算

作者：李洽宁

你这一阵子不是胃不舒服吗？你看，这篇文章说最养胃的主食是面条，大米含酸多，所以你以后就少吃米饭吧！

大米中不含酸，个体有差异，哪种食物养胃要看个人。

"米中含酸多"，看到这里我不由地产生疑问：米中哪来的酸？大米中70%左右都是淀粉，还有13%～14%的水分、7%～9%的蛋白质，以及为数不多的脂肪、膳食纤维、微量元素等。估计这篇文章想表达的是大米为酸性食物吧。所谓的食物酸碱性，是依据食物燃烧后所得的灰分区分出来的，谷物是典型的酸性食物。因此，**不管是米还是面，都是酸性食物啊！**

至于说面条比米饭养胃，理由可能是面条在制作的过程中加入了碱水，这就和大家经常听到的"胃不好多吃点苏打饼干"是一个道理，认为食物中加入的碱性物质可以中和胃酸，从而缓解胃病。这种说法并没有错。然而，①南北方人民因为遗传的基因和从小饮食习惯的不同，造成了个体对米或面的消化吸收能力有差异，因而**选择自己吃了之后感觉更舒服的就是最养胃的！**②胃病有很多种，胃酸过多者的确需要减少胃酸，而患有慢性萎缩性胃炎以及一些胃口不好的病人，是胃酸不足，需要增加胃酸！

大家都说红茶比绿茶养胃，是真的吗？

世上没有养胃的茶，只有相对不伤胃的。

　　茶叶中的茶多酚具有收敛性，对胃有一定的刺激作用，尤其在空腹的情况下刺激性更强。绿茶中的茶多酚含量较高，对胃的刺激会明显一些；而红茶是经过发酵烘制而成的，其中的茶多酚在发酵过程中发生了氧化反应，含量明显减少。因此相对于绿茶来说，红茶对胃的刺激性更小。但这并不意味着红茶有养胃的功能，所以，"红茶养胃"的说法并不严谨。

　　鉴别自己是否适合某种茶叶，最好的方法就是亲自品尝，如果身体感到舒服即为适合自己的，若感到不适就不要勉强。

那蜂蜜呢？不是说蜂蜜很养胃吗？

对胃部健康的人来说，普通蜂蜜并没有养胃作用。

　　蜂蜜的 75% 都是糖，其中的蛋白质、氨基酸、维生素、微量元素等少得可怜，说白了就是高饱和的糖水。蜂蜜的高含糖量可刺激胃酸的分泌，对于胃酸过少的病人有点帮助，而对于胃酸过多的病人就是雪上加霜了。更何况，市面上的蜂蜜真伪莫辨，价格还不便宜，想要刺激胃酸的分泌，自己嚼几颗糖也是可以的。

那有没有靠谱的养胃方法？

有啊，而且很简单，那就是不要乱来！

　　三餐规律，细嚼慢咽，不暴饮暴食，注意卫生，少食生冷刺激物，不要吸烟、酗酒，保持轻松、愉悦的心情。听胃的话，不要吃使它不舒服的食物！

原来是这样，那我得好好和姐妹们说一下，这还是从她们那里听回来的呢……

那您就不管我的胃了吗？

你刚刚不是说了几个养胃小贴士吗，也不难，你自己注意就好了！

参考文献

[1] 郭亚丽，李芳，洪媛，等．大米理化成分与米饭品质的相关性研究 [J]．武汉工业学院学报，2015(03)：1-6.

[2] 韩情．健康养生是一种生活态度和生活方式，酸碱性食物不会影响人体的酸碱平衡 [J]．中国卫生标准管理，2010，1(3)：73-75.

[3] 袁征．粥养胃？面养胃？8 问搞懂主食养胃的那些事儿 [J]．中国保健营养，2012(11)：62-66.

[4] 曹妍．红茶养不了胃 [J]．共产党员，2015(4)：60.

[5] 李纯．蜂蜜养胃因人而异 [J]．健康博览，2013(11)：57-58.

耳朵之五大要与不要

作者：方丹阳

最近看到挺多关于耳朵的文章，也不知道孰真孰假，儿子你给我辨别一下吧。

那确实是，耳朵保健是有学问的，千万不能道听途说。

之前看到文章说不能经常掏耳朵，是真的吗？

是的，耳屎对耳朵有保护作用，而且掏耳朵容易造成损伤，要选择正确的掏耳方式。

首先，造成我们耳朵发痒的东西——耳屎（学名耵聍），并不是真屎。它使外耳道得以保持酸性环境，味道苦且具有一定的挥发性，可以帮助抵御细菌、小虫等"不速之客"的侵袭。

其次，人体机能告诉我们，耳道是有自净能力的。由于外耳道与下颌关节相连接，当我们吃东西或说话时，耳道内的片状耵聍便会慢慢松动而不知不觉地被排除。因此，我们不必经常掏耳朵，不然会引起耳屎的分泌异常，并且降低保护耳朵的能力。

最后，要知道，掏耳朵容易损伤外耳道的皮肤，或戳穿骨膜，让细菌有机可乘，甚至引起化脓，演变成中耳炎。另外，中耳离脑近，一旦细菌进入脑子，还可能发生生命危险。

因此，大家应该以正确的方式掏耳朵。

（1）使用棉签。不要贪图便利，用指甲、发夹等。

（2）温柔掏耳。将棉签头拽蓬松，轻轻在外耳道转动即可。

（3）"油耳"者可在浸湿棉签并稍稍挤干后轻轻掏耳。

（4）不要习惯性地经常掏耳。

高分贝音乐或噪声刺激会对耳朵造成不可逆的伤害吗？

是的，声音太大，耳蜗上不具备再生能力的毛细胞就会受损、减少，慢慢地就会造成听力损害。

不少年轻人喜欢戴着耳机，放着摇滚音乐，大声轰炸自己的耳朵，享受音乐带来的快感，然而脆弱的耳朵在主人肆意享受的时候默默承受着可能发生的后果。

美国失聪和听力疾病学会称，在110分贝的噪声下待1分钟就足以使人永远失聪。在高分贝"噪声"的影响下，耳朵会发生耳鸣现象。或许两天后你能恢复部分听力，耳鸣也会减轻，但是你的听力将会受到永久性的伤害。

那么这种伤害究竟是如何产生的？又为什么会如此严重呢？我们需要了解人体是如何听到声音的。

声波进入耳朵会引起鼓膜震动。接着，震动会传递给耳蜗中的液体。这时，液体的震动会转为电信号传递给耳蜗上排列整齐的毛细胞，从而刺激与其相连接的听觉神经纤维。然后，频率不同的神经信号最终由听觉神经传递到大脑，信号在此被"解析"，我们也就知道自己正在听的是摇滚乐还是歌剧了。

从上述过程可知，耳蜗上的毛细胞是我们听到声音必不可少的"零件"。但毛细胞会随着噪声的侵扰而逐渐减少、受损，此外它们还不具备再生的能力。因此一旦毛细胞死亡，其导致的听力损失就是永久性和不可逆的。通常最先减弱的是对高频声音的听力，渐渐地我们会开始听不到说话时常用频率的声音。声音的范围如表2-2所示。

你能够忍受噪声的时间如表2-3所示。

表 2-2　声音的范围

	分贝	噪声来源
安全范围	30	轻声耳语
	60	正常交谈
	78	洗衣机
危险范围	80~90	交通噪声、割草机
	90	摩托车
	100	电钻
	110	电锯、摇滚演唱会
伤害范围	120	救护车
	140（疼痛界限）	飞机起飞时的引擎声音
	180	火箭发射

表 2-3　忍受噪声的时间

你能够忍受噪声的时间

如果你必须处于噪声很大的环境中，例如工作需要，那么需要了解清楚安全的时间界限是多长

分贝	每天可忍受的上限
90	8 小时
92	6 小时
95	4 小时
100	2 小时
102	1.5 小时
105	1 小时
110	30 分钟
115	最多 15 分钟

要怎样避免高分贝的声音干扰呢？

（1）时刻准备一对耳塞。在吹头发或者遇到高分贝噪声时，一对耳塞可以减缓噪声带来的干扰，实在不行也要伸手盖住耳朵。

（2）养成好习惯。在睡觉前切记不要戴耳机入睡，在听音乐时倘若旁人也能听到你耳机里发出的声响，则说明音量过大。

（3）相比插耳式耳机，耳罩式耳机更好。

有人说平时捏紧鼻子用力擤鼻涕、捂住口鼻打喷嚏都是错的？

没错，这些行为有可能引发鼻窦炎或急性中耳炎，如果不及时治疗还会引起其他病症。

国外研究表明，当两手捏紧两侧鼻孔用力擤鼻涕时，鼻腔内的压力急速上升，单位面积的风速就如强烈台风般剧烈，很容易造成鼻黏膜的水肿受伤，甚至流鼻血（越用力擤鼻涕反而鼻子越塞），还会使一部分含有细菌的鼻涕经由鼻窦的开口倒灌入鼻窦内，引发鼻窦炎；或者可能将脓鼻涕经由咽鼓管打入中耳腔形成急性中耳炎，从而出现发烧、耳痛、流脓等症状，严重的将造成鼓膜穿孔、听力下降。此症状如果长期不愈还有可能导致胆脂瘤型中耳炎，甚至会引起脑膜炎、脑脊髓液外流、内耳淋巴液外流等重症。

在擤鼻涕的时候，大家应该做到如下两点。

（1）用手指压住一侧鼻孔，轻轻用力向外呼气，对侧鼻孔的鼻涕便会被擤出来，用同样的方法再擤另一侧。或者用手绢放在双侧鼻孔的前方，不压鼻孔只是轻轻用力从鼻孔向外呼气，将鼻涕擤在手绢中。

（2）如果鼻子不通气，鼻涕不易擤出，则可以在鼻腔局部点血管收缩剂，如麻黄素滴鼻液等，待鼻腔通气之后再擤。如果鼻涕过于黏稠不易擤出，则可以在鼻腔局部喷生理盐水，待鼻涕稀释后就容易擤出来了。

另外，在打喷嚏时捂住口鼻虽然确实能够阻挡一部分飞沫向四周传播，但请注意，一是手捂会间接将细菌转移到手上；二是当人在打喷嚏的时候，如果将口鼻完全捂住，上呼吸道产生的强大压力会通过咽鼓管作用于耳道骨膜，间接性损害耳部健康。

正确的打喷嚏姿势如下。

（1）用纸巾代替手捂，记住将纸巾丢进垃圾桶。

（2）在没带纸巾的情况下，可以对着胳膊打，虽然飞沫可能会附着在衣服上，但可减少病毒的传播。

（3）若用手捂，请及时洗手。

那捏着鼻子灌药可以吗？

当然不可以，这样很有可能让药物进入气管，严重的话可能窒息。

很多人在小的时候都有过被大人捏着鼻子灌药的经历，似乎好几代人都这么干，也就没太在意这样做到底对不对。然而，在这个科学普及的时代，我们要用批判性的眼光审视日常生活中的这些不良习惯。

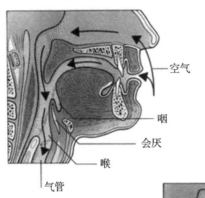

呼吸

呼吸时，位于喉口的声带松弛并张开，声门间形成一个间隙。在吸气时，空气通过声门裂，从咽进入气管；在呼气时，可通过气管进入咽

空气

咽

会厌

喉

气管

吞咽

吞咽时，称为会厌的扁平软骨倾斜及喉向上提升，声带相互靠拢，声门关闭，喉口被封闭。食物进入食管后，声门再打开

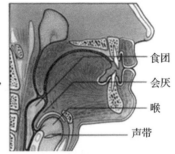

食团

会厌

喉

声带

　　捏鼻子给小孩灌药可能造成危险，这可不是开玩笑的。在人的咽部下端有两条通道，一条通向胃肠，叫食管；另一条通往肺部，叫气管。在气管上部的开头处，有一块会厌软骨，当进食吞咽时，会厌软骨便会关闭，防止食物进入气管。如果在孩子哭闹时灌药会使会厌软骨运动失调，药物就易进入气管，轻则咳嗽或引起支气管、肺部的炎症，重则阻塞呼吸造成窒息乃至死亡。

　　婴儿服药不要直接服用药丸或药片。家长应将药丸或药片研成粉末，加水和糖调成稀汁，哄着孩子服下。

听说用左耳听电话对大脑的伤害更少？

用左右耳接电话对大脑的伤害是一样的，最好的做法是轮换接听。

关于用右耳接电话，有不少传言都说，因为右耳靠近大脑，右脑比较重要，在接电话时手机辐射会伤害大脑，所以用左耳接电话更安全。

对于以上言论专家表示，此说法完全没有依据。**只要接电话时间不长，用左右耳接听都无所谓；如果是长时间接电话，则最好左右耳轮换接听。**

北京朝阳医院神经内科主任医师许兰萍介绍，人的大脑的确有左右脑之分，左脑是逻辑脑，主管创作、语言等；右脑是形象脑，主管空间想象，负责音乐、美术和空间的辨认。所以从大脑的功能来说，左右脑同等重要。另外，左右耳和左右脑是对称分布的，左右耳与大脑的距离一样，这是常识，不存在"右耳离大脑更近"的说法。即使手机有辐射，从理论上来说用左右耳接电话对大脑的伤害也是一样的。

此外，有人担心在接电话时手机辐射会导致脑癌。许兰萍指出，这绝不是单一手机辐射的问题，脑癌的发病机制复杂，遗传基因、环境污染等都是可能的因素，使用手机到底是不是脑癌发病的原因，目前医学界尚无定论。

所以在接电话时应该注意以下两点。

（1）不要"煲电话粥"。长时间接电话对听力的损害比较明显，另外长时间接电话会使手机发热，手机紧贴面部，加上机身细菌，会导致面部皮炎。

（2）平时尽量少使用手机，控制通话时间，若长时间接电话，则左右耳轮换接听，最好使用耳机，在使用耳机时需要注意音量。

我们在日常生活中如何避免耳朵受伤？

对于耳朵的保护，我们需要谨记避免让耳朵受到外力、环境的影响。

1. 保护耳朵，远离耳光

相信大家无论是在电视情节中，还是在现实生活里，都经常看到打耳光的场景出现。人们通过打耳光来表达愤怒，然而不仅为了维护感情，促进社会和谐，即使为了保护耳朵，也不要随便打人耳光。这是因为，虽然打巴掌看似没多大的伤害力，却可能致人耳朵受损，严重者甚至会引起耳聋。

打耳光易致耳朵受损是由于巴掌容易打在人的耳朵上，从而导致气流迅速进入耳内，而中耳腔内通向咽喉的咽鼓管仅在吞咽和说话时开放，气流只能冲击鼓膜，因此容易引起鼓膜破损，导致听觉减退乃至消失，有的甚至造成永久性耳聋。

所以，有什么事坐下来好好说，不要轻易动手。

2. "竹"报平安，也要保护耳朵平安

虽然放鞭炮总是让人开心，但我们不注意也会对身体造成损害。鞭炮既有可能对耳朵造成外伤，也有可能通过气流和噪声导致鼓膜穿孔、听力受损等。因此在放鞭炮后，我们不仅要在产生外伤时及时就诊，即使出现耳鸣、耳痛、眩晕和头痛等，也不能小看，应及时就诊，进行听力学检查。一般来说，大部分耳鸣都是暂时性损伤，休息不久即能恢复，严重些的也能在对症治疗后好转。防患于未然才是最安全的方法，在鞭炮爆破时要捂住耳朵并尽量远离现场。

3. 保护好耳朵，游泳更安心

在游泳时不注意容易对耳朵造成的损害主要有以下几点。

- 泳池不干净会使耳朵受细菌感染，从而导致流脓、出水，甚至中耳炎等。
- 在进入泳池时，耳朵先撞击水面，耳周的高气压易使耳膜破损。
- 过长时间地浸泡在水中，耳朵灌满水，会导致耳朵发堵、发闷，同时，也容易引起感染。

因此，游泳一定要到设施卫生、消毒彻底的游泳池，并带上耳塞，避免头部先入水。

4. 耳朵进水？没什么大问题

有的人在游泳或洗澡后，耳朵里进水了，就开始担心会不会发炎，会不

会得中耳炎。其实不用担心，让我告诉你怎么做。

耳朵内进水多发生在游泳时（尤其是潜水过程中），也可能发生在洗澡时。在游泳、潜水时可以佩戴耳塞，而在洗澡时只要多加注意即可，因为耳道是一个具有一定长度、斜度的管道，少量进水可以自己排出。在进水后如果感觉耳闷，则说明进水较多，需要处理，一般我们可以同侧单脚着地，进水耳朝向地面，进行单腿蹦跳，水即会流出，或把棉签轻轻伸进耳洞中把水吸出来即可解决问题。如果考虑到进水不洁净，需要预防发炎，则使用抗生素滴耳液 3 天。

5. 保护耳朵，鼻子也不要放过

在人体的鼻腔和耳的鼓室之间有一条细管道相通，称为咽鼓道。这是耳朵与外界交通的唯一通道，通过其不断开放和关闭，耳朵才能保证内部的气压与外界大气压一致，我们才不会感觉到耳朵闷堵与不适。因而当鼻子出现阻塞，或周围出现炎症等问题时，就容易造成咽鼓管阻塞形成耳内负压，随着时间的延长就容易引起听力下降。此外，当鼻腔分泌物经咽鼓管流至耳朵的鼓室，细菌、病毒感染等情况出现时，便容易引起中耳炎。

除了鼻子出问题会影响耳朵外，腺样体肥大同样可以通过压迫咽鼓管外口，引起咽鼓管阻塞，从而引起耳朵的相应症状。

因此，当下次因耳朵疼痛或听力下降去医院看病时，不要再被治疗鼻子的药物弄得不明不白。

6. 懂药，才能更好地保护耳朵

俗话说"是药三分毒"，若服药不注意，同样容易给耳朵带来伤害。

已知的耳毒性药物有近百种，常用者有氨基苷类抗生素（链霉素、阿米卡星、新霉素、庆大霉素、小诺米星、阿卡米星等）、抗癌药（长春新碱、2-硝基咪唑、顺氯氨铂）、抗疟药（奎宁、氯奎等）、祥利尿剂（呋塞米、利尿酸）、抗肝素化制剂（保兰勃林）、铊化物制剂（反应停）等，其中氨基苷类抗生素的耳毒性在临床上最为常见。

同时，不同耳毒性药物的毒性效果不同。

● 包含阿司匹林的药物产品和非固醇类消炎药物的毒效通常在平均每

天服用 6~8 粒药丸后出现，其毒效是可逆的，一旦药物治疗停止便消失。

- 氨基苷类抗生素如红霉素、万古霉素、链霉素、卡拉霉素、新霉素、庆大霉素、妥布霉素、氨基羟丁基卡那霉素 A（即抗生素 BBK8）、内醌尔霉素等，在病人有生命危险而需做静脉注射时，这些药物会产生耳毒性作用。通常医生会对病人的血液水平做监控，以免病人受到耳毒性的侵袭。

- 红霉素在每 24 小时 2~4g 的静脉药量滴注时会产生耳毒性，尤其是在患者有肾脏方面的疾患时毒性更大。平常红霉素平均每 24 小时的口服药量不足以造成耳毒性。目前并没有关于红霉素的新型延伸药物在口服剂量和较低剂量的静脉注射时会导致耳毒性的重要记载。

- 万古霉素：对有生命危险的病人进行静脉注射时使用万古霉素，也许会发生耳毒性反应。而万古霉素通常和抗生素一起使用，这就增加了耳毒性耳聋发生的可能性。

- Lasix、Edecrin、Bumex 等利尿剂被用于治疗急性肾炎或者急性高血压进行静脉注射时，会产生耳毒性。但鲜有这些利尿剂在用于治疗慢性肾病而被病人高剂量口服时产生耳毒性的相关报道。

- Cisplatin、Nitrogen Mustard、Vincristine 等化疗药物在治疗癌症时往往具有耳毒性。但能借由维持血液中的药物水平和实施持续性听力敏度图而使耳毒性危害减到最小。

- 奎宁 –Aralen、Atabrine（用于疟疾的治疗）、Legatrin、Q-Vel 肌肉放松（用于夜晚抽筋的治疗）类似于阿司匹林，而且毒效通常是可逆的，一旦药物治疗停止，毒性就会在停止服用药物后消失。

对耳朵的保护常常被我们忽视，但听力一旦受损就无法恢复，所以我们应该从现在开始，日常进行耳朵保健。

对啊，我以后还想做个耳聪目明的老太太呢……

参考文献

[1] 董文. 掏耳朵有讲究 [J]. 开卷有益：求医问药，2003(11)：60.

[2] 若谷. 噪声污染严重危害健康 [J]. 安全与健康：上半月，2003(7)：16.

[3] 欣欣. 爱耳，每天的必修课 [J]. 健康之家，2015(3)：31-41.

[4] 刘谊人，谭静，魏永详. 擤鼻涕方法要正确 [J]. 建筑工人，2010(8)：58.

[6] 张华. 打喷嚏用手捂更易传染感冒菌 [J]. 晚报文萃，2012(13)：90.

[7] 毛笋. 不要捏鼻子给小儿灌药 [J]. 农业知识，2003(21)：63.

[8] 梁兆松. 教育孩子切莫"打耳光" [J]. 农村百事通，2002(3)：43.

[9] 杨凤立. 欢度春节须防病平安健康即是福 [J]. 解放军健康，2013(1)：10-13.

[10] 王艳辉. 游泳时别忘了保护耳朵 [J]. 家庭与家教，2004 (7)：46.

"耳屎"无罪

作者：黄嘉琦

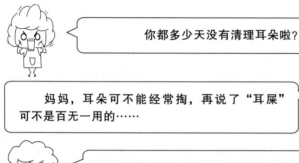

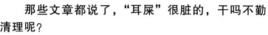

"耳屎"虽然受到很多人的嫌弃，但实际上它可谓至关重要，这源于耳朵的特殊构造。

外耳道软骨部皮肤较厚，富有毛囊和皮脂腺，并含有类似汗腺结构的耵聍腺，能分泌耵聍。耵聍腺分泌的耵聍和皮脂腺分泌的皮脂与外耳道皮肤脱落上皮混合形成蜡状耵聍（即我们通常所说的"耳屎"），可抑制外耳道内的真菌和细菌。颞下颌关节位于外耳道前方，外耳道软骨部随着颞下颌关节的闭合和张开而活动，有助于外耳道耵聍和上皮碎屑向外排除。

由此可见，**"耳屎"并非一无是处**。当然，也有一些人是油性外耳道，耵聍不容易排出，有时会堵塞外耳道而发生炎症，一旦发现，患者一定要到医院请医生帮助处理，不要用自行挖抠的方式来解决。如果感觉耳朵里有脏东西，也不要用棉签擦，可以到医院请医生帮助处理。

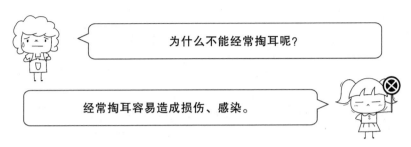

为什么不能经常掏耳呢？

经常掏耳容易造成损伤、感染。

耳朵很神奇，也很脆弱，我们不应养成经常掏耳朵的习惯。外耳道皮下组织甚少，皮肤几乎与软骨膜和骨膜相贴，血液循环差，掏耳朵时用力不当就会引起外耳道损伤、感染，导致外耳道发炎、溃烂。有的人掏耳朵用力过猛甚至可能伤及鼓膜或听小骨，造成鼓膜穿孔，影响听力，进而发展成中耳炎，严重者甚至可能引起耳聋。

除此之外，还有一些关于"掏耳朵会致癌"的观点，其认为，掏耳朵过频会刺激外耳道皮肤，容易诱发外耳道乳头状瘤。乳头状瘤属于良性肿瘤，可以手术切除，但切除后极易复发，多次复发甚至可能转变为恶性肿瘤。

此种说法尚缺乏医学证据，谁也不敢妄下断言。但即使没有致癌的证据，经常掏耳朵总是不对的，大家还是尽早戒掉这个不好的习惯吧。

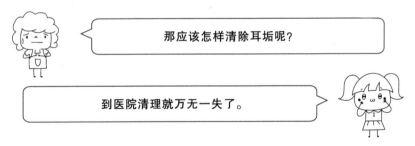

那应该怎样清除耳垢呢？

到医院清理就万无一失了。

从上面的介绍中我们可以知道，"耳屎"对保护耳朵有一定的益处，经常掏耳会对耳朵造成损害。但是当"耳屎"产生过多或者排泄障碍时，适当的清理还是必要的。但切忌用坚硬的物品如挖耳勺清洁外耳道，也不要随意用水自行清洗。因为用水或不恰当的药物清洗，会造成外耳道的酸碱失衡，容易导致耵聍黏稠聚积，形成团块，堵塞外耳道。因此，应尽量保持耳朵内的环境干燥。虽然用棉签清理会相对安全，但也有不少因为用棉签掏耳而造成外耳道损伤的病例。所以，**对于"耳屎"较多难以自行排出或造成外耳道堵塞的，最稳妥的办法还是到医院进行清洁。**

所以，"耳屎"不用经常清理，在清理的时候动作一定要轻柔。

看来以前都做错了，还以为勤清理会比较好。

之前你是不知道"耳屎"的作用，现在知道就好了。

参考文献

[1]　田勇泉．耳鼻咽喉头颈外科学 [M]．北京：人民卫生出版社，2013：249-281.

[2]　佚名．总掏耳朵易得癌 [J]．标准生活，2012(10)：83.

[3]　艾素．过度清洁让耳朵遭殃 [N]．健康时报，2008-04-03(6).

每天睡 8 小时死得更快吗

作者：杜赟

博士，我最近看到一篇文章转载了美国的一篇报告，里面说每天睡 8 小时的人死得更快，请告诉我这不是真的……

你给我具体说说那份报告里是怎么分析的。

这份报告说睡眠时间越长，死亡率越高。

加州学圣迭戈分校精神病学名誉教授丹尼尔·F. 克里普克（Daniel F. Kripke）对"第二期癌症预防研究"（Cancer Prevention Research Ⅱ）的 110 万名（30～102 岁）参与者历时 6 年（1982～1988 年）的数据进行了回顾性分析，报告显示，睡眠时间为 6.5～7.4 个小时的人的死亡率低于睡眠时间比这更短或更长的人。这份 2002 年在《普通精神病学文献》（*Archives of General Psychiatry*）上发表的研究报告对包括药物在内的 32 项健康因素进行了控制。

这项基于大数据的研究得出了"每天睡眠时间长于 7.5 小时的人的死亡率成比例地增高，而睡眠时间少于 7 小时的人的死亡率随睡眠时间的缩短而升高的幅度相对较小（除了睡眠时间为 3 小时的情况以外），失眠对健康无害，长期服用安眠药会引起死亡率升高"的结论。

难道真的睡得越多，死得越快吗？

当然不是，我们来看看其他教授的说法。

此报告一出，约翰·霍普金斯大学的理查德·P. 艾伦（Richard P. Allen）就很快对这项研究结论提出了质疑，认为其研究存在逻辑上的错误和矛盾。

首先，从表面上看，该研究采用110万人的大数据，可以很好地消除混杂因素的干扰，然而分析的人群本身是志愿者及其朋友、同事，是一个相对方便获取的样本，同时也决定了其代表性不足，具体表现在以下两个方面：

（1）调查对象的最低年龄为30岁，正是有了需要照顾的家庭和拼命工作的时期，所以睡眠时间少是正常的，睡8小时就属于少数情况了，或是身体较弱，需要长时间睡眠进行休息。

（2）选择80～100岁的样本受到的其他因素的影响会增加，而非只有睡眠因素对死亡率造成影响。例如，因疾病造成睡眠时间增加，而后又因为疾病去世。

故该样本不能很好地反映美国人的真实情况。另外，研究者在针对失眠和安眠药的问题上相对含糊。

其次，研究者由分析数据的相关性得出因果性的结论显得过于草率，与其说睡眠是一个生存问题，倒不如说它是一个生活质量的问题。

最后，研究者忽视了分析因素的内在联系——长期服用安眠药从某种意义上说正是失眠严重的一个表现，安眠药和失眠本身就不是两个互相独立的因素，故将二者分开研究得出的结论的可靠性有待商榷。同样，服用安眠药可能是造成睡眠时间过长的一个因素，这就不难理解为什么研究者会发现睡眠时间过长相比睡眠时间过短对死亡率的升高有更大的影响了。

看到这里相信大家都明白了，**"每天睡8小时死得更快"只是教授在设计实验时打了个盹，犯了逻辑错误而引发的误会。**对于严重失眠的患者来说，给他开一点安眠药带来的睡眠情况的改善和心理安慰或许远大于安眠药有可能造成的健康问题。当然，安眠药可不要贪吃哦。

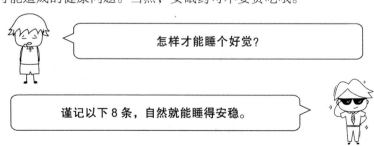

怎样才能睡个好觉？

谨记以下8条，自然就能睡得安稳。

为了在睡眠之路上更好地前行，孙博士特地为大家整理出了一些小建议：

（1）坚持规律的作息时间，即使是周末也要雷打不动。

（2）每天给自己留一段时间躺在床上放松。

（3）坚持锻炼。

（4）保持卧室环境的舒适。（温度适宜，既不宜过高也不宜过低；尽量减少环境杂音的干扰，光线暗一些比较有利于入睡……）

（5）在舒服的枕头、床垫上睡眠。

（6）少喝影响睡眠的饮品（比如酒精、咖啡等）。

（7）对于影响睡眠的症状（如打鼾）应当及时就诊，检查这是不是某种疾病的表现。

（8）最后一条，把睡眠当作每天的一项重要活动，每天按时完成！

我们应该睡午觉吗？

午睡能够有效缓解疲劳，但时间不宜过长。

每天保持良好的夜间睡眠有利于人迅速补充自身能量，而午睡对日间疲劳有很好的缓减作用。研究表明，适当午睡有益于人体得到休整，使生理机能达到平衡，缓解躯体疲劳，增强人体抵抗力。但午睡时间的长短对人体健康的影响大相径庭。午睡时间安排 15～30 分钟，有利于补充体力；而超过 30 分钟将使人进入深度睡眠期，如果人体未完成整个睡眠周期就醒过来，容易造成头痛、恶心和其他不适症状，严重的易引起生理机能紊乱，引发多种生理疾病。同时，午睡时间过长可能反倒不能达到消除疲劳的效果，还会使注意力不能集中，增加心中的焦虑，影响心理健康。

那么正确的午睡方式应该如何呢？

（1）要合理安排午睡时间，一般选择在中午 11 点至下午 1 点之间，时间长短为 15～30 分钟，忌饭后立即午睡。

（2）选择合适的午睡场地，尽量平卧午睡，避免坐睡、趴睡，保持呼吸畅通、身体伸展有利于保证优质的睡眠质量。

（3）在午睡之前可以进行适量的、不剧烈的运动，如散步。在午睡之后喝点水、伸展四肢，尽快减少由于午睡引起的不适。

幸好来请教了您，不然我就傻乎乎地减少睡眠时间了。

虽说睡 8 小时没有什么大问题，但像你这样每天只知道睡也是不好的。再说了，你睡这么多，让你交给我的作业做完了吗？

还差一点点就好了，我现在马上回去做。

参考文献

[1] 马冠生，崔朝辉，胡小琪，等. 中国居民的睡眠时间分析 [J]. 中国慢性病预防与控制，2006，14(2)：68-71.

[2] 张琼，施建农. 个体智力差异的神经生物学基础 [J]. 中国临床心理学杂志，2006，14(4)：435-437.

[3] 范自全，周明眉，郭孜，等. 睡眠剥夺模型及其对机体的影响 [J]. 中华劳动卫生职业病杂志，2010，28(12)：943-946.

[4] 温煦，许世全. 睡眠时间、身体活动水平与肥胖的关系初探 [J]. 中国运动医学杂志，2009(4)：11-15.

[5] 徐新红. 午睡时间的长短对人体健康影响的研究 [J]. 科技致富向导，2014(29)：103.

[6] Allen R P. Article Reviewed：Mortality Associated with Sleep Duration and Insomnia [J]. Sleep Medicine，2002，3(4)：373-375.

[7] Hirshkowitz M, Whiton K, Albert S M, et al. National Sleep Foundation's Sleep Time Duration Recommendations: Methodology and Results Summary [J]. Sleep Health，2015，1(1)：40-43.

[8] Grandner M A, Drummond S P A. Who are the Long Sleepers? Towards an Understanding of the Mortality Relationship [J]. Sleep Medicine Reviews，2007，11(5)：341-360.

[9] Siegel J D Ph. How Much Sleep Do We Actually Need? [EB/OL]. [2016-07-19]. http://www.huffingtonpost.com/jerry-siegel/how-much-sleep-do-we-actu_b_437422.html.

青少年睡太多变懒惰？想太多了

作者：杜赟

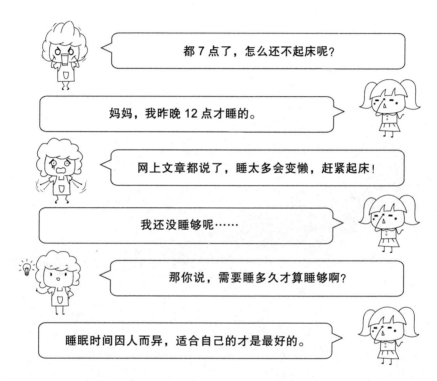

都 7 点了，怎么还不起床呢？

妈妈，我昨晚 12 点才睡的。

网上文章都说了，睡太多会变懒，赶紧起床！

我还没睡够呢……

那你说，需要睡多久才算睡够啊？

睡眠时间因人而异，适合自己的才是最好的。

睡眠分为慢波睡眠和快波睡眠两个阶段，交替进行。慢波睡眠的一般表现为：各种感觉功能减退，骨骼肌反射活动和肌紧张减退，自主神经功能普遍下降，但胃液分泌和发汗功能增强，生长激素分泌明显增多。慢波睡眠有利于促进生长和恢复体力，而快波睡眠有利于促进精力的恢复。

然而——

根据 2002 年中国居民营养与健康状况调查中 6 岁及以上居民的数据，对 197 954 名居民的睡眠时间进行分析发现，在我国成年人中睡眠时间不足和睡眠时间过多的问题同时存在。我国 18～44 岁、45～59 岁居民睡眠时间不足的比例较高，应引起注意，可能的解释是这两个年龄组中的大多数人正面临着家庭和工作的双重压力，不仅要照顾老人和孩子，还是工作人群主力军。老年人也是睡眠时间不足的重点人群，这可能与老年人入睡困难、早醒等发生率较高有关。另外，我国成年人睡眠时间过多的比例也较高，超过了20%。

在普遍存在睡眠不足的大环境下，一则"青年人睡太多会变懒惰"的传言出现了。

在辟谣之前先和大家分享一份权威的报告。美国国家睡眠协会（National Sleep Foundation，NSF）于2015年发布了不同年龄阶段人群的推荐睡眠时间范围，其结果如图2-1所示。

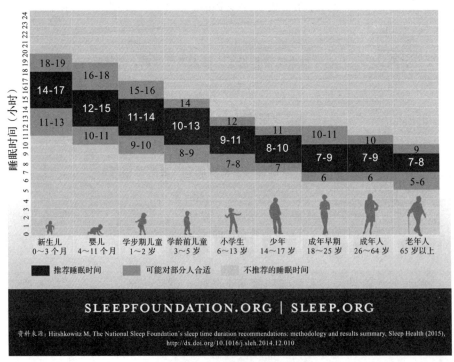

图 2-1　睡眠时间建议

了解以下两个设定背景可以让我们更好地读懂这张图：

（1）处于不同年龄阶段的人（指健康人、不患有睡眠紊乱病症的人）适宜的睡眠时间长短不同，图2-1中的深灰色部分表示推荐睡眠时间，浅灰色部分表示可能对部分人合适，空白部分表示不推荐的睡眠时间。

（2）关于睡眠时间的一点说明：该研究中所指的睡眠时间并未区分在床上的时间和实际睡眠时间，故而该研究所用的数据会长于实际睡眠时间，而一般的实验室研究会严格控制睡眠时间，故其睡眠时间数据会短于该研究所用的睡眠时间。

如图 2-1 所示，不同年龄段的人有自己相对合适的睡眠时间，这可能与人体在正常发育阶段的不同激素水平引起的生物钟变化有关。只要在合适的范围之内睡得充足，第二天精神饱满就好，不存在年轻人睡多了就变懒惰这一说法！

还需要说明的是，合适的睡眠时间因人而异。例如，通常只睡 6 小时的成年人如果在白天清醒的时候精神抖擞、注意力集中，没有任何身体上的不适，就完全没有必要担心自己的睡眠时间不正常。

另外，不同的人对于睡眠时间被剥夺一两个小时的行为表现有所差异，例如有些人少睡了两个小时比其他同样少睡两个小时的人，甚至是比正常睡眠的人的工作效率还要高，这是完全可能的。

同时，虽然部分人群的合适睡眠时间与推荐的时间有偏差，但通常来讲，不会与推荐的睡眠时间相差过大。如果习惯性地过多偏离推荐的睡眠时间，则可能是患有某种疾病的症状，应当引起重视。长期限制睡眠时间可能会引起健康问题。

所以，**睡眠时间是否合适的标准还是睡觉者本人在不同睡眠时间下的个人感受：**

（1）睡 7 个小时是否会让你工作高效，感觉健康、快乐？或者 9 个小时的高效睡眠是否可以让你高速运转起来？

（2）在当前的睡眠状况下，你是否存在健康问题（例如肥胖）？

（3）你是否正在经历睡眠问题（失眠、潜伏睡眠期长等）？

（4）你白天是否需要依赖咖啡打起精神？

（5）在开车的时候你会觉得困吗？

只有保持良好的睡眠、规律的作息，才可能有良好的工作状态。保持适量的睡眠时间，提高睡眠质量，对于个人身体健康是有益的。此外我们还应该意识到，睡眠时间仅是睡眠的一个维度，睡眠质量、在一天中的哪个时间段睡眠等因素对衡量睡眠是否起到生理作用都有一定的影响。

妈妈，睡眠时间是否合适只有当事人才有发言权，更不存在睡多就变懒的情况。

嗯，你说得对。睡多不会变懒，只能说明你本来就懒。还不赶紧起床？！

参考文献

[1] 马冠生，崔朝辉，胡小琪，等. 中国居民的睡眠时间分析 [J]. 中国慢性病预防与控制，2006，14(2)：68-71.

[2] 张琼，施建农. 个体智力差异的神经生物学基础 [J]. 中国临床心理学杂志，2006，14(4)：435-437.

[3] 孔莉芳，王燕，周书进，等. 昼夜节律形成对婴幼儿认知发育影响的研究 [J]. 中国妇幼健康研究，2014，25(2)：177-179.

[4] 范自全，周明眉，郭孜，等. 睡眠剥夺模型及其对机体的影响 [J]. 中华劳动卫生职业病杂志，2010，28(12)：943-946.

[5] 温煦，许世全. 睡眠时间、身体活动水平与肥胖的关系初探 [J]. 中国运动医学杂志，2009 (4)：11-15.

[6] Allen R P. Article Reviewed: Mortality Associated with Sleep Duration and Insomnia [J]. Sleep Medicine，2002，3(4)：373-375.

[7] Hirshkowitz M, Whiton K, Albert S M, et al. National Sleep Foundation's Sleep Time Duration Recommendations：Methodology and Results Summary [J]. Sleep Health，2015，1(1)：40-43.

[8] Grandner M A, Drummond S P A. Who are the Long Sleepers? Towards an Understanding of the Mortality Relationship [J]. Sleep Medicine Reviews，2007，11(5)：341-360.

[9] Siegel J D Ph. How Much Sleep Do We Actually Need? [EB/OL]. [2016-04-02]. http://www.huffingtonpost.com/jerry-siegel/how-much-sleep-do-we-actu_b_437422.html.

爱因斯坦只睡 3 小时？智商高的人睡眠少吗

作者：杜赟

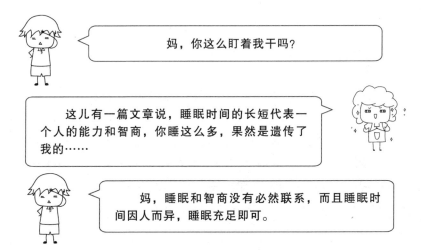

由于智商高的人往往拥有较多的兴奋性神经物质，思维活跃，灵感随时涌现，处于兴奋状态的时间长，因此需要的睡眠时间比较短。据称，大部分成年人需要的睡眠时间是 7～8 小时，但智商在 160 以上的爱因斯坦每天只睡 1～3 小时。

关于这个谣言，这里首先进行一个科普：爱因斯坦是长睡眠者，声称他是短睡眠者的是将他与爱迪生混淆了。爱因斯坦每天的睡眠时间超过 10 小时，是长睡眠者的代表人物。

一个人的睡眠时间和一个人的饭量一样，各有差别。诗人歌德、席勒，政治家拿破仑、彼得大帝以及大发明家爱迪生的睡眠时间只有 4 小时多一点，但他们精力充沛，这被传为佳话。恰恰相反，伟大的科学家爱因斯坦相当能睡，甚至有"懒"的嫌疑。然而，有谁不赞叹他的"相对论"。这说明，**睡眠时间应该因人而异，结合自己的实际情况来决定睡眠时间，可以多一些，也可以少一些，关键在于睡眠充足。**

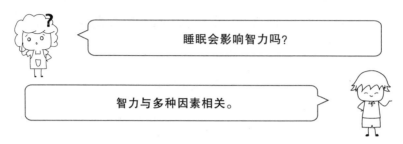

至于智力和睡眠时间的关系问题，智力的形成与多种因素有关。对于单单将兴奋性神经递质多解释为高智商的言论，不得不吐槽一下，这把人体的生理结构想象得太过简单。

智力发育与神经生化（如中枢胆碱能通路的参与），脑区的高效调用（神经效能假说认为智力指大脑的工作效率，即调用相关脑区，而不滥用无关脑区的调用能力），遗传因素（如人类第 6 条染色体的长臂上有一种 IGF2R 基因，在超常儿童的 DNA 样本中再现的频率比对照组高），内分泌水平（如血浆胰岛素样生长因子）以及环境因素（如营养）存在着复杂的关系，并不仅仅是"拥有较多的兴奋性神经物质"就可以解释的。所以说"智商高的人处于兴奋状态的时间长，需要的睡眠时间比较短"这一结论实在是过于草率了。

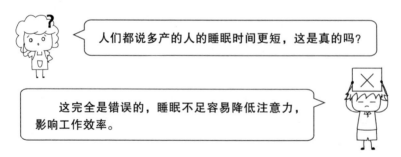

睡眠是一种主动的生理过程，受支配睡眠和觉醒的中枢神经系统中某些特定部位的控制。对于儿童而言，夜间睡眠可以消除疲劳、恢复体力，在睡眠状态下大脑的耗氧量大大减少，有利于脑细胞能量的恢复，同时还有助于神经系统的发育。

在生命的早期、胎儿及幼年时期，快速眼动（REM）睡眠占了很大的比例，在 REM 睡眠期大脑蛋白质的合成加快，新的突触联系成熟与建立等均有助于促进学习和记忆活动。

如果你睡眠不足，那么你将很难集中注意力，变得容易引发事故、缺少意志力，并变得低产。更糟糕的是，你将增加自己患肥胖症、心脏病的概率。

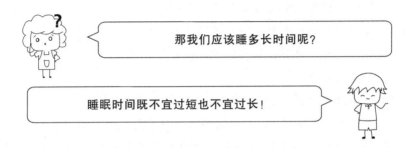

都市人工作紧张，往往睡眠不足，很容易就会出现睡眠剥夺（sleep deprivation，SD）的情况。睡眠剥夺是指某段时间完全缺乏睡眠或者未达到理想的睡眠时间。现代生活方式和工作往往会导致为数不少的人群存在睡眠剥夺。另外，一些疾病状态也会引起睡眠减少或失眠，如抑郁、焦虑、药物或酒精成瘾、某些疼痛性疾病和原发性睡眠紊乱等。

睡眠是维持和修复免疫功能必不可少的一个生理过程，连续数日睡眠剥夺或睡眠紊乱对免疫功能有严重影响，还会引起一系列的并发症，如肥胖、糖尿病等。

研究还发现，长期睡眠剥夺会继发性引起全身性疾病，如慢性疲劳综合征、内分泌紊乱、抑郁症、肥胖和心血管疾病等。

睡眠剥夺对脑功能的影响十分明显，如记忆力下降、注意力分散、反应迟钝、警觉力下降，出现幻觉，甚至精神失常，引发猝死。

相较于睡眠时间不足，睡眠时间过长对人体健康的危害似乎没有引起人们足够的重视。其实睡眠时间过长与死亡率呈现出正相关关系。

睡眠专家克拉丽莎·休斯（Clarissa Hughes）说："很多证据表明，睡眠超过9小时可以和没有得到充足睡眠一样有害。"这里的9小时是对"真的"睡得过多，超过自身实际所需睡眠量的人而言的。如果由于个体差异，你要睡9小时以上才能保持健康，那就不用太在意这句话。

睡太多可能会导致以下几种情况：

（1）长时间睡眠或躺在床上会导致更多的入睡后觉醒或者入睡潜伏期，

从而使睡眠效率降低，就可能会引起睡眠片断化（sleep fragmentation）。这会引发许多健康问题，如缺少活力（increased role limitation）。疲劳会降低人体对压力、疾病的抵抗力，还可能导致长时间睡眠，产生恶性循环。

（2）免疫功能变化使细胞因子表达受影响。

（3）光周期异常（植物的开花结果、落叶及休眠，动物的繁殖、冬眠、迁徙和换毛换羽等，是对日照长短的规律性变化的反应），长期处于暗环境中会引起光周期缩短。

（4）在生理方面缺少温和刺激。一些温和刺激（例如运动、冷热、超重）对于长寿具有积极意义，长时间睡眠减少了人接触这些刺激的机会。令人惊讶的是，仅仅是每天相差一个小时的刺激对于人体的全身生理激发状态（physiological challenge）就有很大影响。

（5）抑郁。

（6）潜在的疾病（如心脏病、呼吸暂停）。在成人每晚7小时的睡眠时间内，阻塞性睡眠呼吸暂停的发作次数达30次以上，在每次发作时，口、鼻气流停止流通达10秒或更长时间，并伴有血氧饱和度下降等，症状就是打鼾、憋气、停止呼吸，可发展为高血压、颈动脉阻塞症。如果你经常在白天感到困倦，则说明你可能睡眠紊乱。长期打鼾甚至由于打鼾者本人半夜惊醒就是睡眠呼吸暂停的表现，应当引起注意，及时就诊。

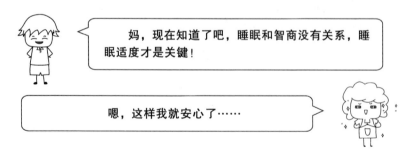

妈，现在知道了吧，睡眠和智商没有关系，睡眠适度才是关键！

嗯，这样我就安心了……

参考文献

[1] 马冠生，崔朝辉，胡小琪，等. 中国居民的睡眠时间分析[J]. 中国慢性病预防与控制，2006，14(2)：68-71.

[2] 张琼，施建农. 个体智力差异的神经生物学基础[J]. 中国临床心理学杂志，2006，14(4)：435-437.

[3]　孔莉芳，王燕，周书进，等．昼夜节律形成对婴幼儿认知发育影响的研究 [J]．中国妇幼健康研究，2014，25(2)：177-179.

[4]　范自全，周明眉，郭孜，等．睡眠剥夺模型及其对机体的影响 [J]．中华劳动卫生职业病杂志，2010，28(12)：943-946.

[5]　温煦，许世全．睡眠时间，身体活动水平与肥胖的关系初探 [J]．中国运动医学杂志，2009 (4)：11-15.

[6]　徐新红．午睡时间的长短对人体健康影响的研究 [J]．科技致富向导，2014(29)：103.

[7]　孙逊．爱迪生与爱因斯坦的睡眠——谈睡眠充足 [J]．人民教育，1988(6)：43.

[8]　Allen R P．Article Reviewed：Mortality Associated with Sleep Duration and Insomnia[J]．Sleep Medicine，2002，3(4)：373-375.

[9]　Hirshkowitz M, Whiton K, Albert S M, et al. National Sleep Foundation's Sleep Time Duration Recommendations：Methodology and Results Summary [J]．Sleep Health，2015，1(1)：40-43.

[10]　Grandner M A, Drummond S P A. Who are the Long Sleepers? Towards an Understanding of the Mortality Relationship [J]．Sleep Medicine Reviews，2007，11(5)：341-360.

[11]　Siegel J D Ph. How Much Sleep Do We Actually Need? [EB/OL]. [2016-05-09]. http://www.huffingtonpost.com/jerry-siegel/how-much-sleep-do-we-actu_b_437422.html.

16 岁生育比二胎政策管用？别傻了

作者：雷青青

 妈妈，你最近怎么总用这种"恨铁不成钢"的眼神看着我？

 这不是看了一篇文章说 16 岁才是最佳生育年龄嘛，你看看你，早过了 16 岁，还没有男朋友，我什么时候才能抱上外孙？

 妈，我也看了那篇文章，这简直就是信口开河嘛……

 这又是怎么说？

 青春期女性的心理发育落后于生理发育，在理智、情感方面均未成熟。

16 岁生孩子意味着什么呢？意味着人们得从初中时就开始谈恋爱，高一就开始性行为。这时候的少男少女尚且是个孩子，又如何有能力去迎接一个新生命的到来？这些行为的后果往往是不安全流产率逐年增加。在全球范围内，每分钟就有 10 名 15～19 岁少女遭受不安全流产。而我国近 10 年来的女性婚前性行为急剧增多，发生首次性行为的年龄下降，未婚女性的人工流产率上升。可以看出，当代女性虽然对待性的态度有所改变，但在生育年龄的选择上仍偏向 20 岁以后。

发生在 10～19 岁的妊娠通常被称为青春期妊娠，而这个阶段的女孩子正好处于青春期的中期到晚期。说起青春期大家都不陌生，热情、冲动、偏激都是这个阶段的代名词。这个时期不仅是青少年生殖器官发育成熟、第二性征发育的关键时期，更是儿童逐渐发育成为成年人的过渡时期。

这段时期的女性在性激素的作用下，逐渐产生两性意识，会有意识地接近异性，然而其心理的发育却相对落后于生理的发育。青少年在理智、情感、道德、社交等方面都尚未发育成熟，但生理上的剧烈变化会带来所谓的"青春期躁动"。假如没有父母、老师的正确引导，很可能会出现强烈的"性困扰"，有时甚至可能发展为心理疾病、生理疾病，甚至是家长不愿意看到的"少女意外怀孕"。

为什么 20 岁以前不适合生育？

20 岁以前的女性未完全发育，此时妊娠对孕妇、胎儿来说是两败俱伤。

有的文献将月经初潮看成性成熟阶段的起点。国内外统计数据显示，女性初潮的年龄范围为 10～16 岁。而近年来由于生活环境、饮食习惯的改变，青少年性成熟可能会出现提前的情况。所以 16 岁的少女基本上具备了一定的生殖能力，但是有条件就可以生孩子了吗？

当然不行，我国将青春期年龄范围划定为 10～18 岁，分为早中晚三期。青春期早期，女孩从 10 岁开始，表现为生长突增；青春期中期，表现为第二性征发育，女孩出现月经初潮；青春期晚期，为生长发育缓慢期，此时性发育逐渐成熟，第二性征发育完全，骨骼趋向愈合，最后发育停止，生理条件达到成人水平，也是真正意义上的性成熟期。每期持续两三年。也就是说，16 岁的少女即使具备受孕条件，但发育尚未完全，强行受孕的结果往往是两败俱伤。

有研究表明，15～19 岁组孕产妇的死亡率是 20～24 岁组的 3 倍，她们尤其易并发产前子痫、缺铁性贫血和难产。分娩的孩子极易并发早产、低体重儿，并有较高的婴儿死亡率。由于这个时期的女性仍然处于快速发育的阶段，性器官尚未发展健全即开始性行为，患传播性疾病和妇科肿瘤等疾病的概率明显增加。受孕不仅对她们的身体造成了极大的损伤，也对胎儿的发育有着不可忽视的影响。

综上所述，"16岁才是最佳生育年龄"之说，于情于理都是站不住脚的。16岁，自己都还是孩子，怎么能生孩子、教孩子呢？

听你这么一说，怪不得古时候那么多难产的情况。

对啊。而且我们应该为自己和宝宝负责，在自己还没能负起责任的时候千万不要偷尝禁果。

幸好你在16岁的时候还是个乖宝宝。

参考文献

[1] 陈士岭. 卵巢储备功能的评价 [J]. 国际生殖健康 / 计划生育杂志，2009(5)：7-12.

[2] 冯宁，金曦. 青少年与生殖健康 [J]. 中国健康教育，2014，30(10)：916-919.

[3] 王萍，尹平. 国内外青少年生殖健康现状 [J]. 中国社会医学杂志，2008(1)：33-34.

[4] 王丽丽，张树成，贺斌，等. 月经初潮年龄变化趋势研究 [J]. 中国计划生育学杂志，2013(1)：5-67.

[5] 赵淑英. 青春期医学 [M]. 西安：世界图书出版西安公司，2007.

DISEASE

疾病篇

一招恢复视力，你敢信吗

作者：苏仪西

你看你，年纪轻轻视力就不行了。我刚看到一篇文章说用热水熏眼睛或者做 5 分钟明目操就可以恢复视力，要不你试试？

妈妈，如果熏眼睛或者明目操真的这么有效，眼科都要关门了……

但那篇文章说有个老人用了 6 个月视力就恢复到 1.2 了。不过，你说蒸熏眼睛为什么能改善视力？

蒸熏眼睛只是暂时改善视力，等覆盖在眼球上的水雾消散后视力还是一样的。

按照原文的说法，老人蒸熏眼睛的做法是：倒杯热水，在温度不烫人时，将眼睛放到杯口熏蒸几分钟。为什么这样做就能看清楚呢？将眼睛放到杯口，热水的蒸汽会在眼球上液化成一层水雾，这层水雾相当于一层薄薄的镜片，能够使视力暂时性地变好。这不禁让人联想到，平日里困了打个哈欠，会流出一点眼泪，这时视力会突然变好，看起字来清楚不少，但很快又会恢复，不能长久地保持，除非一直打哈欠一直流眼泪。这个"奇招"也是如此，在蒸熏眼睛时会有一层水雾短暂地附在眼球上，但水雾一旦消散，视力就会恢复成以往的样子。

眼泪也好，水雾也罢，为什么能让视力短暂改善呢？这要从人眼的构造谈起。

图 3-1 是人眼球的构造示意图。角膜有一定的弧度，而晶状体又像一个凸透镜。无限远处的平行光线进入人眼时，通过角膜和晶状体的折射，在视网膜上会聚成像，又经过视神经细胞的一系列处理，在人脑中反映出画面。

那平时所说的视力下降又是怎样的呢？常见的视力下降包括近视、远视以及老花眼等。如果我们的晶状体由于种种原因变厚、变凸，那么平行光线经过会聚就会落在视网膜的前面，这就是近视（见图 3-2）。

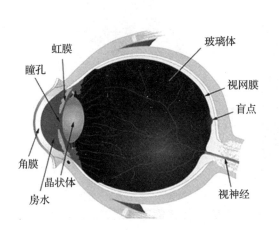

图 3-1　人的眼球结构示意图

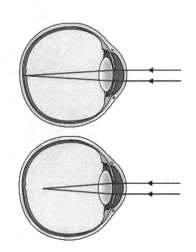

图 3-2　近视眼原理示意图

当一层水雾附着在我们的眼睛上时，实际上是附着在角膜上。此时由于重力的作用，水雾向下流动，形成上薄下厚的形状，类似凹透镜。平行光线先通过凹透镜散射，再经过角膜晶状体会聚，就可以使像落在视网膜上。我们平时佩戴的近视镜就是以此为基本原理的。

如果水雾还未来得及向下流动，那么它就会形成凸透镜的形状，这对于远视眼患者和老花眼患者来说有一定的帮助。

这里还要重申一下，远视眼和老花眼虽然都是不能看清近物，而能看清远物，但是二者并不是一码事。远视眼患者由于眼轴（角膜到视网膜的距离）较短，光线会聚后会落在视网膜之后；而老花眼患者是因为晶状体变硬，弹性减弱，调节能力减退。远视眼和老花眼都可以用凸透镜矫正。该文章中的老人称自己有老花眼，而用热水熏蒸眼睛后，在角膜表面上会形成水珠，相当于小小的凸透镜，自然起到了短暂性的视力矫正作用（见图 3-3）。

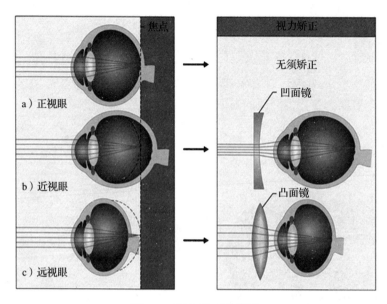

图 3-3　视力矫正示意图

所以，**此"奇招"只是在你的眼睛上暂时性地蒙了一层镜片，根本不能让你长时间处于视力恢复的状态。**而且热水温度较高，让眼睛暴露在高温物体下，容易导致眼压高、干眼症等一系列不良后果。大家千万不要尝试这种"奇招"。

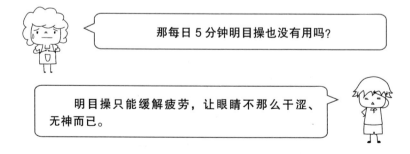

该老人说，每天坚持做以下三个步骤，只要半年就会卓有成效：

（1）坐下后眼睛正视前方。拿一支笔放在面前，眼珠盯着鼻尖看，然后慢慢地把笔移近双眼，直到触碰鼻子，继续盯住鼻尖，慢慢地把笔移回远处。重复 3 次后闭目养神。

（2）想象不远处有个"8"字，然后用转动眼球的方法临摹"8"字，做 5 次后反过来转。

（3）站到窗口盯着远处的楼房等物体看，然后慢慢将视线移近，几秒钟后又重新慢慢看向远处，重复 10 次。

总结起来，这套明目操就是远近交替看物体和转动眼球。那么通过这两点可以恢复视力吗？在回答这个问题之前，我们有必要了解一下人眼部的肌群。

眼部的肌肉分为眼外肌和眼内肌（见图 3-4）。其中眼外肌每眼各有六条，它们相互协调配合，管理着眼球转动的方向、角度、速度等。它们的血液供应来自眼动脉。

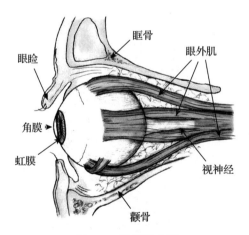

图 3-4　眼部肌肉图

眼内肌包括睫状肌（见图 3-5）、瞳孔开大肌和括约肌。其中与视力有密切关系的就是睫状肌。它的作用是改变晶状体的形状，以向近或远距离的东西对焦。当人看近处物体时，睫状肌收缩，晶状体变厚；当人看远处物体时，睫状肌放松，晶状体变薄。如果持续很长时间地盯着近处看，睫状肌迟迟得不到放松，那么就会造成睫状肌痉挛。这时如果及时停止，睫状肌还不至于过度痉挛，眼轴（可看作眼球直径）还未变长，再使用可以使睫状肌麻痹的眼药水，视力会有所恢复，这就是假性近视。

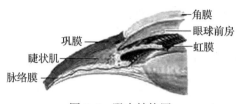

图 3-5　眼内结构图

　　在假性近视的情况下，人们可以通过看远处的物体、滴有麻痹睫状肌功能的眼药水来松弛睫状肌，缓解视疲劳，这有助于视力的恢复。至于转动眼球，则是在锻炼眼外肌，与眼内肌毫无关系，只能调动血液充分回流至眼睛，使眼睛不那么干涩、无神。

　　如果你长时间用眼、不休息，睫状肌持续收缩，处于痉挛状态，久而久之，眼轴变长，除了佩戴眼镜以外也没有办法让视力变好了，这就是真性近视。

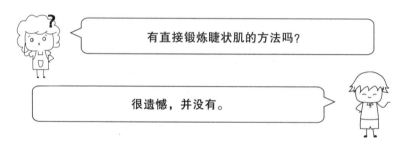

　　看到这里你可能会问，有没有直接锻炼睫状肌的好办法呢？这样不就可以及时阻止睫状肌痉挛，从而预防近视的发生了吗？通过查阅相关资料，笔者只能遗憾地告诉大家，答案是没有。支配睫状肌的神经不能被人们的意志所控制，只能自行调节。不论是看远物还是看近物，所有屈光度的调节都是睫状肌自行完成的。

　　所以，**没有人可以直接调控睫状肌的紧张和松弛，看远物、滴眼药水也只是间接地使它收缩或放松。**该文章宣扬的明目操，其功能只是放松眼外肌，改善眼部的血液循环，松弛睫状肌，达到暂时的舒缓作用。长期坚持可以保持眼球充血，使眼睛炯炯有神，还是有一定好处的，但没有直接的证据证明它可以从根本上提高视力。

视力保护刻不容缓

　　虽然保护视力没有那么容易，但这并不是说视力下降就是一种必然，做好防护工作极为关键。这里我给大家介绍几项保护视力的措施，快和身边的小伙伴一起行动起来！

（1）学习、工作环境的光线既不宜过暗也不宜过亮。

（2）不要长时间、近距离用眼。眼睛要与电脑或书本保持不小于30厘米的距离。

（3）多做一些户外活动，眼睛会有更多的远眺时间，这可以帮助放松眼部肌肉、神经，促进血液循环。

（4）不要忽视维生素A的摄入，但也不宜摄入过多。维生素A的作用是维持正常视觉功能。富含维生素A的食物有胡萝卜、猪肝等。

（5）保持充足的睡眠。

（6）如果眼睛疲劳，不要用手揉眼睛。因为手上有很多细菌，容易进入眼睛内，导致眼部疾病的发生。

看来传言不可轻信。

对啊，视力恢复哪有那么容易，我们可以通过培养良好的用眼习惯来保护眼睛。

说起来你都连续玩了四五个小时电脑了，不是说要多做一些户外活动吗？来，跟妈妈一起做一套明目操。

妈，这套明目操只能起到放松、舒缓的作用，并没有它说的那么神奇！

哎，我就知道没有可靠来源的文章不能轻信，让我白高兴一回……

参考文献

[1] 佚名. [养生护眼] 眼睛保健好 醒脑明目精神好 [J]. 中国眼镜科技杂志，2015(18)：164.

[2] 王琳. 眼睛保健传言大解析 [J]. 科学之友，2008(10)：70-71.

[3] 郭光文，王序. 人体解剖彩色图谱 [M]. 2 版. 北京：人民卫生出版社，2008.

发热捂汗降温？小心蒙被综合征

作者：李洽宁

妈妈，我刚见到隔壁王阿姨家的孙子了，他怎么这么热的天还穿那么多衣服呢？

她孙子发高烧了，不好吃药就靠捂汗降温，很多网上的文章也是这么说的呀！不过你说人为什么会发热呀，怪难受的。

人体发热是因体温调定点上移而引起的调节性体温上升。

发热是指在致热源的作用下，机体体温调节中枢的调定点上移而引起的调节性体温升高。人体的体温调节中枢在下丘脑，负责将机体体温维持在调定点上，这个体温调定点在正常情况下为 37℃左右。这也是人是恒温动物的表现。

但是当细菌、病毒、真菌等作为发热激活物进入人体后，产生致热源作用于下丘脑上的体温调节中枢。这使得体温调定点上移，高于 37℃（见图 3-6）。这时下丘脑就会认为本来正常的 37℃体温低于体温调定点，需要升高。于是，机体就通过增加产热、减少散热的方式使体温上升，表现出"发烧"症状。在体温上升过程中出现的寒战、鸡皮疙瘩、肤色苍白等现象就是机体在增加产热、减少散热的表现。

因此，**要从根源上解决发热，须消除致热源，使体温调定点回到正常水平**。

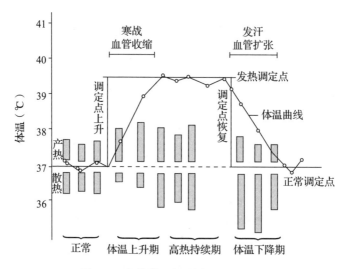

图 3-6　人体体温与发热过程关系图

资料来源：www.ChinaEHR.org.

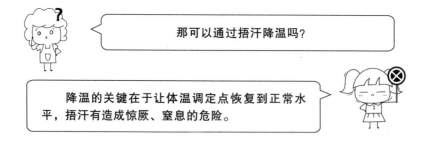

要知道，只要体温调定点没有恢复正常，机体就不会自动出汗退热，因此捂了也不一定有汗。而且"捂"减少了机体的散热，增加了机体的产热，不仅不利于退热，还会增加婴幼儿热性惊厥的风险。再者，婴幼儿被捂，容易引发窒息！

捂汗最可怕的后果是蒙被综合征。这是由于过度保暖或捂闷过久而导致的疾病，多发于1岁以内的婴儿，以高热、缺氧、大汗、脱水、休克、抽搐、昏迷、呼吸衰竭、酸中毒为主要表现，严重的甚至导致死亡！

不能捂汗的话，那发热了该怎么办？

特殊人群可通过物理或药物等方式降温。

　　发热其实是机体的一种防御性反应。有些致病微生物对热敏感，升高的体温可以帮助杀灭这些病原体，同时，免疫细胞的功能得到增强。因此，对于一般的发热我们不必急于解热，休息、补足水分、保证充足的营养即可。

　　不过，发热毕竟调高了正常的体温，对机体功能会有负面的影响。因此，对于一些特殊人群的发热，如婴幼儿、孕妇、心脏病患者等，以及所有人群的高热（38.5℃以上），都应及时退热。

　　退热方法包括物理降温，如冰敷、温水擦浴、25%～50%酒精擦浴等，以及药物降温（阻断发热机制，使体温调定点恢复正常）。

　　捂汗退热不可行，其后果十分严重，对于发热我们不能随便处理。

　　所以，低烧时先不用着急解热，休息充分、营养充足就可以自行退烧。但如果高烧就要用冰敷、擦浴等靠谱的方法来降温。

原来捂汗的后果这么恐怖，我还是赶紧过去和你王阿姨说一声……

参考文献

[1]　王庭槐. 生理学 [M]. 北京：高等教育出版社，2008：192-201.

[2]　王建枝，殷莲华. 病理生理学 [M]. 北京：人民卫生出版社，2013：103-113.

[3]　刘晓华. 小儿发热的护理对策 [J]. 中国实用医药，2011，6(8)：319-320.

[4]　包忠宪，吴日勉. 蒙被综合征 6 例误诊教训 [J]. 江西医药，1995，30(2)：92-93.

关灯后长时间玩手机真的会得眼癌吗

作者：缪丝羽

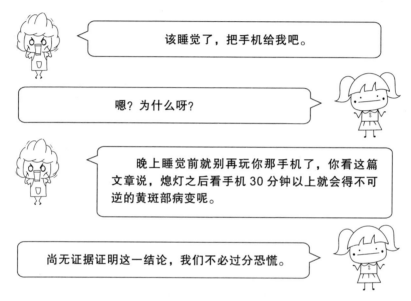

该睡觉了，把手机给我吧。

嗯？为什么呀？

晚上睡觉前就别再玩你那手机了，你看这篇文章说，熄灯之后看手机 30 分钟以上就会得不可逆的黄斑部病变呢。

尚无证据证明这一结论，我们不必过分恐慌。

首先要从眼癌讲起，文章中提到的眼癌指的是黄斑变性。黄斑（macula lutea）是位于眼睛视网膜后极部的无血管凹陷区，中央有一小凹，临床上称为黄斑中心凹（fovea centralis），是视网膜上视觉最敏锐的部位。

黄斑变性分为两种，分别是中心性浆液性脉络膜视网膜病变和年龄相关性黄斑病变（ARMD）。前者多发于青年男性（20~25 岁），病因尚且不明，但是情绪波动、精神压力、妊娠及使用大量激素可能会诱发该病。

年龄相关性黄斑变性多发于 50 岁以上的老人，是老人视力不可逆性损害的首要原因。病因尚未明确，可能与遗传、代谢、营养等因素相关。长期光损伤是否是 ARMD 的危险因素，还存在较大争议。但也有实验证实两者之间存在联系，比如长期的紫外线照射会增加黄斑变性的风险。

至今仍然没有证据证明，长时间使用手机与黄斑变性存在因果关系。手机的光与太阳发出的紫外线相比，能量相对较小，所以玩手机对于眼睛的损害不会像文章中提及的"直射 30 分钟以上，造成眼睛黄斑部病变，导致视力急速恶化，特别是不可逆的黄斑病"那么可怕。

所以大家可以放心玩手机了？

那也不是，我们需要警惕青光眼的形成。

关于夜晚长时间玩手机的危害还有另外一个说法：青光眼。这种说法是有可能的。青光眼分为闭角型和开角型。青光眼的发生机制是由于眼压增高，导致视神经萎缩和视野缺损。由于种族差异，和西方人相比，我们中国人的前房较浅，房角小，所以更容易患闭角型青光眼。

晚上长时间地注视手机屏幕，眼睛会调节使得晶状体变凸、瞳孔变大，来获得最好的视觉效果。长此以往，这些变化容易使得房水通过瞳孔的阻力增加，后房压力升高，虹膜膨隆，最终造成房角狭窄甚至关闭，房水回流受阻，眼内压急剧升高，造成瞳孔阻滞型闭角型青光眼。

长时间在晚上玩手机的确会对眼睛造成损害，对于处于 ARMD 高发期的老年人而言，长时间玩手机究竟会不会诱发或者加重 ARMD 还有待研究。

对于原本房角较小，前房较浅的人群而言，长时间看手机更加容易导致青光眼。大多数年轻人反映的眼睛干涩、红、胀痛，是长时间持续观看手机后的"眼干燥症"。

无论如何，为了眼睛的健康，还是改掉夜晚长时间玩手机的习惯吧。

你看，玩手机和黄斑部病变之间的关系还不能确定，而且就算有，也是针对 50 岁以上的长者而言的，所以不用担心我！

你这是避重就轻，不是说玩手机容易导致青光眼嘛。来，赶紧放下手机，跟我出去逛逛，整天看手机怎么行……

参考文献

[1] Gordon-Shaag A, Millodot M，Shneor E, et al. The Genetic and Environmental Factors for Keratoconus [J]. Biomed Research International，2015(2015)：38.

[2] 赵堪兴，杨培增. 眼科学 [M]. 北京：人民卫生出版社，2013：163-177，216.

[3] 崔兰君，陈松. 光损伤和老年性黄斑变性研究进展 [J]. 临床眼科杂志，2006，14(5)：474-477.

揉眼会导致散光吗

作者：缪丝羽

妈，你怎么打我的手呢？

你这傻孩子，你不知道在揉眼睛的时候压力会聚在眼球下面，角膜弧度不均就会导致散光吗？

妈，不是所有揉眼睛的动作都会导致散光，只有时间长、力度大的动作才有这么大的"威力"。

我们需要先了解什么是散光。散光（astigmatism）是指由于角膜或（和）晶状体的发育异常或某些疾病所引起的眼球各方向弯曲度不一致而造成的一种屈光不正，从而使得平行光线在进入眼睛后不能聚焦到一点（见图 3-7）。这通常是由于角膜表面的曲率不等造成的。

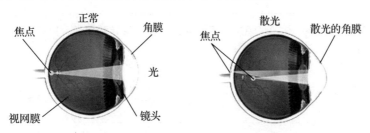

图 3-7　散光扭曲了视网膜前后的光线焦点

散光分为规则散光和不规则散光，前者虽然角膜晶状体表面的曲率不等，但是存在一定的规律，可以用柱镜进行矫正；而后者不能形成前后两条焦线，无法用柱镜矫正。规则散光通常是先天性病变，而不规则散光的角膜屈光面凹凸不平，常常由角膜溃疡、瘢痕、圆锥角膜等造成。

现在没有临床证据证明揉眼是散光的危险因素。虽然有文献报道，揉眼是造成圆锥角膜的危险因素之一，但同时也指出，这与揉眼的时间和强度有很大关系。日常生活中仅仅是在感到眼睛疲劳、干涩时的习惯性揉眼，通常力度轻柔，时间也比较短（少于5秒）。

可能造成散光的危险因素是力度较大、长时间（5～180秒）揉眼。在国外文献中有病理性揉眼导致圆锥角膜的病例，但病例中的患者是一个有阵发性心动过速的5岁小男孩，他通过长时间（大于20分钟）使劲揉眼来缓解心脏的症状。这样持续6年后，在11岁的眼部检查时他被发现患有单侧圆锥角膜散光。临床上没有报告过由于日常生活中短时间轻揉眼睛而发生散光的病例。

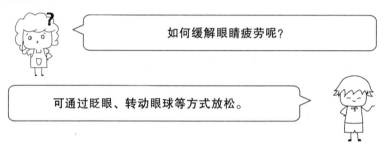

所以，正常情况下的揉眼并不会导致散光，但是揉眼不是一个卫生用眼的习惯，用不洁净的手揉眼可能会导致结膜炎。**当遇到眼睛疲劳、干痒时，可以通过眨眼、目视远方、转动眼球等方式进行放松。**

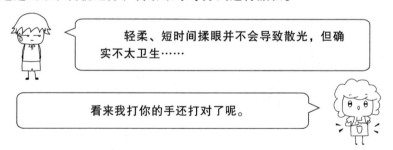

参考文献

[1] Gordon-Shaag A, Millodot M, Shneor E, et al. The Genetic and Environmental Factors for Keratoconus [J]. Biomed Research International，2015(2015)：38.

[2] 赵堪兴，杨培增. 眼科学 [M]. 北京：人民卫生出版社，2013：248-249.

睡前玩手机会导致脑萎缩吗

作者：杨文昊

儿子，你可千万别睡前玩手机啦，我今天看到一篇网上的文章，说有个跟你差不多大的小伙子就是因为经常熬夜玩手机，把自己搞得脑萎缩了，太恐怖了。

妈，你就不要在这里危言耸听了。睡前玩手机确实不好，但还没有证据证明玩手机会导致脑萎缩。

不对啊，手机辐射不是对人体有害吗？

对人体产生危害的主要是高频率电磁波，而疾病的产生与辐射的频率、剂量有关。

要解决这个问题，首先要了解什么是辐射。辐射即电磁波，那么电磁波为何物？有点物理常识的人对它应该都不陌生，电磁波的物理学定义和特点为：电磁波（又称电磁辐射）是指同相振荡且互相垂直的电场与磁场在空间中以波的形式移动，其传播方向垂直于电场与磁场构成的平面，可有效地传递能量和动量。简单来说，电磁波就是空间中的一种振动波，它在日常生活中无处不在。宇宙中的任何物体都会发出电磁波，包括你自己的身体。

电磁波的种类很多，按频率从低到高排列可分为：长波、中波、短波、超短波、微波、远红外线、红外线、可见光、紫外线、X 射线、γ 射线、宇宙射线。以可见光为界，频率低于可见光的电磁波对人体主要产生热效应，频率高于可见光的电磁波对人体主要产生化学效应。对人体造成危害的主要是后者，因为高频率电磁波会破坏人体细胞内的 DNA 和蛋白质等分子物质，可能导致肿瘤、畸胎等病症，而低频率电磁波的致热效应只会导致物体升温，一般不会导致基因突变和肿瘤的发生。

当然，除了辐射的频率，疾病与人体接收辐射的剂量也有关。大剂量辐射容易导致人体患病，低剂量辐射对人体的影响就会小很多。如何理解辐射频率和剂量对人体健康的影响？举个不太恰当的例子，高频率辐射就如老鼠药，低频率辐射就好比感冒药：一丁点儿的老鼠药就可能致人中毒，而一丁点儿的感冒药对人体的危害并不大，但是感冒药摄入量过大也会损害人体健康，这就是辐射频率与剂量的关系。

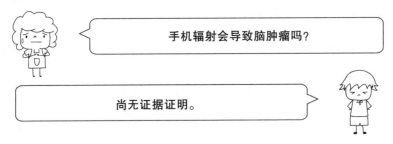

手机的通信辐射是一种频率为 900～1800MHz 的电磁波，该波段的电磁波属于微波辐射（微波辐射频率为 300MHz～300GHz）。手机辐射处于"高不成、低不就"中等频率位置，因此关于它的危害性的争议也最大。

一些文献提到，手机辐射会增加大脑胶质细胞瘤的患病风险，然而可惜的是，这些文献也是引用了其他文献的说法，并没有给出具有说服力的研究过程。至于是谁最先提出这种说法我们已经不得而知，可见这种说法的真实性有待商榷。

有不少科学家尝试验证这种说法，然而无论是从分子角度，如 DNA 变异、蛋白质结构变化，还是从细胞层面乃至流行病学调查，都没有得到可以证明手机辐射会增加脑肿瘤患病风险的直接证据。他们的结果大多为接受手机辐射组和不接受手机辐射组的结果没有明显差异，也就是说，他们的实验不能证明手机辐射与脑肿瘤有关。

但是也有一些科学家发现了差异，比如 Suleyman 等人的研究，他们利用一个装置让实验组大鼠的头部每天接受 2W、900MHz 的电磁波（与真实手机辐射相似）2 小时，持续 10 个月，结果发现大鼠脑内神经胶质细胞瘤的凋亡减少了，神经胶质细胞的数量增多了，由此推测这种情况也可能发生在人类身上，胶质细胞凋亡的减少可能导致胶质细胞瘤。

但是该文献存在一些不足之处，比如作者只是观察到胶质细胞凋亡的减少，并未发现胶质细胞瘤，最终是否会产生胶质细胞瘤仍是未知数。最重要的问题在于，作者只有动物实验数据，没有相关人类的调查研究。由于人类的头骨厚度比大鼠头骨厚，脑组织的辐射接收量会小于大鼠，况且人体比大鼠复杂得多，因此该结果是否真的适用于人类其实是未知数。

相应地，关于手机辐射不会导致脑肿瘤的权威报道有不少，如2004年北欧多国发表声明称，手机辐射不会导致脑肿瘤，美国麻省流行病研究所也曾做过调查，发现使用手机与患脑肿瘤之间并无关联。当然这些研究调查可能存在调查时间不够长、研究样本不够大以及手机危害还未显示的问题。

由于能力有限，目前我们不能贸然下一个关于手机辐射与脑肿瘤关系的武断结论。就当前搜索到的文献资料来看，双方各执一词，但"手机辐射与脑肿瘤无关论"在证据上略胜于"有关论"，因为**目前关于人群的流行病学调查并未显示手机辐射与脑肿瘤直接相关。**

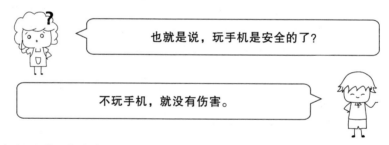

也就是说，玩手机是安全的了？

不玩手机，就没有伤害。

之所以说手机辐射不会导致脑肿瘤的发生，只是为了让大家不要"谈辐色变"，但并不是说手机对健康完全无害。别的不说，长时间看手机肯定会导致眼睛疲劳，对儿童、青少年来说可能导致近视。长时间看手机的人缺乏锻炼，机体免疫力会下降，容易患各种感染性疾病，如感冒等。

长时间看手机还会导致大脑疲劳、记忆力下降甚至失眠，这可能与微波辐射的致热效应有关。有文献指出，手机辐射会使脑组织温度升高，这会增加局部的血流量以及脑组织代谢率，脑组织的葡萄糖消耗率会提高7%，从而导致大脑更容易疲劳、记忆力下降、精神紧张、精神衰弱和严重失眠。

目前科学界的主要争论点是手机辐射与脑肿瘤的关系，而从未有文献说手机辐射会导致脑萎缩。由此可见，那位小伙子患脑萎缩最重要的原因应该不是手机辐射，而是另有原因。其实他两年来缺少合理的休息以及大脑过度疲劳可能才是真正的"幕后凶手"。

所以在这里我们要告诉大家，不要再相信什么"如何在床上正确地玩手机"的说法，最正确的做法是：上床就好好睡觉，不要玩手机！而且在日常生活中也要适度、合理地使用手机，拒绝成为"低头一族"。我们要做手机的主人，而不是手机的奴隶。

虽然还没有证据证明，但睡前玩手机还是不好，对眼睛不好，对休息不好……

是是是，我们太后娘娘说得对。

参考文献

[1] Shahin-jafari A, Bayat M, Shahhosseiny M H, et al. Effect of Long-term Exposure to Mobile Phone Radiation on Alpha-INT1 Gene Sequence of Candida Albicans [J]. Saudi Journal of Biological Sciences，2015，32(3)：426-433.

[2] Dasdag S, Akdag M Z, Ulukaya E, et al. Effect of Mobile Phone Exposure on Apoptotic Glial Cells and Status of Oxidative Stress in Rat Brain [J]. Electromagnetic Biology and Medicine，2009，28(4)：342-354.

[3] Eyvazlou M, Zarei E, Rahimi A, et al. Association between Overuse of Mobile Phones on Quality of Sleep and General Health Among Occupational Health and Safety Students[J]．Chronobiology International，2016，33(3)：293-300.

[4] Mohammadbeigi A, Valizadeh F, Saadati M, et al. Sleep Quality in Medical Students; the Impact of Over-Use of Mobile Cell-Phone and Social Networks [J]．Journal of Research in Health Sciences，2016，16(1)：46-50.

[5] 曲波，王亚奇，邢宝明，等．移动电话电磁辐射对神经行为及认知能力的影响 [J]. 中国辐射卫生，2008，17(1)：112-114.

[6] 易天边．13 国科学家联手研究，最新调查报告出炉，"手机致脑癌"十年追踪 [J]．环境与生活，2011(Z1)：50-52.

[7] 杨汝艳，王秀清．手机微波辐射对中枢神经系统的影响 [J]．环境与职业医学，2008，25(5)：490-492.

[8] 王洁明．北欧国家发表声明手机不会损害健康 [N]．新华每日电讯，2004-9-22(1).

[9] 崔亚松．手机辐射诱发细胞癌变的研究 [D]．北京：北京工业大学，2006.

睡觉时出现这些状况该怎么办

作者：缪丝羽

妈，在看什么呢，这么聚精会神？

我最近睡觉的时候状况有点多，看到好几篇文章都有提到这些情况，但众说纷纭，不知孰对孰错，你帮我分辨一下吧。

来来来，让"辟谣小男神"给你看看。

听说睡觉时身体突然猛抖一下是因为神经系统以为你死了？

这完全是无稽之谈。

事实上，"在睡觉的时候，突然抽搐，踹一下腿"，这一现象称为"入睡抽动"（hypnic jerk），指的是人在即将入睡时，身体肌肉突然不自主地抽动。在此过程中，往往还伴随自由坠落感或模糊的梦境，并很可能因此惊醒。

关于入睡抽动的原因众说纷纭，有研究者认为，这是由睡眠时网状激活系统控制出错造成的。还有一种有趣的解释：人保留了一些类似爬行动物的应激模式，在入睡后全身肌肉放松时，大脑会基于这一应激模式认为机体在自由坠落，于是本已放松的肌肉会突然收缩，导致入睡抽动。**虽然入睡抽动一直被认为是一种良性的睡眠障碍，但近期也有研究表明，这种现象**

有可能是其他影响健康的睡眠障碍的一种表现形式。所以，若是发生频繁的入睡抽动，我们还是建议去医院做一些相关检查。

据说打鼾对身体无害，是真的吗？

这也是假的，打鼾对人体健康的影响很大，打鼾严重者最好去医院进行治疗。

事实上，打鼾不仅惹人厌，还可能有害。打鼾的人很可能患有一种叫作阻塞性睡眠呼吸暂停低通气综合征（OSAHS）的疾病，指的是在睡眠时上呼吸道塌陷阻塞引起的呼吸暂停和低通气，通常伴有打鼾、睡眠结构紊乱、频繁发生血氧饱和度下降、白天嗜睡、注意力不集中等病症，并可能导致高血压、冠状动脉粥样硬化性心脏病、糖尿病等多器官、多系统损害。此综合征是最常见的睡眠呼吸紊乱疾病。

OSAHS 可发生在任何年龄阶段，其中中年肥胖男性的发病率最高。OSAHS 不仅严重影响患者的生存质量和工作效率，而且易并发心脑血管疾病，小儿严重者可影响其生长发育。因此，**对于打鼾症状频繁、严重的人群，建议去医院进行多导睡眠监测，若确诊为 OSAHS，则需要积极锻炼、减肥、戒烟、戒酒、侧卧睡眠并进行相应的治疗。**

据说一定不要叫醒梦游的人，不然他可能会被"吓疯"或"吓死"？

梦游的人其实处于深度睡眠状态，很难被叫醒不说，即使被叫醒也不会出现你说的这些情况。

梦游的人都处于深度睡眠状态，一般很难被叫醒。即使被叫醒，也不会出现精神障碍或者猝死。梦游的人相当于部分大脑皮层（例如控制运动和视觉的区域）处于觉醒状态，而其他部分处于"睡眠"状态，因此梦游的人可以四处走动并绕开障碍物，而醒后对梦游时发生的事情没有任何记忆。

梦游的诱因有很多，目前认为，遗传是首要因素，家庭环境、心理因素等也发挥着重要作用。对于梦游者而言，最重要的是要保证患者和家人的安全，在家中做必要的安全防范，如门窗加锁、房内不生火、不放危险物品等。

那到底要不要叫醒梦游的人呢？这要视情况而定，叫醒梦游的人，虽然没有传言中的后果那么严重，但不管怎样，对于患者而言，会造成一定的精神创伤。所以，**在保证安全的情况下，我们不必叫醒梦游的人。但是，如果他做出危害周围人安全的举动，或是将自己置于危险境地，就要及时把他叫醒，或帮助他脱离险境。此外，若梦游频繁或是在梦游过程中有明显的危险行为，则患者应该尽早就医。**

听说睡觉时突发胸痛是因为心脏病，要立刻口含 10 粒复方丹参滴丸或 2 片硝酸甘油片，或者嚼服 3 片（300mg）阿司匹林，然后坐在椅子或沙发上静候援助，千万不能躺下？

突发胸痛不一定是因为心脏病，针对不同的病因要对症下药，不能一概而论，最稳妥的方式是拨打 120 求救！

首先，夜间突发胸痛不一定是由心脏病导致的，一般还需要考虑其他一些危重情况，比如肺动脉栓塞、主动脉夹层，甚至是气胸等。其次，即使我们明确是突发心脏病，其概念也过于笼统，到底是冠心病、心律失常还是合并有心衰呢？如果是冠心病，那也存在不同的分型，各型的严重程度和处理方法存在差异，这些情况都有可能导致突发胸痛或者心悸等症状。当然，不可能每家每户都配有心电图机，大部分人也不会使用，在家中睡觉时突发胸痛，不可能在家中立刻判断出病因然后对症治疗。

那该怎么办呢？传言中提到的"千万别躺下"，其实有一定道理。但这是针对急性心衰的患者而言的，因为要尽量减少心脏负荷，所以应该采取半卧位或者端坐位。但是，对于一般情况的心肌梗死，采取平卧位是没有问题的。

此外，对于传言中提到"立刻口含 10 粒复方丹参滴丸或 2 片硝酸甘油片，或者嚼服 3 片（300mg）阿司匹林"的做法，首先我们必须承认这三种药物对于冠心病都是有一定疗效的，但硝酸甘油片的剂量过大，一般 1 片（0.5mg）即可。含服硝酸甘油片有出现低血压的风险，尤其是对于严重心肌梗死的患者而言，不适合使用。关于阿司匹林，它是常规的抗血小板药，如果没有禁忌证，是可以使用的，但是，在没有经过任何检查的情况下，突发的胸痛也可能是由主动脉夹层等疾病引起的，此时嚼服阿司匹林则是雪上加霜。

总而言之，**在睡眠时遇到突发胸痛的情况，最稳妥的办法肯定是及时拨打 120 呼救，放松，保持镇静，减少活动，有条件的可以吸氧，在不了解自身病情的情况下不要随意服药（了解自身疾病、有明确医嘱的情况除外）。**一般来说，冠心病的发生和发展是有一个过程的，早期发现、早期检查、早期治疗对于患者的预后非常重要，及时了解自己的疾病情况，才不会在意外突发时不知所措。

恐惧来源于未知，而在了解更多关于睡眠的知识后，你就可以更安心入睡了吧！

听你这么一解释，我就安心了。

但我们也要时刻关注自己的睡眠情况，如果入睡抽动、打鼾严重的话还是得去医院好好检查。

参考文献

[1] Cuellar N G, Whisenant D, Stanton M P. Hypnic Jerks: A Scoping Literature Review [J]. Sleep Medicine Clinics, 2015, 10(3): 393-401.

[2] 种太阳. 睡觉，抽动一下很正常 [J]. 初中生学习：博闻, 2012(7): 24.

[3] 葛均波，徐永健. 内科学 [M]. 北京：人民卫生出版社. 2013: 174-256.

[4] 张俭，张敏州，王磊. 复方丹参滴丸治疗冠心病的系统评价 [J]. 中国社区医师, 2009(6): 465-468.

[5] 田勇泉. 耳鼻咽喉头颈外科学 [M]. 北京：人民卫生出版社. 2013：152-156.

[6] De Cock V C. Sleepwalking [J]. Current Treatmeat Options in Neurology，2016.18(2)：6.

[7] 倪士峰，梁媛，詹彬，等. 梦游症的诱因和治疗技术研究概况 [J]. 畜牧与饲料科学，2013(12)：94-97.

落枕大揭秘：都是枕头惹的祸吗

作者：郑耀超

落枕，又称为失枕，是指由于睡眠姿势不良，或枕头高低不适，使头颈部肌肉处于过伸或过屈状态，导致颈部肌肉痉挛，颈项强直、酸胀、疼痛，以致转动失灵等一系列临床症状。

落枕可由以下几个原因造成。

1. 卧姿不当

由于患者平素体虚，加之睡姿不良，枕头过高、过低或过硬，使头颈部肌肉处于过伸或过屈状态，导致颈项部的肌肉尤其是胸锁乳突肌和斜方肌长时间被牵拉而劳损或损伤。

2. 急性损伤

颈部突然扭转或肩扛重物，可使颈项部的肌肉骤然强烈收缩而引起损伤。

3. 外感风寒

中医认为，本病是由于颈部感受风寒，外邪侵袭，阻滞经络，引起气滞血瘀，瘀血痹阻经脉，导致颈项疼痛、转展不利。

综上所述，枕头不合适是可能导致落枕的，当然也有其他原因。

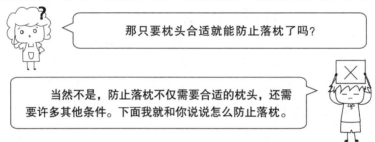

那只要枕头合适就能防止落枕了吗？

当然不是，防止落枕不仅需要合适的枕头，还需要许多其他条件。下面我就和你说说怎么防止落枕。

（1）选择合适的枕头。人一生中1/3的时间是在床上度过的，枕头的高低、软硬对颈椎有直接影响，最佳的枕头应该能支撑颈椎的生理曲线，并保持颈椎的平直。在仰卧位时，枕头的下缘最好垫在肩胛骨的上缘，不能使颈部落空。荞麦皮枕头松软度适宜，人躺在上面调整头颈部就可以找到适应颈椎曲线的合适位置。

（2）注意颈部保暖。颈部受到寒冷刺激会使肌肉血管痉挛，加重颈部疼痛。在秋冬季节最好穿高领衣服；在炎热的季节，夜间睡眠时应注意防止颈肩部受凉，空调温度不能太低，尤其不能长时间对着电扇或空调吹。

（3）保持良好的姿势。良好的姿势能减轻劳累感，避免损伤。伏案工作、低头玩手机和电脑等，长时间保持习惯性动作会导致颈部肌肉疲劳，颈椎间盘老化，继发一系列症状。最佳的伏案工作姿势是颈部保持正直，微微前倾，不要扭转、倾斜；工作时间超过 1 小时应该休息几分钟，做些颈部活动或按摩。

（4）避免颈部损伤，颈部损伤也会诱发落枕。除了不良姿势以外，坐车遇到急刹车，头部向前冲也会引发挥鞭样损伤。

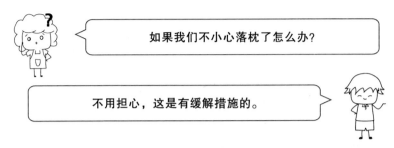

如果我们不小心落枕了怎么办？

不用担心，这是有缓解措施的。

（1）按摩理筋。一般落枕经一两次治疗即可缓解，轻者即可自愈。

很多人都以为落枕之后可以随便按揉，甚至越大力越好，其实这是不正确的，随便按摩不仅可能达不到缓解疼痛的效果，还可能破坏颈部本身正常的解剖结构，导致病情加重，甚至还可能造成瘫痪等危险。

尽管推拿按摩是治疗落枕的一种方法，但前提是先对颈部进行检查，以明确是否存在其他疾病。只有在排除颈椎其他疾病以后，才可以使用按摩手法来帮助放松颈部的肌肉。此外，颈部按摩不是什么人都可以操作的，也不是没有章法地乱按，必须要找专业人士进行按摩。只要手法得当，可以很快缓解肌肉痉挛，消除疼痛。

按摩者立于落枕者身后，用一指轻按颈部，找出最痛点，然后用拇指从该侧颈上方开始，直到肩背部为止，依次按摩，对最痛点用力按摩，直至酸胀感明显即表示力量已够，如此反复按摩两三遍，再以空心拳轻叩按摩过的部位，重复两三遍。重复上述按摩与轻叩，可迅速使痉挛的颈肌松弛而止痛。

（2）针灸疗法。针灸治疗本病的方法颇多，如针刺、指针、电针、耳穴压丸等。

其中，对落枕有奇效的是按压外劳宫。外劳宫在手背侧，第二、第三掌骨之间，掌指关节后约 1.67 厘米处。在日常生活中可以采取的措施是，以大拇指按揉穴位，用力由轻到重，保持重按 10～15 分钟，在按摩穴位的过程中，将头稍向前伸，由前下方缓缓缩下去，使下颌向胸骨上窝靠近，颈部肌肉保持松弛，然后将头轻轻缓慢地左右转动，幅度由小逐渐加大，并将颈部逐渐伸直到正常位置。

（3）拔罐疗法。该疗法针对的主穴为阿是穴，即颈部压痛最明显处，配穴为风门、肩井等。

在操作时用镊子夹酒精棉球点燃，在罐内绕一圈再抽出；迅速将罐罩在应拔部位上，即可吸住。拔火罐时切忌火烧罐口，否则会烫伤皮肤；留罐时间不宜超过 20 分钟，否则会损伤局部皮肤。

（4）药物疗法。本病多采用外用药物治疗，如膏药等。

膏药多外贴颈部痛处，每天更换一次，止痛效果较理想，但患者自感贴膏药后颈部活动受到一定限制。需注意，某些膏药中含有辛香走窜、动血滑胎之药，故孕妇忌用。药膏可选用按摩乳、青鹏软膏等，擦揉痛处，每天两三次，有一定效果。

（5）热敷疗法。不少人对应该使用冷敷还是热敷存在疑问。一般来说，冷敷适用于急性扭伤。例如坐车时因为急刹车把脖子扭伤了，这时颈部会出现软组织损伤、水肿、出血等情况，应该使用冷敷——冷敷可使毛细血管收缩，减轻局部充血，减少出血。相反，如果使用热敷，会使局部的血液循环加快，出血会更多，肿胀也会更严重。

但是落枕与急性扭伤并不一样，落枕所导致的功能障碍主要是疼痛和僵直，因此**最有效、最快速的方法就是热敷**。热敷可以改善局部的血液循环，使紧张的肌肉放松、减轻疼痛。可用热毛巾、热水袋或者红外线灯对患处进行热敷，也可以用舒经活血的中草药煎水浸泡毛巾热敷。有条件的话，泡个温泉或者洗个热水澡，落枕的症状可随之减轻。

如果采用以上方法还不能缓解疼痛或者僵直，那么患者就有必要去医院就诊，因为也可能存在颈椎病等其他疾病。

噢，原来落枕也有这么多学问，看来我还需要多学习学习。

是呀，所以我们不仅要掌握落枕的原因和治疗方法，还要从日常生活中学习怎样防止落枕，这样我们才能和落枕说"拜拜"。但是我的脖子还痛着，还得治疗呢。

我赶紧烧水来给你热敷缓解一下。

参考文献

[1] 王之虹. 推拿学 [M]. 北京：中国中医药出版社，2012.

[2] 王华. 针灸学 [M]. 北京：中国中医药出版社，2012.

[3] 金承香，金书，夏东斌，等. 薄氏腹穴皮下浅刺配合落枕穴针刺治疗落枕 [J]. 针灸临床杂志，2010，26(10)：45-47.

[4] 胡敏. 独刺落枕穴加手法治疗失枕 247 例 [J]. 按摩与导引，2007，23(9)：16-17.

[5] 邱伊白，吴耀持. 后溪穴和落枕穴治疗落枕的疗效比较 [J]. 上海针灸杂志，2000，19(2)：36.

[6] 李江山，赵鹏. 整复手法结合针刺落枕穴治疗急性期颈椎小关节紊乱症 54 例 [J]. 河南中医，2015(6)：227-229.

白血病的克星到底是什么

作者：郑耀超

妈妈，《"369万小伙伴正在看"白血病的克星》是什么？你怎么转了这种文章。

给需要的朋友看看啊。鬼针草有奇特的作用，它是白血病的克星，望周知。

还是让我来给你从头剖析这篇文章吧。

经常看到韩剧里的女主角得了白血病，白血病到底是什么啊？

那我就和你说说。

白血病是一类造血干细胞的恶性克隆性疾病，因白血病细胞自我更新增强、增殖失控、分化障碍、凋亡受阻，而停滞在细胞发育的不同阶段。在骨髓和其他造血组织中，白血病细胞大量增生累积，使正常造血功能受抑制并浸润其他器官和组织。

换句话说，白血病的本质也就是造血系统的恶性肿瘤。**人体内的白细胞像恶性肿瘤一样，不受限制地生长，这就叫白血病。**

白血病一般按自然病程和细胞幼稚程度分为急性白血病（AML）和慢性白血病（CML），按细胞类型分为粒细胞、淋巴细胞、单核细胞等类型，临床表现各有异同。与其他癌症相比，白血病只是临床表现不同，没有本质的区别。

原来白血病这么可怕，那被说得这么神奇的鬼针草是什么？

鬼针草这东西还真没那么玄乎。

鬼针草，菊科鬼针草属植物，一年生草本，茎直立，茎下部叶较小，两侧小叶椭圆形或卵状椭圆形，条状披针形，总苞基部被短柔毛。产于华东、华中、华南、西南各地区，生于村旁、路边及荒地中。

鬼针草为中国民间常用草药，有清热解毒、散瘀活血的功效，主治上呼吸道感染、咽喉肿痛、急性阑尾炎、急性黄疸型肝炎、胃肠炎、风湿关节疼痛、疟疾，外用治疮疖、毒蛇咬伤、跌打肿痛。

鬼针草的功效的具体表现为：

（1）解表清热：用于感冒风热表证及流感防治，常配野菊花、银花、黄皮叶、龙眼叶等同用。防治中暑，可配玉叶金花、水翁花、岗梅、崩大碗等清解暑热药同用。

（2）清热解毒：①用于毒蛇咬伤，伤后即用本品150～250g捣汁服或煎服，或配大蓟根、青木香、万年青根、茜草根、苦参等同用；②用于阑尾炎，可单味使用，每日用鲜品200～400g，配白花蛇舌草同用则疗效更佳；③用于咽喉肿痛、小儿高热等病症，可配鸭跖草、崩大碗、广东土牛膝等同用，共奏清热利咽之效；④用于乙型脑炎，可配九里香叶同用，对高热、抽搐、呼吸衰竭的改善均有明显效果。

（3）清利湿热：用于胃肠湿热泄泻、痢疾，对湿热型的小儿消化不良疗效尤佳。后者可配车前草（呕者加生姜）煎服；或单用本品煎水熏洗两脚，每日3～6次。

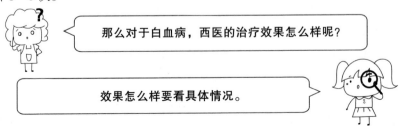

那么对于白血病，西医的治疗效果怎么样呢？

效果怎么样要看具体情况。

白血病大致可以分为以下 4 种：急性淋巴细胞白血病、急性髓细胞白血病、慢性淋巴细胞白血病和慢性髓细胞白血病。我国急性白血病比慢性白血病多见，成人急性白血病又以急性髓细胞白血病（急粒白血病）为多见。白血病有若干分型，不能一概而论。由于原文中并没有明确指出患者的诊断结果，我们就看看常见的急性白血病的治疗结局。

（1）随着支持治疗的加强、多药联合方案的应用、大剂量化疗和异基因造血干细胞移植的推广，成人急性淋巴细胞白血病（ALL）的预后已有很大改善，完全缓解率（CR）可达到 80%～90%。换句话说，尽管化疗和造血干细胞移植有很多风险和不良反应，但其治愈率还是挺高的。

所谓完全缓解，简单点说就是白血病的症状和体征消失，血液系统的相关指标已经接近正常水平。缓解后仍要维持一定的治疗，不然会导致复发。确实，化疗会有一些不良反应，比如肝肾功能损害、黏膜炎，但只要剂量和次数控制得当，化疗是普遍采用的有效维持治疗方案。

除此之外，我们还有一个秘密武器：异基因造血干细胞移植（HSCT），它可使 40%～65% 的患者长期存活。只要控制好感染问题和排斥反应，大部分患者的生活质量能够因此改善。

（2）对于急性髓细胞白血病，近年来，由于强烈化疗、异基因造血干细胞移植及有效的支持治疗，60 岁以下的白血病患者的预后已有很大改善，30%～50% 的患者有望长期生存。同样，在缓解后仍然需要维持一定时间的治疗，不然复发不可避免。

不仅如此，急性白血病如果不经特殊治疗，平均生存期仅 3 个月左右，短者甚至在诊断数天后就死亡。经过现代治疗，已有不少患者获得病情缓解乃至长期存活，所谓"效果并不显著"明显是错误的。**尽管不能做到彻底痊愈，也不能保证每位患者都能得到很好的治疗效果，但化疗在白血病的治疗计划中不可或缺，起着极为重要的作用。**

但是我听说西医伤敌一万，自损八千，很是伤身啊。就像西医的化疗，往往会损伤人的免疫系统，造成骨瘦如柴，是不是因为病理不清啊？

事实当然不是这样的。

西医的化疗，实质上就是通过一些免疫抑制剂对白血病进行诱导缓解治疗。既然用到了免疫抑制剂，对免疫系统的损害在所难免，不良反应就是机体抵抗力下降，并不是因为"病理不清"。恰恰相反，西医对白血病的研究较为透彻，对不同类型的白血病已经有多种有效经典的治疗策略，且在不断发展和改进。

要说"伤敌一万，自损八千"，每种病的治疗都有一定的不良反应，只是严重程度不同而已。

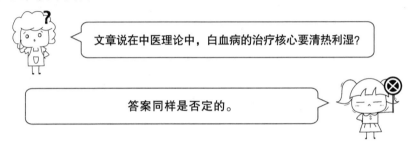

文章说在中医理论中，白血病的治疗核心要清热利湿？

答案同样是否定的。

急性白血病的西医诊断主要根据细胞形态学和免疫学进行分型，国际上已有统一标准。中医主要根据临床症候、舌脉变化等进行辨证分型，目前尚无统一标准。有从脏腑学说进行辨证的，主要分为心脾肾虚、心肾阴虚、肝肾阴虚、肾阴阳俱虚等；有从温病理论进行辨证的，分为温热型、湿热型、温毒型等。各医家的分型颇不一致，有将急性白血病分为邪毒内蕴型、脾肾阳虚型和阴阳俱虚型进行论治的，也有将其分为痰热瘀毒型、温热型、气血两虚型进行论治的。

急性白血病的病位在骨髓和血络，涉及脏腑、髓窍。

在发病初期往往以邪实为主，以热毒炽盛和气血瘀滞为特点，病程日久，热毒血瘀损伤正气，则出现气血亏虚或气阴不足，表现为正虚夹毒夹瘀的特点。急性白血病的发病和致病是一个复杂的过程，绝不是一味草药就能阻止得了的。

治疗以扶正祛邪为主。

扶正包括健脾益气，补肾益精，滋阴补血，养阴生津。

祛邪则包括理气行滞，活血化瘀，软坚散结，清热解毒，以毒攻毒。在这些治疗方法中，并没有强调清热利湿，也没有着重指出鬼针草在这方面上的疗效。

综上所述，**鬼针草仅仅是一味普通的中草药，对于白血病并没有独特的**

疗效，也不是什么"白血病的克星"。老老实实遵医嘱进行化疗才是白血病的关键。

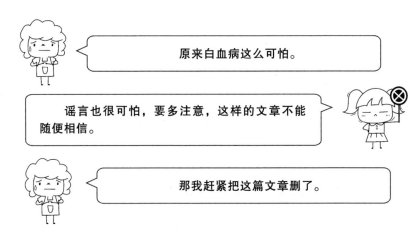

原来白血病这么可怕。

谣言也很可怕，要多注意，这样的文章不能随便相信。

那我赶紧把这篇文章删了。

参考文献

[1] 葛均波，徐永健．内科学 [M]．北京：人民卫生出版社，2013：547.

[2] 高鹏翔．中医学 [M]．北京：人民卫生出版社，2013：115.

[3] 肖子曽．中医方药学 [M]．北京：中国中医药出版社，2009：200.

[4] 乔敏．中医药治疗白血病研究概况 [J]．中国中医药信息杂志，2001，8(1)：19-20.

[5] 张春丽，郑博荣．中西医结合治疗急性非淋巴细胞白细胞白血病 26 例 [J]．实用中西医结合杂志，1996，9(9)：538.

[6] 马逢顺，章蕙霞，翁玉龙．150 例急性白血病的中医辨证分型与预后关系 [J]．中国中西医结合杂志，1984(8)：480-481.

[7] 胡莉文，黄礼明，丘和明．中医论治急性白血病出血探讨 [J]．中华中医药杂志，2005，20(8)：484-486.

[8] 马武开，张惠臣．急性白血病的中医辨证分型探讨 [J]．浙江中西医结合杂志，2007，17(2)：89-90.

[9] 刘清池．中西医结合治疗急性白血病的新理念 [J]．河北中医，2009，31(2)：289-290.

[10] 李帅，匡海学，冈田嘉仁，等．鬼针草有效成分的研究（Ⅱ）[J]．中草药，2004，35(9)：972-975.

糖尿病不降糖反补糖？患者：杀了我算了

作者：苏仪西

妈妈，你怎么在吃甜甜圈，不能吃啊，忘记医生的叮嘱了吗，快放下！

不不不，最近我看到朋友圈有篇文章说糖尿病的真正病因是器官缺糖，而治疗途径不应是我们一贯认为的降血糖，而是要促进糖的吸收！所以我要补充糖分。

快放下，快放下。这是典型的谣言呀！糖尿病是一组以高血糖为特征的代谢性疾病，而治疗糖尿病的基本原则就是降血糖。我来具体说说。

糖尿病患者的病因，要么是胰岛素分泌不足，要么是细胞对胰岛素的敏感性下降。当糖尿病患者的胰岛素作用不足时，糖分无法进入人体组织细胞，都在血液里，造成血糖升高。

要想正确认识糖尿病，就要先了解人体的血糖调节过程。

人体的器官各有各的功能，就像一座座工厂。其中胰腺是一座多功能工厂，而胰岛是其中的一所所小车间（组成胰腺内分泌腺的细胞团）。这些小车间里有 4 种不同的员工，分别为 A 细胞、B 细胞、D 细胞、PP 细胞。

A 细胞分泌胰高血糖素，升高血糖；B 细胞分泌胰岛素，降低血糖。所以与血糖密切相关的就是 A 细胞和 B 细胞。

正如工厂需要电力，器官正常运作也需要能量。给人体工厂供电的工作人员主要就是葡萄糖和脂肪酸。二者可在氧充足的条件下发生一系列反应，释放大量的能量。

脂肪酸属于有固定单位的正式职工，它们需要有较为优良的工作环境（线粒体和氧气）才肯干活。而葡萄糖就随意多了，它们属于到处游荡的临时工，就算没有线粒体和氧气也能干活，只是工作效率会大大降低（无氧呼吸）。

在人体的这些工厂中，正式工人和临时工都是必不可少的，它们都在为人体内环境这座大城市服务着。

人体内葡萄糖的主要来源就是食物。食物里含有淀粉，淀粉通过消化系统后变成葡萄糖，然后进入血液。进入血液的葡萄糖虽然也会恪尽职守地完成自己的工作，但毕竟进入到一个新的环境，总是会充满新鲜感，逛逛这，看看那，有时也会造成一些不必要的麻烦。尤其是当葡萄糖进入血液太多的时候（人体摄入过多糖类），它们就会干扰别人的工作。

长期的高血糖会使全身各个组织器官发生病变，导致急慢性并发症的发生，如失水、电解质紊乱、营养缺乏、抵抗力下降、肾功能受损、神经病变、眼底病变、心脑血管疾病、糖尿病足等（见图 3-8）。

图 3-8 糖尿病的并发症

当血糖升高的时候，我们的机体自然有所察觉，于是上文说到的专门管理葡萄糖的工厂——胰腺就开始发挥作用了。其中的员工胰岛 B 细胞派出胰岛素小分队，它们的工作就是抓住这些到处惹事的葡萄糖，把它们送进人体的各个工厂（促进血糖被器官吸收，降低血糖）。

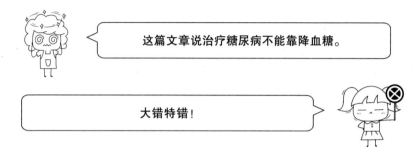

这篇文章说治疗糖尿病不能靠降血糖。

大错特错！

该文章不仅将糖尿病机制说得"头头是道"，更提出了惊世骇俗的治疗方案——对于糖尿病的治疗只需要健脾胃、助吸收。这篇文章认为高血糖产生的重要原因除了器官吸收不了糖之外，还有就是人体的血液过少。意思是糖的含量是正常的，但由于血液太少，导致糖的浓度偏高。所以治疗方案只需要早睡觉养血加水，根本不需要降糖。

但是这种观点有非常多的漏洞。

刚才讲到胰岛素恪尽职守地为机体细胞、器官外过多游离的葡萄糖安排好了归宿，人体内环境这座城市终于可以正常运转了。但如果人不合理安排饮食，不加节制地吃东西，那么将会有越来越多的葡萄糖进入血液，就会有更多的胰岛素出动，为它们安排住处。直到各个工厂人满为患，都住不下了，机智的葡萄糖们就会去抢固定职工（脂肪酸）的住处，于是，大量的葡萄糖转变成了脂肪，人体就开始发胖。

而肥胖是促成糖尿病的重要因素！

肥胖的实质是脂肪细胞的数量和体积的增加，脂肪细胞就是正式职工——脂肪酸的住处。当你饥饿的时候，首先为你提供能量的是葡萄糖，如果葡萄糖分解完了你还是没有从外界获取能量（吃东西），那么你的脂肪酸才将开始为你提供能量。

在脂肪细胞里，脂肪被脂肪酶分解为甘油和脂肪酸。脂肪酸可以为你直接供能，也可以释放到血液中，跑到超级大工厂——肝脏里进一步分解，又变成葡萄糖进行供能。

但如果人一饿就进食甚至不饿也进食，那脂肪酸就没有发挥作用的时候，永远都是葡萄糖抢先供能，脂肪酸就窝在家里越来越懒，然后人就越来越胖。

所以肥胖者体内的脂肪酸一般都比较清闲，因为总有很多的临时工——葡萄糖来承担主要的工作。同时，胰岛素就比较忙了，它们得负责安排过剩的葡萄糖的归宿。但由于葡萄糖实在是太多了，抢占脂肪酸住处的事也在时时发生。

这样一来，脂肪酸就会很不待见胰岛素，觉得它特别多事，害得自己的地盘总被这些临时工侵占。这时问题就出现了。脂肪细胞内分泌功能紊乱，住在脂肪细胞里的脂肪酸要出去透透气，血液中游离的脂肪酸数量增多。而游离脂肪酸是个爱记仇的家伙，它在外面游荡也就算了，还会去劝说别的细胞不给胰岛素开门（通过降低靶细胞膜上胰岛素受体的数目和亲和力，抑制胰岛素与受体的结合）。

同时，脂肪酸工作的工厂——脂肪组织会开始报复。这里我要提一个词——氧化应激。氧化应激简单地说就是体内的氧化与抗氧化作用失衡，倾向于氧化。肥胖者的脂肪组织氧化应激水平明显增高，这样可以增加脂肪细胞基础状态下的葡萄糖转运，抑制胰岛素刺激下的葡萄糖转运。

综合以上两种报复方式，脂肪组织可算得手了，它们成功地让其他的工厂不爱搭理外面的胰岛素，于是，传说中的胰岛素抵抗就形成了。

各个工厂都不理胰岛素，胰岛素没法完成工作，外面过多的葡萄糖就没法被安置。而总部胰腺却以为是派去的胰岛素不够，于是加派更多的胰岛素，就出现了血液中的代偿性胰岛素增加。久而久之，高胰岛素血症形成了。高胰岛素血症的定义为空腹血液胰岛素含量≥85pmol/L。

这真是一个尴尬的局面，血液中葡萄糖和胰岛素的浓度都很高！所以该文章中所说的"治疗糖尿病只需要早睡觉养血加水"是完全错误的，放任高血糖不管，该吃吃该喝喝，是让患者"自杀"。

之后，即使我们不再不加节制地吃东西，效果也不大。因为各个工厂已经习惯了忽视胰岛素的存在。所以糖尿病患者即使空腹，血糖值依然很高。

胰岛素无法完成工作，就很少有葡萄糖进入工厂供能，各个工厂不再有充足的能量，人体便经常感到饥饿，开始增加食量，并伴有口渴、多饮、多尿，但是吃进去的葡萄糖又无法被吸收，形成一个可怕的恶性循环！

以上就是2型糖尿病发生和发展的全过程。

2型糖尿病大多为后天形成，现临床治疗方案主要有以下两种：

（1）口服降糖药——刺激胰岛素分泌，促进肌肉细胞、脂肪细胞和肝脏从血液中吸收更多的葡萄糖。

（2）注射胰岛素。

此外，还有另外一种糖尿病类型。1型糖尿病是先天形成的，这类病人的胰岛 B 细胞上存在一种抗原，免疫系统会攻击胰岛 B 细胞，胰岛 B 细胞不断死亡，于是胰岛素也就分泌不足，没人来降血糖，血糖自然就升高了。并且，由于缺乏胰岛素，机体器官就不能有效地吸收利用葡萄糖，器官的功能就不能有效发挥，于是身体就变得消瘦。目前的治疗方案就只能是靠补充胰岛素来促进葡萄糖的吸收。

那应该如何根治糖尿病呢？

糖尿病目前尚无十分有效的根治措施，我们可以把重点放在防治上。

糖尿病教育和心理治疗

教育是指要帮助糖尿病患者增加糖尿病知识，减少无知的代价；心理治疗是指让患者能正确地对待糖尿病，认识到糖尿病目前尚不能根治，要有长期作战的准备。糖尿病的并发症危害很大，但只要重视，血糖是可以控制的，并发症是可以避免的。

饮食疗法

饮食疗法包括控制总热量、合理配餐、少量多餐、高纤维饮食、清淡饮食、不动烟酒6项原则。

运动疗法

运动要持之以恒，每周 5 次以上，每次半小时以上；要量力而行，避免剧烈、竞争性运动；如有条件最好做有氧运动，坚持一段时间，但强度要适中。

药物治疗

如果经过饮食、运动治疗，患者血糖仍不能达标，则要及时加用药物治疗。目前口服降糖药物的品种很多，只要坚持治疗，大多数患者的血糖是能被控制的。胰岛素治疗是治疗糖尿病最有效、不良反应最小的治疗方法，有利于预防糖尿病的并发症，所以需要使用胰岛素治疗的应尽早使用。

要对糖尿病进行监测

糖尿病患者不是吃了降糖药物就万事大吉，必须使血糖达标（包括空腹血糖和餐后血糖都得达标），应定期对血糖进行检测。与此同时，还要使自己的体重、血压、血脂和血黏稠度达标。

天啊，差点掉进谣言的坑里了。

还是得实实在在听医生的话。对网上的文章多留个心眼。

参考文献

[1] 康继宏，宁光，吴家睿，等. 中国糖尿病防治研究的现状和挑战 [J]. 转化医学研究，2012，2(3)：1-24.

[2] 何国富，薛伟花，王颖敏. 糖尿病的防治策略探讨 [J]. 中国医药指南，2013(28)：34-35.

[3] 李延兵. 吃动平衡打破胰岛素增重"魔咒" [N]. 广州日报，2015-4-25(A02).

强大的免疫系统，也有守不住阵地的时候

作者：马逸豪

孙博士，您看下这篇文章是不是真的呀。上面说免疫系统是人类最强的防御系统，可以抵抗所有的疾病，还没有副作用，比吃药、打针要强得多。现在人类得了病就用药治，削弱了免疫系统，这才是人常常得病的原因。

这是夸张了，如果是这样，医生就没饭碗啦。事实上免疫系统是我们忠诚的卫士，它的作用不可替代。但是，它并没有神奇到包治百病，有时它还会引起一些疾病。现代医学对免疫的作用有许多新的认识，一旦得病，一定要找医生进行正规治疗。我来和你说说其中的道理。

免疫系统每时每刻都在保卫我们的健康，绝大部分引起疾病的微生物，都被免疫系统无声无息地阻挡或者扼杀。即使它们突破了防线，也很难站稳脚跟。像感冒这种小病，就算不治疗，一个星期也会好。但如果一个人的免疫系统受到重大破坏且难以恢复，那么无论用多昂贵的药、多高端的仪器，也很难挽救他的生命。

但是，这篇文章片面地认为，人类应该完全依靠免疫系统来抵抗疾病。文章中还提到疾病就像苍蝇，而免疫系统能扫干净人身上的垃圾，这样自然就没有苍蝇靠近。所以只要免疫功能正常，人就百病不侵。又说，吃药、打针的副作用太多，而免疫系统治病没有副作用，比吃药要好得多。这种论调是有问题的。

小贴士说，要是免疫功能正常，人就不得病，这是真的吗？

这种说法是错误的。

有人说："扫干净垃圾，苍蝇就不会来，所以免疫系统正常，人就不得病。"这样的说法很诱人，听着似乎很有道理。其实，这种说法有几个致命的问题。

（1）有时候，病原微生物太强大，我们的免疫系统很难应付。疾病可不只有追着垃圾跑的苍蝇，也有磨牙吮血的猛兽和打家劫舍的强盗。细菌、病毒和人较量了数万年，有的已经发现了各种各样对付免疫系统的方法。

比如，人的吞噬细胞是杀灭细菌的"先锋军"之一，负责第一时间和细菌战斗，主要作用方式是把细菌吞下去再消化掉。但是，引起肺结核的结核分枝杆菌，却在身上长满了针对吞噬细胞的"盔甲"。吞噬细胞吞了它，就像铁扇公主吞了孙悟空，不仅杀不了它，还会被它利用，达到繁殖、传播自己的目的。如果没有支援，这些吞噬细胞是很难战胜结核病的。

再举癌症作为例子。其实，人的一生有各种细胞走歪路，试图"叛变"成癌细胞，只不过大部分都在成形之前，就被免疫系统清除了。而幸存下来的癌细胞，都是狡猾之徒，学会了如何欺骗免疫系统，逃避它的检查和清除，甚至有的癌细胞反过来学会了如何杀死免疫细胞。对于已经成了气候的癌症，如果没有外来帮助，免疫系统也是无可奈何的。

这些例子只是冰山一角。"道高一尺，魔高一丈"，指望免疫系统消灭所有的疾病，这是不现实的。

（2）免疫系统激活需要一定的时间，如果疾病进展太快，它可能来不及反应。和军队一样，免疫系统平时只有"边防队"和"巡逻队"在工作，主力都在训练和休息，不会轻易出动；只有遇到了紧急状况，才会全面动员。在正常情况下，这种动员需要花几天的时间。这种工作方式有时候会给疾病带来可乘之机，有的疾病进展太快，能在免疫系统反应过来之前对人体造成很大的伤害。

例如，当人被带有泥土的玻璃碎片或者锈铁钉刺伤时，破伤风梭菌就会乘虚而入。破伤风梭菌通过分泌毒素来致病，引起破伤风，造成全身肌肉抽筋。它产生的毒素非常厉害，1 微克就可以致人死亡。相比之下，就连我们一天吃的盐的重量，都是它的 500～2000 倍。因此，破伤风梭菌不用几天就能制造出足以致命的毒素。而免疫系统虽然确实可以识别并清除这种毒素，但在现实中根本来不及。因此，我们被刺出又深又窄的伤口时，都要及时清创，并在一天内注射足量的抗毒素。除了一般的抗毒素以外，还要视情况使用疫苗或者人免疫球蛋白。

所以，**就算是免疫系统能抵抗的疾病，也可能利用免疫反应不够快的缺点来对人体造成巨大损伤。而且，当病人的状况比较差时，疾病的进程也会加快，这时我们更不能全然指望免疫系统发挥作用而放任不管。**

免疫系统在抵抗疾病时，会不会像用药一样有各种"副作用"呢？

其实是有的，免疫系统在工作时会对人体造成一定损伤。

可能很多人对免疫系统的印象和小说里的武林高手一样，贴身肉搏，精确打击，只杀敌军不伤友军。实际上，免疫系统和第二次世界大战后的军队更像，有拼刺刀的，有扔手榴弹的，有炮兵，有导弹，也有大规模杀伤性武器。这样火力凶猛的军队，不管是在正常还是异常情况下，都可能会对友军造成误伤。

（1）在正常情况下，免疫系统只要工作就会对人体造成一定的损伤。比如，我们可能体验过或者看见过，当有人的伤口化脓比较严重时，伤口会溃烂，甚至穿出一个比较大的洞。这就是中性粒细胞在杀灭细菌时，释放出来的酶把周围的组织也溶解了。如果这种病变发生在肺部，会引起小叶性肺炎，让局部的肺功能丧失。再比如，免疫系统发现被病毒感染的正常细胞，就会尝试把细胞连着病毒一起杀死。我们在感冒时嗓子痛、咳嗽咳痰，都与免疫系统的活动有关。

　　我们要有一个观念，损伤和修复往往是统一的。一个人生了病，就像一座城市发生了地震，震塌了许多楼房，还有一些摇摇欲坠。免疫系统没办法把废墟和危楼变回正常的楼房，只能先把它们拆掉、清理干净，然后想办法建一个新的。因此，与其说我们恢复了健康，不如说重建了健康。而在这个过程中，免疫系统是起关键作用的。

　　（2）有时，免疫系统的活动超出了限度，这种误伤的作用就更大。比如，在链球菌感染时，免疫系统会动员起来清除链球菌。但是，在这个过程中，它可能会"杀红了眼"，把心脏、关节、肾脏的正常细胞也当成细菌，从而对人体的多个器官造成损伤，这样"误伤自己人"引起的病就叫风湿热。过敏、发高烧这些我们熟悉的现象，也是一个例子。所以，当病人发生严重感染，我们在用抗生素的同时，有时反而要用激素抑制免疫系统，否则病人会因为免疫反应太过激烈而出现各个器官的损伤。另外，免疫系统会攻击移植的器官，虽然这是它的正常职责，但也是我们不希望发生的，因此要加以抑制。

　　因此，免疫系统在抵抗疾病时，会出现各种"副作用"。有人可能会问，那吃药、打针的副作用不会更大吗？其实在治病时，医生并不是不知道药物有副作用，只是认为治疗的好处要比副作用更多。除了医生的主观判断以外，也要以科学的研究作为依据，才能得出正确的结论。另外，医生会和患者交流，了解患者的意愿，并提出相应的建议。希望患者能尊重医生的劳动和专业技能，不要因为有副作用就不配合治疗。

　　其实免疫系统远没有文中写的那么简单。和许多人想的不一样，它并不只是一个"守门保安"，而是一支组织严密、训练有素的军队。它的结构和功能都十分复杂。从宏观来说，它们能识别和清除外来入侵者，也能监视体内成分，从训练、巡逻、侦察、通信、动员、作战到修复，有一套复杂而完整的网络；从微观来说，它们像部队一样有严格的通信密码，两个细胞的一次交流，就需要十几种（甚至几十种）分子构成的"锁"和"钥匙"——配对才能成功，一个环节出差错，整个过程就可能失败。免疫系统的奥秘正在被科学家一点一点地揭开，我们已经窥视到它庞大的图景，但是还有许许多多的未解之谜。无论是过去、现在还是将来，人类保持健康、预防和战胜疾病都不可能离开免疫系统的作用，医疗工作者将一直致力于与免疫系统并肩作战。就算是很多人认为"抢了免疫系统饭碗"的抗生素疗法，也处处有着免疫系统的参与。比如阿奇霉素可以随着巨噬细胞移动到病灶，精准地作用在细菌上；而被抗生素抑制生长的细菌，或者被杀灭的细菌碎片，以及被细菌破坏的组织，最后都要靠免疫系统来清除并协助重建。更不用说各种疫苗，保护了百万人的生命；还有今天各种实验中个体化、分子水平的免疫疗法，是攻克肿瘤的一种重要武器，有很好的前景。科学家和医疗工作者是不会忽视免疫系统的。

结论：**免疫系统十分重要，但它不是万能的。只有以现代医学的手段，与免疫系统并肩作战，我们才能更好地守护健康。**

这篇文章是谣言嘛。

是的，我们应该警惕谣言，不要被谣言耽误病情。

参考文献

[1] 李凡，徐志凯．医学微生物学 [M]．北京：人民卫生出版社，2013：133，142-144，229，249．

[2] 曹雪涛．医学免疫学 [M]．北京：人民卫生出版社，2013：1-2，156-157，179-181．

[3] 王连唐．病理学 [M]．北京：高等教育出版社，2013：53，117．

[4] 吴彩军，刘朝霞，等．2008 年拯救严重脓毒症与感染性休克治疗指南 [J]．继续医学教育，2008(01)：52-60．

[5] 王建枝，殷莲华．医学免疫学 [M]．北京：人民卫生出版社，2013：156-157．

[6] 李继荣．浅谈阿奇霉素的临床应用及其抗生素后效应 [J]．中国保健营养，2012(22)：5237．

真的有治疗肿瘤的"灵丹妙药"吗

作者：刘瑶

孙博士你看这篇文章，上面说治疗肿瘤只需要这些"灵丹妙药"，这是真的吗？

不能随意听信这类"灵丹妙药"，你看看不久前的魏则西事件就知道了。

魏则西事件实在让人痛心。不过我对他的疗法有点疑惑。据说，魏则西最后在武警北京总队第二医院接受的是被称作 DC-CIK 的肿瘤生物免疫疗法。那么，这到底是一种什么样的疗法呢？

且听我慢慢分析。

肿瘤治疗方法的发展主要分为三大阶段：从以手术、化疗、放疗为代表的传统疗法，到以小分子靶向药和单克隆抗体为代表的靶向疗法，再到现在以调动机体免疫系统、增强抗肿瘤免疫力为目的的免疫治疗。肿瘤治疗在思路和技术方面都有了巨大的进步。

谈到免疫治疗，我们先来认识一下人体的免疫系统。免疫系统最重要的功能就是识别"自己"和"非己"，通过清除"非己"来维护人体的健康。而肿瘤细胞就属于"非己"的一种，能够被免疫系统识别和杀伤。

那么免疫系统是如何识别、杀伤肿瘤细胞的呢？

我来说明一下。

肿瘤抗原分为肿瘤特异性抗原和肿瘤相关抗原，这些抗原能够被抗原呈递细胞识别和呈递，然后使那些能够特异性杀伤这些细胞的 T 细胞被激活并经血液迁移至癌灶，识别和杀伤肿瘤细胞。

但是肿瘤细胞面对这些 T 细胞的砍杀怎会无动于衷？肿瘤细胞也有自己的一套免疫逃逸机制。在肿瘤免疫循环过程当中有许许多多的调控分子，肿瘤细胞通过增加抑制因子，使得患者的免疫系统不能对其进行有效的识别和杀伤。而免疫治疗可以通过调节信号激治整个免疫循环。这样一来就能够扼住肿瘤细胞的咽喉，使得患者自身的免疫系统能够发挥其本来的作用，并且不必像之前的放疗、化疗那样杀敌一千自损八百，也不必担心分子靶向药物无法识别自我修饰后的肿瘤。

在搜寻 DC-CIK 疗法的相关研究时发现，在生物医学文献检索数据库里，几乎所有关于 DC-CIK 的研究都来自于中国。如果该疗法效果佳，那么国内外都应该有文献报道才合理，但检索发现仅能搜寻到中国的研究文献。

但是这种疗法不应被全面否定。美国 FDA 于 2008 年 12 月，我国卫生部也于 2009 年 5 月，正式批准 DC 诱导的细胞免疫治疗运用于临床。2011 年的诺贝尔医学奖颁发给了 DC 以及 DC 诱导肿瘤免疫的发现者，所以不能说这种细胞治疗是"假"的，只能说这种疗法的副作用小，效果可能也不大。DC 细胞治疗肿瘤的研究几年前在美国风靡一时，但是现在美国在这方面的研究热度已经降低了。现在，美国在临床上并没有大量使用这种治疗。但是在 2011 年，细胞免疫疗法又出现了新的曙光。

2011 年，针对细胞毒性 T 淋巴细胞相关抗原 4（CTLA-4）的抗体 Ipilim-umab 被 FDA 批准治疗黑色素瘤，在此之后肿瘤免疫治疗正式成为又一治疗模式，而且新药层出不穷。2014 年 7 月，施贵宝公司的 Opdivo 率先在日本获批用于治疗晚期黑色素瘤，成为全球首个批准上市的 PD-1 抑制剂。随后同年 12 月 Opdivo 在美国上市；而美国默克公司的 Keytruda（pembroli-zumab）也于 2014 年 9 月以首个 PD-1 抑制剂身份成功进入美国市场，其被批准用于治疗无法手术切除或已经出现转移且对其他药物无应答的晚期黑色素瘤。由此看来，免疫疗法不是非常广谱的疗法，只针对某些晚期癌症有比较好的效果。

但是每个癌症病人对治疗的反应都存在个体差异，并且细胞免疫疗法是近年来的新兴研究，其疗效并不成熟稳定，所以患者在接受这类治疗的时候需要谨慎考虑。从前文的分析可以看出，这种疗法一般应用于那些对现有药物没有反应或者不能通过手术治疗的患者，所以这种疗法是患者最后的救命稻草，并且在目前如此的研究热潮下取得突破和进步是指日可待的，大家应对其抱有信心。

　　肿瘤的治疗一定是联合治疗，不可能完全依靠某一种方法就得到病情的改善或者是治愈。毕竟在肿瘤进展的后期，癌痛最是难以忍受。**所以患者如果希望得到较好的疗效，需要通过有经验的临床医生使用多种方法，制定合理的治疗方案来达到目标，不要盲目轻信所谓的"灵丹妙药"。**

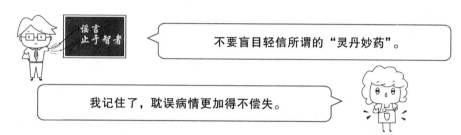

不要盲目轻信所谓的"灵丹妙药"。

我记住了，耽误病情更加得不偿失。

参考文献

[1]　曹雪涛，何维．医学免疫学 [M]．北京：人民卫生出版社，2015：331-348.

[2]　Combe P, Guillebon E D, Thibault C, et al. Trial Watch: Therapeutic Vaccines in Metastatic Renal Cell Carcinoma [J]．Oncoimmunology, 2015，4(5): e1001236.

[3]　王欣，张献全．晚期黑素瘤的抗 PD-1 抗体疗法治疗现状与进展 [J]．实用医药杂志，2015(11)：992-994.

[4]　Wolchok J D, Kluger H, Callaban M K, et al. Nivolumab plus Ipilimumab in Advanced Melanoma [J]．New England Journal of Medicine，2013，369(2): 122-133.

十男九"痔"，有痔早治

作者：杨文昊

我看到了一些文章和外面的小广告说"某某药治痔病，国际领先""某某药，根治痔病不复发"，感觉挺有效果，我们买些药回来备着吧。

妈妈，药不能乱用，病不能乱治。痔也是有很多学问的，我和您具体说说。

"痔"可以分为三种类型：内痔、外痔、混合痔。简单来说内痔很低调，它一般藏在肛门内部，一般不会让人感到疼痛。外痔则相反，它暴露在肛门外，如果发炎会让人感觉疼痛。

根据"痔"的程度不同会有不同的临床表现，最常见的为以下几种：

（1）早期内痔的常见症状：大便后出鲜血但是不疼痛。单纯内痔一般不痛，但在细菌感染时会有疼痛。

（2）严重的内痔和混合痔可以裸露于肛门外。

（3）"痔"脱出常伴有黏液分泌物流出，可引起局部瘙痒。

听起来挺可怕的，那是什么导致了"痔"的出现呢？

不健康的生活方式是很重要的原因。

长久地处于站、坐、蹲位或负重远行，使直肠的静脉血液回流受阻，从而导致"痔"的形成。除此之外：

（1）排便时间不固定、生活不规律易导致便秘，排便时间延长，便时过于用力，也会导致"痔"的发生。

（2）经常饮酒或者食用大量刺激性食物会使局部充血。

（3）肛周感染可引起肛周炎症，使静脉失去弹性而扩张。

以上是发现"痔"最常见的原因，如果有以上不良生活习惯，就要及时改正。

要是不小心得了痔，我们要怎么治疗呢？

"痔"是常见的肛肠科疾病，不是严重疾病，更不会恶变。所以要警惕骗子，不要被忽悠了。

痔的治疗原则有以下四点：

（1）无症状的"痔"无须治疗，如果"痔"不疼不痒，对生活没有影响，那就不需要治疗，不能见"痔"就治。

（2）有症状的"痔"无须根治，重点在于减轻或消除症状，比如减轻疼痛和减少出血。

（3）以保守治疗（用药物治疗而非手术治疗）为主，保守治疗失败才考虑手术。

（4）医生会根据痔的不同情况，选择不同的治疗方法。

所以对于轻症患者来说只要注意健康的生活方式即可，比如增加纤维食物的摄入，改变不良大便习惯，按时排便等，也可以通过热水坐浴来改善症状。

千万不要见"痔"就手术，同样也不用只认准"国外进口药物"。目前所有的痔疮药物都只能减轻患者的水肿症状或者缓解疼痛，不能根治。因为"痔"主要是由不良生活习惯造成的，就像感冒一样，如果你不注意保暖和休息，再好的药物也不能保证你不感冒。"痔"也是同样的道理，如果你不注意健康的生活方式，用再好的药物也不能根除你的"痔"。

"痔"不能轻易手术，因为"痔"的手术有很多术后并发症，如术后出血、术后水肿、术后疼痛，甚至可能出现尿潴留和肛门失禁等严重并发症！所以建议：**有"痔"千万要去正规医院治疗。**

听起来虽然是小病但还是挺麻烦的，那么"痔"可以被预防吗？

可以。其实"痔"是会复发的，所以学会预防很重要。

其实，"痔"即使治好了，如果没有健康的生活方式，很容易复发。"痔"多次复发会影响患者的生活质量，所以学会预防"痔"尤为重要。

预防"痔"的做法：

（1）注意饮食起居。生活要有规律，多进行体育锻炼，体育锻炼有益于血液循环，促进胃肠蠕动。

（2）预防便秘。便秘是诱发痔疮的原因之一，日常应多吃新鲜蔬菜、水果等富含纤维素和维生素的食物，少食辛辣、刺激性食物。

（3）养成定时排便的习惯，纠正久忍大便，防止蹲厕时间过长，从事久坐工作的人员要经常站起做一下运动，以利于肛门局部的血液循环，在排便时闭口静思、不谈笑。

（4）保持肛门周围的清洁，注意卫生，保持局部干燥。

（5）凡能引起腹内压增加的疾病，应及时治疗，如痢疾、腹泻、肝硬化等，及时治疗心、肺、肝等全身性疾病，以免引起腹压增加、痔静脉高压。

（6）及时用药，一旦有痔疮发作先兆，如轻度不适、疼痛、瘙痒、便血时，应及时用药，这样往往事半功倍。

总说十男九"痔"，看来这个病也是常见疾病。

是的，所以我们要保持良好的生活习惯，避免这类疾病的发生。

参考文献

[1] 陈长香，刘海娟，高红霞，等. 痔疮发病的危险因素研究及健康教育 [J]. 护士进修杂志，2002，17(5)：328-329.

[2] 孟玮. 痔疮的形成、治疗及预防 [J]. 中国现代药物应用，2011，5(7)：126-127.

[3] 吴继堂. 痔疮的发病原因及临床治疗探讨 [J]. 吉林医学，2010，31(27)：47-54.

[4] 郑方算，黄涛. 痔疮的药物治疗进展 [J]. 世界临床药物，2007，28(2)：107-110.

[5] 陈孝平，汪建平. 外科学 [M]. 北京：人民卫生出版社，2013：419-424.

"紧急传播！这些可能是救命招数"

作者：马逸豪

儿子，告诉你几招我从文章中看来的急救知识。如果碰到心脏病猝死、半身不遂、呼吸困难、抽羊角风的病人，只要用针扎他们的手指脚趾、鼻尖人中等部位，挤出"毒血"就可以成功救治。我给你看看这篇文章。

这是武侠小说里的招数，在现实生活中不适用，很容易延误病情。还是我来和你说说正确的急救方法吧。

院前急救并不神秘，它的原则就是稳定病人的病情，避免二次伤害，尽量减轻病人痛苦，让病人能等到救护人员来到现场或坚持到被送进医院。简而言之就是保证病人活着到医院。要保证病人活着，最重要的莫过于维持他的生命体征：呼吸、心跳、血压、体温，其中又以前两个最为重要。

用针扎各个部位挤出血，在紧急情况下，对于维持生命是没有作用的，请不要去尝试。

这篇文章中提到了四种常见的急症：心脏病猝死、半身不遂、羊角风（癫痫）、憋气（呼吸困难）。那么，这几种常见急症的正确急救方法是什么呢？

我们先来看看心脏病猝死的情况。

各种常见心脏病发作时有一些共同的症状，比如胸痛、胸闷、心悸、头晕等，有时还伴随呼吸困难等。另外，老人的胸痛症状可能不明显，牙痛、肩痛、上腹痛或者其他眉毛以下、腹部以上的部位疼痛都有可能提示心脏的问题，有的心脏病发作甚至没有什么感觉，因此老年人需要警惕这些症状。

遇到持续的、部位不太明确的胸痛，而且舌下含服硝酸甘油不缓解，一般来说需要先打120呼救，让病人安静休息，安抚其情绪。如果病人躺下有明显的呼吸困难，那么就应该让病人坐起来，双脚下垂，否则应该平躺或者半躺。如果是已有过心绞痛发作，在医院进行过治疗的病人，可以舌下含服硝酸甘油（皮肤湿冷的话不能服），其他药物不要自行服用，安静等待救护人员到场即可。

但是，万一病人出现猝死，也就是心搏骤停，那么处置的方法就完全不同。这是心脏病最危急的症状，如果几分钟内没有有效处置，极有可能致残、致死。但是如果及时地进行了有效的心肺复苏，挽救病人生命的可能性会大大提高。简而言之，万一心跳停止，时间就是生命。

识别心搏骤停最重要的标准有两条，一是病人没有反应，二是呼吸停止。但是，检查这些标准最多不应超过10秒。一般人的生命体征非常明显，如果10秒内不能确定这两条标准满不满足，就应先按照猝死病人处置方法处理。

识别心搏骤停的方法如下。

（1）病人没有反应：拍病人的肩膀，呼唤其名字，并在耳旁大声询问感觉怎么样。如果病人没有应答，即为没有反应。注意两侧耳朵都要问，防止一侧耳聋引起误会。另外，虽然心搏骤停的病人一般是昏迷的，但是也有病人出现剧烈抽搐等症状，因此没有反应并不代表安静不动。

（2）呼吸停止：解开病人的衣服，观察其胸部，如果10秒内没有起伏，即为呼吸停止。如果呼吸很微弱，而且不规则（比如几吸一呼，或者只呼不吸等）、缓慢、费力，呈打鼾状或者呻吟状，也可能不是有效的呼吸。

如果满足以上两条，或者在10秒内不能确定是不是满足，那么就可以认为病人心搏骤停，需要马上抢救。注意，如果出现心跳停止，应该就地抢救等待救护人员到达，而不是马上运送病人到医院。最简单的抢救分两步——呼叫急救和胸外按压（见图3-9）。

（1）呼叫急救：首先呼叫120，说明病人的位置和状况。

（2）胸外按压：在硬地面或硬床板上，向下按压病人的胸口中央，用力按、快速按。首先，把病人仰面平放在硬地面上。如果习惯使用右手，则自己跪在病人右边，把自己右手放在左手上，左手掌根放在病人胸骨的下半部（大约相当于男性两乳头连线中点处的位置），手臂伸直，用力垂直向下按。每次按压深度约5厘米，每分钟至少100次。一直坚持到救护人员到达为止。如果力竭，马上换人继续，不要中断。

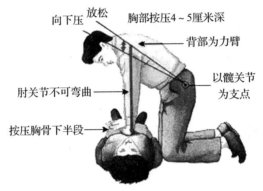

图 3-9　胸外按压示意图

这是最简易的急救方法，掌握后能起到很大的作用。如果想要了解完整版的徒手心肺复苏（胸外按压＋开放气道＋人工呼吸），可以按照美国心脏协会的网上教程学习，也可以参加附近医院、红十字会等组织的社区宣教。学会以后，也许就能在关键时刻挽救他人的生命！

中风在老年人中越来越常见了，这种病怎么急救呢？

症状比较轻的应立即送到医院。如果症状很严重，则不要随便搬动病人，应该拨打120，并让病人平躺休息，等待救护人员到来。

半身不遂最常见的原因是脑血管意外，也就是俗称的中风，包括脑梗和脑出血。中风早期会出现一些症状，比如面部或肢体麻木、看不清东西、不能讲话或听不懂别人说话、走路不稳、头痛头晕、呕吐等，严重的出现昏迷和发高烧、血压不稳定、身体抽搐、大小便失禁等。一般可用"中风识别三步法"来初步判断一个本来健康的人是不是得了中风。

中风识别三步法：

（1）对着镜子微笑，看看左右笑容是不是不对称了。

（2）将双手伸直平举，看看是不是有一只手往下掉。

（3）说话是不是不清楚？可以说一段本来会说的绕口令，或者快速算数、讲个故事等，如果说话跟平时相比不清楚了，也有可能是中风。

如果怀疑病人得了中风，症状比较轻的应该马上送到医院。如果症状很严重，则不要随便搬动病人，应该拨打120，让病人平躺休息，等待救护人员到来。如果病人出现呕吐，要防止病人窒息，方法是让病人头偏向一侧或者侧卧，防止呕吐物呛入气管即可。不要给病人吃任何东西或者喝水，因为当病人的大脑有疾病时，可能咽不下去而呛到肺里，引起不良后果。

要注意的是，千万不要私下服药！因为脑梗和脑出血的表现可能类似，但是在治疗上截然不同，甚至相反。有的家属会给病人吃安宫牛黄丸，这种药物对于脑梗的病人可能有一点用处，但是如果病人的大脑正在出血，那么吃完药以后血就很难止住了，这将直接导致病情加重。

因此，**保证病人安全到达医院即可，不要自己试图治疗。中风较少导致猝死，但如果出现了猝死的情况，按上文所述猝死病人的急救方法进行急救即可。**

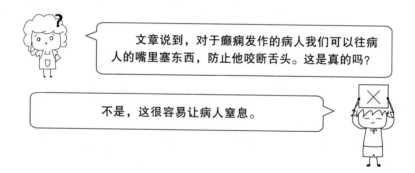

文章说到，对于癫痫发作的病人我们可以往病人的嘴里塞东西，防止他咬断舌头。这是真的吗？

不是，这很容易让病人窒息。

癫痫发作就是俗称的发羊吊、抽羊角风。典型的癫痫发作症状可能大家都比较熟悉，就是抽搐、口吐白沫、眼睛乱转、意识丧失。癫痫发作一般来说不太危险，发作时最危险的就是可能会被白沫呛到而喘不过气。

因此，在癫痫发作时，首先检查病人的呼吸和脉搏，如果停止则按猝死处理，拨打120并进行心肺复苏。如果呼吸、脉搏没有停止，应让病人侧卧在安全的地方，防止其摔伤或撞伤，如果病人无法侧卧，就将他的头偏向一侧。然后，取下病人身上的眼镜、钥匙等尖锐或容易破碎伤人的物品，解开病人的领口并取下领带等，清理其吐出的白沫，让病人更容易呼吸。在操作过程中尽量轻柔，不要过分用力按住病人，避免引起骨折等。最好能计算癫痫发作持续的时间。

但是，**在癫痫发作的过程中，不要往病人的嘴里塞东西**。有人可能认为塞个东西进去让病人咬着，可以防止他咬断舌头。其实，癫痫病人极少会咬到自己的舌头，**而塞入异物反而会让病人受伤，或者咬断异物呛入气管引起窒息等**。另外，不要使劲掐人中，这对终止发作没有帮助，反而容易造成其他伤害。

一般来说，不必急着将癫痫病人送去医院。但是，如果癫痫一次发作时间超过10分钟，或者连续频繁发作，就需要尽快送去医院。如果在发作过程中，病人出现呼吸困难或者受伤，也应该送院治疗。

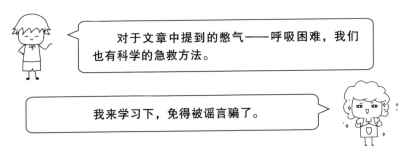

对于文章中提到的憋气——呼吸困难，我们也有科学的急救方法。

我来学习下，免得被谣言骗了。

当病人喘不过气的时候应该安抚病人的情绪，尽快送到医院或拨打120等待救护人员，如果呼吸停止了要按照猝死进行急救。如果病人是因为溺水而呼吸停止，那么要进行心肺复苏，而且最好调换操作的顺序，先清理气道、进行人工呼吸，再做胸外按压。另外，对几种常见的可能引起呼吸困难的原因，有一些救治的方法。

（1）气道异物。气道异物梗阻也就是有东西卡在气管里。病人的反应会很明显，会立即有显得惊慌、烦躁，睁大眼睛，掐住脖子试图咳嗽等表现。如果病人还可以发出声音，正在剧烈咳嗽，那么可以先鼓励其咳嗽，在必要时拨打120。当病人剧烈咳嗽时，可以轻抚他的背，但不要用力拍，也千万不要给他吃喝任何东西。如果病人已经无法发出声音，说明已经无法呼吸，那么就要马上使用海姆立克急救法进行抢救。

海姆立克急救法：如果病人正站着或者坐着，那么站在病人身后，一只手握拳，拇指放在肚脐上面一点；另一只手抓住握拳的手。然后，双手一起发力，快速向后、向上用力冲击腹部，把气管里的异物压出来。如果病人倒地，那么面对头部骑在他身上，双手叠放在腹部，用力向下向前冲击。重复到病人吐出异物，可以呼吸为止。

如果急救无效，病人失去意识，那么按猝死处理，马上拨打120并进行心肺复苏。

（2）支气管哮喘。如果病人已经被诊断为哮喘，那么他应该会把急救用的喷雾放在身上或者附近，请帮他找到并让他使用。如果病人是第一次发作哮喘，你可能难以帮他诊断，拨打120并帮助他坚持到救护人员到来即可。如果病人意识不清，那么让他躺下，并抬起他的下巴让他能较顺畅地呼吸。如果出现呼吸停止，应按猝死处理。

（3）严重过敏。如果病人全身起疹，面部、嘴唇、舌头肿胀，然后开始呼吸困难，可能还会心跳加速、出冷汗，那么很可能是严重过敏引起的。这时应注意，如果大医院比较远，而附近就有正规的诊所或者急诊室，应该马上送到比较近的诊所。因为严重过敏的病程进展可以很快，而最有效的治疗方法是尽快注射肾上腺素，只要是正规的诊所都一定会有肾上腺素。如果条件不够，需要进一步的治疗，则可以在注射肾上腺素后再联系120等转到大医院。

如果病人迅速出现呼吸心跳停止，那么应该拨打120，然后就地进行心肺复苏。

救人并不只是医生、护士的事情。当一些突发情况发生时，最佳的救治时机恰恰就在医生到来前的5分钟或者10分钟里。比如心肺复苏，其实并不复杂，一般人花不到半小时就可以学会。但是，如果心脏停搏的人得不到及时复苏，送到医院抢救时成功率可能就不足1%了。在急救比较普及的地区，抢救成功率可以达到15%、20%甚至更高。**学习正确的急救技巧，摒弃各种谣言中五花八门、神神秘秘的歪门邪道，是非常必要的。** 为了家人朋友的健康，不妨多学学这些正确的急救手法，平时也可以多参加医院举办的社区宣教活动。

再见啦，那些让人忧心的生活谣言

看来我真的是武侠电影看太多了，以为大侠们真的有那么牛。

电影、电视剧、小说看看就好。医疗知识还是要看专业人士的。

那我把这些急救知识学学，我也是大侠了。

参考文献

[1] 李春盛. 急诊医学 [M]. 北京：高等教育出版社，2011：94-95，121，213-215，236-237，436-437.

[2] 葛均波，徐永健. 内科学 [M]. 北京：人民卫生出版社，2011：239.

[3] Hauk L. AHA Updates Guidelines for CPR and Emergency Cardiovascular Care [J]. American Family Physician，2016，93(9)：791-797.

[4] 楼滨城. 过敏性休克的急救 [J]. 医药导报，2011(01)：1-4.

长在这些地方的痣透露了你身体的秘密？

作者：郑耀超

我最近看了一篇养生保健文章，说伦敦大学国王学院的科学家完成的最新分析结果显示，痣的数量与染色体末端的端粒体长度之间存在关联。端粒体越长，寿命越长。

这完全是无稽之谈。我刚刚在多个知名数据库中均未查到相关资料，这篇文章中也没有标注参考文献。所以我觉得吧，这个"研究"是杜撰出来的。我好好和你解释下痣。

痣有广义和狭义之分，广义上包括各种先天性、后天性黑素细胞痣、皮脂腺痣等。医学上的痣是狭义的，又称痣细胞痣、色素痣、黑素细胞痣或普通获得性黑色素细胞痣，不包括先天性黑色素细胞痣。痣是人类最常见的良性皮肤肿瘤，是表皮、真皮内黑素细胞增多引起的皮肤表现，一般不需要治疗。

目前，医学界对于每个人身上的痣存在差异的原因、痣的功能并没有明确的解释。痣一般是无害的，进展缓慢，部分痣在人体不断发育的过程中会逐渐蜕变。因此，**痣多痣少与长寿无关**。

据说痣越多的人患皮肤癌的概率越高，这是真的吗？

这种说法是错误的。

皮肤癌，也就是皮肤恶性肿瘤，有相对容易出血的特点，常见的是基底细胞癌和鳞状细胞癌，也包括恶性黑色素瘤。痣只有在恶变的情况下，才会变成恶性黑色素瘤。

在正常情况下，表皮深层的基底细胞之间有黑色素细胞，能产生黑色素，决定皮肤颜色的深浅。黑色素细胞的局部增多，就产生了痣。而且，黑色素颗粒能够吸收紫外线，使深层组织免受紫外线辐射的损害。这样看来，理论上反而应该是皮肤中的黑色素越多，得皮肤癌的概率越低，但这缺乏临床研究证据，现在仅能从流行病学上来进行考量。一般来说，白种人患皮肤癌的概率要比黄种人高，黄种人患皮肤癌的概率比黑种人高。总而言之，**痣多痣少与皮肤癌无关**。

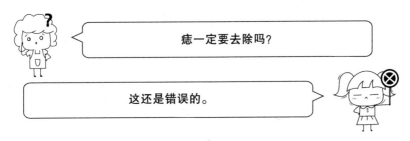

痣一定要去除吗？

这还是错误的。

痣一般不需要治疗。痣影响人类寿命的情况多存在于恶变为恶性黑色素瘤时，但这种情况多出现在不典型表现的痣中。虽然痣有恶变的风险，但一般来说，只要身上的痣不严重影响美观、没有恶变倾向，都不必去除。况且人体上的大多数痣是比较稳定的，痣发生恶变的概率很小。

在临床上，发生在掌跖、腰周、腋窝、腹股沟等易摩擦部位的交界痣、混合痣在出现以下情况时才考虑手术切除：①体积突然增大；②颜色变黑；③表面出现糜烂、溃疡、出血或肿胀；④疼痛或瘙痒；⑤周围出现小病灶。当然，是否决定手术首先要去咨询临床医生，这里仅仅是给出一些建议。

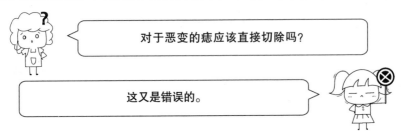

对于恶变的痣应该直接切除吗？

这又是错误的。

恶变的痣一般为恶性黑色素瘤，主要的处理方法是扩大切除和辅助治疗，这样才不会导致瘤细胞的转移和复生。但我们对于恶变的痣也不应该直接切除，既然是癌，不仅要清除干净病灶区域的所有癌细胞，还要进行辅助治疗以改善局部生理环境，才能防止癌症复发。

不仅如此，现在所谓"除痣"的方法无非是激光、冷冻等，其实这些方法对于真正的黑色素瘤来说，是非常危险的操作。因为黑色素瘤早期还在表皮层，未进入真皮层，这一类操作很有可能将黑色素瘤从早期变成中期，也就是将黑色素瘤带入真皮层，发生后续的转移。因此，**对于恶变的痣所带来的不适，应直接前往正规医院进行咨询诊疗，不可随随便便就用"偏方"进行处理**，不然小问题也会变成危及生命的大问题。

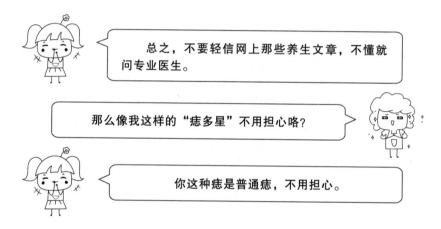

总之，不要轻信网上那些养生文章，不懂就问专业医生。

那么像我这样的"痣多星"不用担心咯？

你这种痣是普通痣，不用担心。

参考文献

[1] 邹仲之. 组织学与胚胎学 [M]. 北京：人民卫生出版社，2013：110-118.
[2] 李玉林. 病理学 [M]. 北京：人民卫生出版社，2013：80-114.

子宫肌瘤，谁割谁后悔吗

作者：马逸豪

妈妈，你在朋友圈转发的文章是谣言。

是吗？但是女生还是要好好保养子宫。上面说了，"子宫肌瘤千万不能割，割了之后后果严重，不但身体不能排毒，女性特征也会消失，胡子会长出来，个性也会男性化"。

这篇文章观点混乱、自相矛盾，说法也几乎不攻自破，你只要询问一个做了子宫肌瘤切除术（甚至子宫全切术）的女性就可以知道，她不可能会告诉你她术后就长了胡子。我具体和你分析一下。

首先，并不是所有的子宫肌瘤都需要手术治疗，无症状的子宫肌瘤不需特殊治疗。只有当子宫肌瘤较大（直径大于 5cm）且导致以下症状，而药物治疗效果也不好时，才需要考虑手术治疗：

（1）月经量很多，导致病人贫血。

（2）比较严重的腹痛，比如严重疼痛、反复发作的疼痛或者一直持续、不易忍受的慢性疼痛。

（3）肌瘤过大，导致子宫达到怀孕 3 个月的大小，或者压迫膀胱和肠道导致大小便不正常，压迫输尿管导致肾积水等。

（4）肌瘤导致不孕或者反复流产。

（5）怀疑肌瘤会恶化变成癌症等。

可以看到，这些情况都是比较严重的，这时手术的必要性已经很明显了。医生在安排手术之前，会分别考虑手术带来的好处和手术导致的并发症，并做一个比较，才能得出是否要手术治疗的结论。因此，**请患者有疑问多和医生交流，并听从医生的安排，这样才能早日祛除病魔，早日康复。**

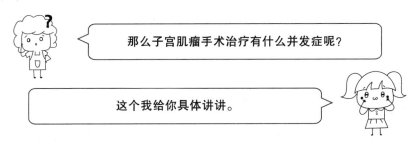

那么子宫肌瘤手术治疗有什么并发症呢？

这个我给你具体讲讲。

子宫肌瘤的手术方式有很多，大致可以分为两大类：一类是针对肌瘤的局部手术，包括直接切除肌瘤，或者使用射频高温等方法破坏肌瘤，这样可以保留生育功能，创伤也比较小，但子宫肌瘤有复发的可能；另一类是子宫全切术或者次全切术，也就是切除整个子宫或者子宫的大部分。主要的并发症和一般的手术差不多，也就是创伤、疤痕、出血和感染的风险，可以通过手术医生的细心操作和术后的精心护理来最大限度地避免。另外，全切除子宫或者栓塞子宫动脉也会对内分泌有一定程度的影响。

最后，子宫毕竟是女性重要的器官，如果切除子宫，对病人的心理也有相当大的影响。这些心理影响可以反映在身体上，比如病人可能出现性欲减退等问题，因此病人需要在身边人的支持下勇敢面对。

但是我听说，女性"排毒"靠子宫，子宫没了会排不了毒吗？

当然不对。如果"排毒"仅靠每月一次的月经，那女性岂不是很"毒"？

有一种说法说女人的子宫有"排毒"功能，肝解毒以后会通过月经排出，因此切掉了子宫以后就少了一个"排毒"的途径。实际上，这是无稽之谈。**不管男人还是女人，肝脏代谢产生的废物，绝大部分都是从胆囊或者肾脏排出的，**这是医学界公认的结论。

女性的特征之一就是拥有子宫，雌性激素也在这里产生。如果子宫动手术，那不是会女变男？

这说法也太逗了，当然不会。

其实就算是子宫全切术也不会让人从女性变成男性，因为维持女性性征最主要的器官是卵巢而不是子宫。由于子宫有一定的内分泌功能，而且切除子宫的过程，可能影响卵巢的血液供应，因此切除子宫会对内分泌产生一定程度的影响。处理这种情况也在医生的考虑范围之内，如果症状比较严重，会考虑使用激素替代治疗。而且，也有改良的手术方式可以保留更多的子宫组织，减轻这种副作用，在一定的情况下可以选用。因此，不能极端地认为，切除了子宫，人就会从女变成男；也不会出现切掉了子宫，病人马上就满脸长痤疮和胡子的情况。

结论：**子宫肌瘤是比较常见的妇科病，如果没有症状可以不做特殊治疗，但如果出现了需要手术的情况，请在医生的指导下配合治疗，才能最大限度地避免各种并发症，早日恢复健康。**

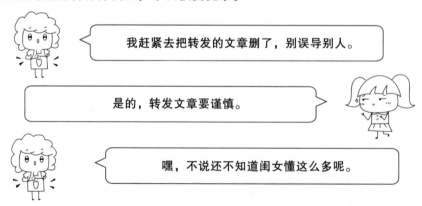

我赶紧去把转发的文章删了，别误导别人。

是的，转发文章要谨慎。

嘿，不说还不知道闺女懂这么多呢。

参考文献

[1] 谢幸，苟文丽. 妇产科学 [M]. 北京：人民卫生出版社，2013：312-313.

[2] 丁树习，孙红. 子宫切除术后并发症的探讨 [J]. 中国实用医药，2011，6(13)：140-142.

[3] 石一复. 子宫肌瘤治疗原则 [J]. 实用妇产科杂志，2007，23(12)：710-711.

指甲上有横纹的人要当心吗

作者：缪丝羽

小遥让我看看你的指甲。刚看了一篇文章，上面说小心指甲上出现的竖纹，这可能是体内器官病变的预兆！我给你检查下。

怎么感觉像是唬人的，我还是看下专家是怎么说的吧。

......

美国梅奥诊所的劳伦斯·E.吉布森（Lawrence E. Gibson）教授对指甲竖纹现象进行了解答。他提到由指甲根部向尖部蔓延的指甲竖纹是很常见的现象，通常随着年龄增大而更加明显，无须担心。那么，竖纹是怎么产生的呢？我们从解剖上讲讲原理。

指甲由甲板、其下方的甲床以及周围的甲沟组成（见图3-10）。甲床是甲板下的皮肤组织，类似于身体其他部位的皮肤结构。甲床也由表皮和真皮组成，表皮和真皮通过基质嵴（一个类似于纵行沟壑的组织结构）相连接。

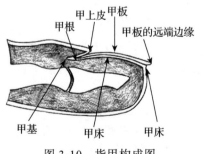

图 3-10　指甲构成图

当年龄变大或其他因素造成甲板变薄时，这些深层的基质嵴便表现出来，构成了指甲表面凹凸不平、肉眼可见的竖纹。而且伊格里·阿波利纳尔（Eglee Apolinar）教授在其研究文章中提到，甲床中真皮和表皮之间存在的纵行沟与每个人具有的指纹一样，都具有特异性。他们的研究表明通过偏振光对纵行沟进行的检测还可以用于身份鉴定。

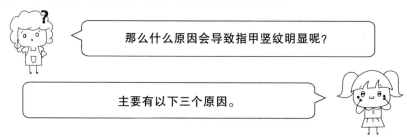

那么什么原因会导致指甲竖纹明显呢？

主要有以下三个原因。

（1）最主要是由于年龄增大造成的甲板中油和水分的丧失。

（2）有可能长期接触一些化学物质造成指甲变干，如经常洗碗、洗衣服等。

（3）近期的营养状况不佳或者营养吸收障碍，蛋白质、铁、钙或者维生素 A、维生素 B 的缺乏，也有可能导致指甲竖纹明显。

我想拥有漂亮光滑的指甲。快和我说说，怎么预防指甲出现竖纹呢？

虽然年龄老化造成的指甲竖纹我们没有办法避免，但在日常生活中，多关注一些小细节，还是可以有效减少由其他原因造成的竖纹的产生的。

（1）更健康的饮食：多喝水，多吃蔬菜和水果，多吃一些富含 ω-3 多不饱和脂肪酸的食物，如鱼和坚果类。

（2）注意保护指甲：在进行家务活动时尽量戴手套，保持指甲的清洁，及时清理指甲缝中的污物。同时可以用一些护手霜或者荷荷巴油对指甲进行保湿，以防止指甲水分的大量丢失。

明白了，我就说嘛，怎么可能小小的指甲就可以反映身体问题呢？

也不是，指甲确实能在一定程度上反映身体状况。指甲横纹就是我们要警惕的。

不同于上文提到的竖纹，**当指甲出现横纹时，机体通常进入了一些病理状态，此时应该及时到医院咨询相关医生。**

生活中常见的有以下几种指甲横纹：

（1）博氏线，即指甲表面出现的深、黑的横沟。这预示着一些代谢障碍、营养不良导致的蛋白质生成障碍。

（2）横白带（Muehrcke 线），即指甲色素生成障碍，表现为指甲表面白色的横纹。这可能预示着肝肾疾病。

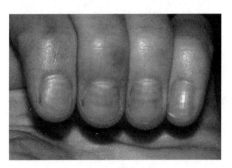

横白带

（3）米氏线，表现为指甲表面白色的横纹。通常见于铅、砷等中毒。

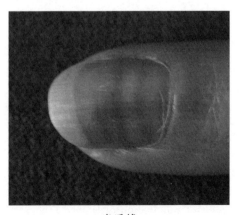

米氏线

（4）泰瑞氏甲，表现为毛玻璃样的甲板。常见于糖尿病、HIV、肝肾疾病患者。

泰瑞氏甲

看到这里，大家应该知道了当指甲上有竖纹产生时不必慌张，而出现横纹时就该注意了。此时最应该做的是咨询正规医院的医生，而不是迷信一些神奇的偏方。

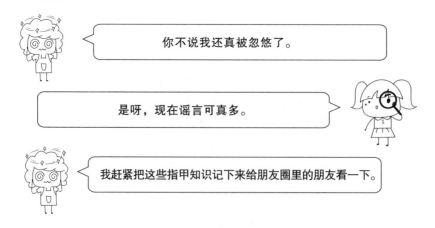

参考文献

[1] Apolinar E, Rowe W F. Examination of Human Fingernail Ridges by Means of Polarized Light [J]. Journal of Forensic Sciences，1980，25(1)：154-61.

[2] Terry R. White Nails in Hepatic Cirrhosis [J]. Lancet，1954，266(6815)：757-759.

[3] Kunin R A. Chronic Arsenic Poisoning [J]. Toxicology Letters，2002，128(1-3)：69-72.

3分钟弄懂关于腰椎间盘突出的4个真相

作者：郑耀超

妈妈，你在做什么运动？

我在治疗腰椎间盘突出。最近我腰酸背痛，我怀疑自己得了腰椎间盘突出。刚好看了一篇文章，说是就靠这一个动作，10天就能治好腰椎间盘突出、椎管狭窄、颈椎病。

我听着怎么很像谣言。那我首先来说说腰椎间盘突出的症状，看看你是否真的是腰椎间盘突出。

关于腰椎间盘突出，很多人并不陌生。腰椎间盘的结构分为两个部分：围成一圈的纤维环和位于中心的髓核。常说的突出就是指纤维环破裂，引起位于中心处的髓核突出，压迫到在椎体后面走行的神经根，进而导致疼痛、肌肉无力、感觉障碍等问题。

腰椎间盘突出通常会有以下症状：

（1）疼痛。下腰痛、臀部痛、下肢放射痛都可能存在于腰椎间盘突出症中。这种痛和腰肌的疼痛不一样，肌肉的痛一般是一种酸胀的痛，伴有肌肉紧张和痉挛；腰椎间盘突出症由于影响到了神经根，因此产生的是神经痛，也就是针刺样、电击样的疼痛，同时还是放射痛，由腰部沿着大腿、小腿放射。疼痛依压迫情况而定，有些患者的疼痛可能范围不大，但有些就很明显。

（2）下肢感觉、运动障碍。表现为患者双下肢的麻木刺痛，同时肌力会下降，患者可能抬不起脚，也可能抬不起小腿。

（3）活动受限。大部分患者都有这类症状，尤其是弯腰这个动作可能会引起疼痛加重，甚至根本就不能弯腰。

我倒是没那么严重，就是腰酸、腿无力。看到这篇文章说，四肢着地，双膝跪在地上，每天坚持爬行30分钟。有人爬行治疗3个月时，腰痛明显减轻，爬行治疗6个月，腰能直起来了，爬行治疗1年，腰椎间盘突出症就好了。所以我想试试。

这是错误的，原因有三点。

（1）腰椎间盘突出症是由腰椎间盘的突出引起的，而在爬行过程中，腰部长期前屈，将进一步将髓核"挤"到后面去，可能导致原先症状的加重。对于腰椎间盘突出症，在生活中尤其要避免长期的弯腰，应该多做伸展的活动。

（2）"四肢着地，双膝跪在地上"本来是一种正确的保健姿势，但不应爬行运动。也就是说，如果要想锻炼腰背肌，减轻腰椎间盘突出症的症状，我们提倡做这个姿势（猫式伸展）并维持几秒钟，而不是爬行。因为在爬行过程中，我们需要强大的力量去控制骨盆和脊柱才能保证动作的正确，一般人往往很难做到这一点，所以不建议爬行。

（3）谣言中明显将椎管狭窄和腰椎间盘突出症以及其他腰椎的疾病混淆了。并且退一步讲，爬行的所谓"健身"功效没有任何依据可以证明，也没有任何实验或者病例证明爬行能改善血液循环，促进呼吸运动等。如果将"爬行"视为一项有氧运动，那为何不选择其他更好的运动方式呢？

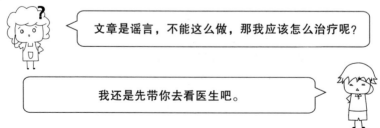

首先，如果人体出现前面提到的症状，应立即去当地医院康复科或者骨科就诊，医生或者治疗师在进行查体阅片后才能做出准确的诊断。切记不

可在无专业人士指导的情况下胡乱做些不恰当的推拿或者体操，以免进一步加重病情。

另外，若是腰椎间盘突出了，我们能做到的只是防止进一步的突出和减少疼痛等，无法做到完全恢复成突出前的样子。只要我们能够控制住腰椎间盘的突出，使它不影响我们的日常生活，这就足够了。

尽管如此，我们仍有很多措施可以去控制与治疗腰椎间盘突出。一旦诊断出腰椎间盘突出症，部分严重的可以进行手术治疗，而大多数患者采取的是保守治疗，包括康复治疗中的推拿手法、物理因子疗法（理疗）和牵引疗法。同时日常还可佩戴腰围，对姿势进行矫正。

除了遵循医嘱好好疗养以外，个人在日常生活中的努力和维护也是不可或缺的。 下面有几招个人维护的方法。

（1）做适合腰椎间盘突出症的运动：如单杠和游泳。

（2）在生活中避免做以下动作：

　　①长期弯腰，比如打麻将、伏案写作。

　　②背负重物，比如扛米、抱小孩。

　　③久坐不活动。

（3）日常常做以下 3 个动作：

　　①俯卧位，用手轻轻托起上身，骨盆紧贴床面，腰部放松。

　　②站立位，双手放在腰部，尽量向后面伸腰。

　　③飞燕式。

如果身体出现不适，记得要遵循医嘱，不要被"江湖偏方"耽搁了最佳的治疗时机，导致病情的加重。

原来一个小小的疾病还有这么多知识。

是啊，所以我们要多了解正确的知识，不要被"江湖偏方"骗了。

对的。这还是你阿姨转发给我的文章，我现在就去告诉她真相。话说你是不是玩太久电脑啦，不能玩了，要避免久坐。

参考文献

[1] Kisner C, Colby L A. Therapeutic Exercise: Foundations and Techniques [M].
     Philadelphia: F. A. Davis Company，2012：531-591.

[2] 王之虹. 推拿学 [M]. 北京：中国中医药出版社，2012. 107-108.

这样用马桶小心得病

作者：张朴尧

妈妈，这么着急，怎么了？

我赶紧买些一次性垫子等下个星期出差住酒店用！刚刚看到一篇文章说一家六口人住了一次高级酒店，因为使用了被之前的客人污染的毛巾、马桶、浴缸，结果全家都得了尖锐湿疣。实在不敢用了。

这么恐怖，我还是和你一起好好研究下这篇文章吧。首先，我们要了解下，什么是尖锐湿疣。

尖锐湿疣是一种性传播疾病，其病原体是 HPV 病毒，即人乳头瘤病毒。该病毒极大地危害着人类的健康，它是一种球形 DNA 病毒，能引起人体皮肤黏膜的鳞状上皮增殖。它的分型有 77 种，其中与生殖器黏膜感染有关的有 30 余种。

因此 HPV 可导致的疾病可不仅仅有尖锐湿疣一种，前段时间终于在我国过审的宫颈癌疫苗就是针对 HPV 的。除了尖锐湿疣、宫颈癌以外，还有肛周癌、外阴癌、阴茎癌、口腔癌等多种皮肤黏膜的癌症都与 HPV 有着密不可分的关系。总的来说，这是一种危害广泛并且顽固的病毒。

在病发初始阶段，尖锐湿疣疾病的主要症状体现为，在病原体感染的部位长出浅红色或者棕红色的颗粒状斑点湿疹。最初患者并没有较为明显的痛痒感觉，但随着病原体致病病毒的快速复制繁殖，尖锐湿疣病变疣体渐渐长大，并且增多，向周围扩散。病变表层呈白斑状，伴有脓液等污秽物质。这些病变细胞代谢的分泌物会散发腥臊腐臭的难闻气味，并且此时患者会有明显的瘙痒感。如果抓挠还会导致细菌感染甚至化脓，并导致病变感染面积进一步扩大。而且尖锐湿疣极其容易复发，难以根治，并且有转变为癌症的风险，给患者带来的痛苦是不言而喻的。

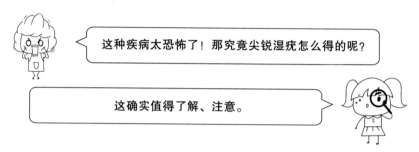

这种疾病太恐怖了！那究竟尖锐湿疣怎么得的呢？

这确实值得了解、注意。

既然被叫作性传播疾病，那么性传播必然是其最主要的传播途径。多项流行病学调查显示，在HPV感染的人群中，有不洁性生活史的人群占了很大的比例。当然这些调查都或多或少地存在着瞒报的情况，真实数据或许更为庞大。总的来说，**尖锐湿疣的发病和其他疾病一样，也是多因素共同作用的结果，例如个人的免疫因素等，因此不是所有接触HPV的人都会得病。**还有一些得到流行病学肯定的因素，比如年龄、性别、吸烟、饮酒、避孕措施、婚姻妊娠状况、患其他性病、文化程度、结婚年限、产次等。

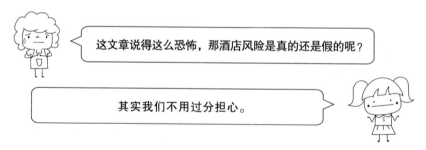

这文章说得这么恐怖，那酒店风险是真的还是假的呢？

其实我们不用过分担心。

HPV作为一种以性传播为主要传播方式的病毒，虽然一旦在人体内肆虐便难以清除，但离开人体后很快就会死亡，故只有"亲密接触"才能够传染成功。到目前为止尚没有适合乳头状瘤病毒培养增殖的体系，HPV的分型尚不能按对病毒通常使用的病毒分离法或免疫血清法进行。因此，在体外也就是床单、毛巾、马桶圈等环境中，HPV要保持活性并不是一件容易的事情，传染更是困难。前面也提到，免疫因素很关键，但一家六口都免疫功能低下，似乎不那么可信，一家六口人都得病，这个概率应该相当低吧。

那我们住酒店是不是就可以完全放心了呢？酒店的床单、毛巾、马桶圈是否真的没有风险呢？

虽然 HPV 离开人体后会很快死亡，但也不是说警报解除了。

性传播疾病这一大类疾病中有通过寄生虫传染的比如滴虫病，还有通过细菌传染的比如由淋病奈瑟菌引起的淋病等，是有可能通过上述物品传播的。如果卫生条件差、蚊虫多，如存在蟑螂、苍蝇等小动物，那传播的可就不仅仅是性传播疾病了，这些小动物可是携带了很多病菌的。

符合该卫生标准的旅店是不用太过担心被传染上什么疾病的。但是有些低价的旅店并不能达到这个标准，所以出门首先要选择卫生条件合格的正规酒店，而且尽量使用淋浴、自带的毛巾、自带的睡衣或者自备的床单等。

小结

说了这么多，谣言被粉碎了。但是，该有的卫生防护措施还是要有的，因为卫生条件不达标的酒店也不是没有。但总体说来，**预防性传播疾病的最好方法就是洁身自好，其他的都是小概率事件**。对关于酒店的这类传言，不必那么恐慌，但是有些防备总是不会错的。

所以你不用过分担心，做好基本的防护就好。

那我还是得去买些毛巾什么的，很多酒店的东西是不干净的。

参考文献

[1] 郭成秀，沈霞．HPV 的生物学特性与子宫颈病变的关系 [J]．天津医药，1999，27(9)：574-576.

[2] 朱伟，曹萍．尖锐湿疣的研究进展 [J]．皮肤病与性病，2014(6)：327-329.

[3] 刘伟．尖锐湿疣性病感染的回顾性分析 [J]．中国中医药现代远程教育，2014(9)：106-107.

[4] 熊曙宁，陈美兰．3568 例生殖器尖锐湿疣患者的感染途径分析 [J]．中国社会医学，1995(5)：40-41.

打疫苗打出自闭症？不看不知道

作者：张朴尧

孙博士，最近我看了一篇文章，上面说接种疫苗会导致儿童得自闭症，这是真的吗？我还要让小孩去打疫苗吗？

不用太过担心疫苗的问题。你说的这个是一个很老的谣言了。让我来给你讲一个故事，1998年一位英国医生在著名的医学期刊上发表了一篇文章，认为儿童自闭症与麻疹疫苗的接种有关。在这篇文章的影响下，有许多家长拒绝为孩子接种麻疹疫苗。十几年后，正是这批孩子遭受到了麻疹病魔的侵害。你看还要打疫苗吗？

这么可怕！孙博士，我还是得经常向您请教才不会被骗。我还想问疫苗之罪是从何而来的？

让我来讲解下为什么说疫苗有问题。

疫苗能够与自闭症联系在一起，是因为疫苗中使用的防腐剂硫柳汞。汞是一种有毒的重金属，如果游离汞进入体内，就会在体内生成甲基汞并且不断地蓄积。急性中毒会引起全身症状，包括呼吸道、消化道症状以及中毒性肾病、皮炎等，而慢性中毒会导致以神经系统损害为主的一系列表现，包括头晕头痛、情绪性格改变以及震颤等。

疫苗中使用的防腐剂硫柳汞在体内可代谢成乙基汞，因甲基汞毒性如此之大，让人联想到另一有机物乙基汞也有此毒性，在逻辑上似乎也很有道理。虽然只有一字之差，但甲基汞和乙基汞并没有那么相似。

既然硫柳汞嫌疑重大，那么为什么要在疫苗中加入硫柳汞呢？

这自然有它的用处。

疫苗作为一种注射到体内的生物制剂，防止其被细菌污染是保证其安全性的要求之一。硫柳汞又名乙基汞硫代水杨酸钠，是一种含汞有机化合物，作为一种广谱的抑菌剂，对革兰阳性菌、革兰阴性菌及真菌均有较强的抑制能力。其作用机制为汞离子与菌体中酶蛋白的巯基结合，从而使酶失去活性。并且，硫柳汞对疫苗中的抗原还具有稳定作用，这是别的防腐剂所不具有的一项功效。

硫柳汞的代谢产物为乙基汞和硫代水杨酸盐。目前已有足够的证据表明，甲基汞和乙基汞在代谢、毒理学模式的关键步骤上完全不同，它们在机体内存在着截然不同的代谢途径。两者虽然都是在肝脏代谢，但是甲基汞被再吸收后将继续在体内循环，而乙基汞直接随大便排泄到体外以避免在人体内的蓄积。一般而言，疫苗内汞的含量为 0.003%～0.01%，如此低的浓度，并不能引起汞中毒及其相应症状。

对于硫柳汞安全性的研究，结果众说纷纭。但综合来说，硫柳汞作为正常儿童、非妊娠成人用疫苗的防腐剂是安全的，对胎儿、早产儿和低体重新生儿具有不能完全确定的危险性。

那么到底什么会引起自闭症呢？

其实自闭症的病因尚未明确，比较复杂。

自闭症是一种常见的由神经系统发育失调导致的广泛性发育障碍，是复杂的遗传性多基因神经精神紊乱疾病。自闭症影响人际沟通和社会交往技能的发展，以社交障碍（如不与别人对视）、语言障碍（如学习说话较同年龄正常儿童明显缓慢）、刻板行为（如爱重复同样的动作）等为主要表现，可伴有其他多种临床症状，如智力障碍、癫痫或多动等，常在 3 岁前发病。

对于自闭症的病因有大量探索，研究显示，自闭症有遗传基因方面的原因，也受到母亲方面孕史等的影响，比如抑郁、高龄等，还有可能与环境中铅汞等重金属污染有关系。虽有学者通过回顾性的研究否认了硫柳汞**与自闭症之间存在相关性这一观点，但综合来说，自闭症的病因尚未明确，也没有明确的相关数据或者对机制的研究显示自闭症与疫苗中的汞有必然的联系**。因此，我们不能武断地将自闭症归咎于疫苗。

那为什么我们要打疫苗呢？疫苗到底有什么用？

疫苗是帮助人类预防疾病的大功臣。

疫苗的原理很简单，就是将病原体减毒或者灭活后的成分注射到体内，利用机体自身的免疫系统产生针对该病原体的抗体，从而抵御该病原体的侵入。但是疫苗的安全性一直备受人们关注，山东疫苗事件更是再次将人们的视线聚焦到了这个问题上。不过为了预防疾病，疫苗还是要打的。

自人类发明疫苗以来，许多能够造成严重危害的疾病得到了有效控制甚至是消灭，比如天花、麻疹、脊髓灰质炎、百日咳、破伤风等。对于每一个来到这个世界上的婴儿来说，任何病原体都可能对他们造成威胁，因为他们的机体还没有来得及建立坚固的免疫防御屏障，而疫苗正是帮助他们建立这一屏障的好帮手。

总之，所谓的疫苗导致自闭症这一说法并不靠谱，将硫柳汞和自闭症扯上关系的理由实在是牵强。除非有什么禁忌证，比如长时间使用免疫抑制剂或者有免疫缺陷疾病等，否则按时按规定注射疫苗是预防传染病的不二选择。

所以在身体允许的情况下，要打的疫苗还是应该打。

那就好，毕竟关系到孩子的身体，还是谨慎点好。

参考文献

[1] Pichichero M. E, Cernichiari E, Lopreiato J, et al. Mercury Concentrations and Metabolism in Infants Receiving Vaccines Containing Thiomersal: a Descriptive Study [J]. Lancet, 2002, 360(9347)：1737-1741.

[2] 陈梦佳，谭建新. 疫苗中的硫柳汞与自闭症研究进展 [J]. 中国热带医学，2009，9(7)：1365-1366.

[3] 秦燕燕，蹇斌. 环境中铅，汞离子污染对自闭症儿童的影响研究 [J]. 环境科学与管理，2014，39(11)：68-70.

[4] Shimizu K, Kikuchi S, Kobayashi T, et al. Persistent Complex Bereavement Disorder：Clinical Utility and Classification of the Category Proposed for Diagnostic and Statistical Manual of Mental Disorders [J]. Psychogeriatrics，2017，17(1)：17-24.

[5] 何鹏. 硫柳汞防腐剂在人用疫苗中的应用 [J]. 中国生物制品学杂志，2013，26(1)：135-138.

[6] 王美钧，柴红燕，桂菲，等. 自闭症病因及候选基因研究进展 [J]. 中华实用诊断与治疗杂志，2014，28(8)：731-733.

[7] Fombonne E, Zakarian R, Bennett A, et al. Pervasive Developmental Disorders in Montreal, Quebec, Canada: Prevalence and Links With Immunizations [J]. Pediatrics，2006，118(1)：139-150.

激素治脸？小心上瘾哦

作者：刘瑶

女儿，你赶快查查你这几款护肤品有没有激素。我看了一篇文章，报道一个女孩暑假去一家美容院治痘痘脸。据美容院说他们有一个祖传美容秘方，美容效果特别好。一开始效果确实好，痘痘都治好了。后来想着治好了就没再去，没想到过几天脸上出现了发红、干燥、脱皮现象。一查，发现是得了依赖性皮炎，上面的秘方就是激素。太恐怖了，现在很多东西都加了激素，太不好了。

激素是维持机体正常运转的重要物质，我们不能全盘否定它。我来和你说说激素吧。

说到激素，这可是一个庞大的家族，它们产生的部位各不相同（各种内分泌腺），作用各异，往往通过血液运送到身体其他部位发挥效应，极微量的激素（毫微克即"十亿分之一克"水平）就可以产生明显的调节作用。

那么专家所说的经常被加入到这些功效型化妆品中的激素都有哪些呢？它们究竟会导致什么样的后果呢？

通过查阅相关文献，我发现糖皮质激素是被提及最多的可能会被非法添加到化妆品中的激素。

糖皮质激素被喻为激素界的万金油。因为糖皮质激素的作用实在太广泛，例如抗炎、免疫抑制、抗毒、抗休克、提高中枢兴奋性、调节人体三大物质（糖、脂肪、蛋白质）的代谢、调节水电解质平衡等，所以在很多医疗手段中都看得到它的身影，比如急诊室在急救时会用到它，许多药物，例如醋酸地塞米松（皮炎平）、氢化可的松、泼尼松等结尾是"松"或者"龙"的药物，一般来讲都是糖皮质激素类药物。

可是文章中说这个女生就是因为这个激素得了依赖性皮炎，那我们平时还可以多用些糖皮质激素来护肤吗？

激素再好也不要"贪杯"哦。

由于糖皮质激素具有免疫抑制和抗炎作用，能够迅速缓解炎症早期的红、肿、热、痛症状，于是有些商家便打起了糖皮质激素的主意。比如被大家称为青春痘的痤疮就是一种慢性炎症性皮肤病，会在面部形成非常影响形象的粉刺、丘疹、脓疱，让许多青少年苦恼不已。于是糖皮质激素由于具有立竿见影的抗炎功效，往往被不法商家添加到一些没有安全许可的祛痘产品当中，甚至还被不知情的顾客称赞其见效快，并大量、反复购买使用。但是青春痘的产生不只是"面子上的问题"，根据症状的严重程度不同，治疗手段也有分级，不是随便涂涂抹抹这些护肤产品就能解决问题的。

由于消费者并不能合理地掌握其用量，因此长期使用糖皮质激素，很容易导致剂量过大、时间过长。

那么这样会对我们的身体造成什么样的危害呢？

不仅有危害，而且会让皮肤上瘾。

首先，糖皮质激素可以抑制皮肤表面角质的形成，导致皮肤变得更加脆弱、敏感，所以消费者刚开始使用会觉得皮肤变得细嫩平滑，但是后来却变得容易紧绷、瘙痒甚至刺痛，那些丘疹纷纷卷土重来，严重的甚至会导致皮肤萎缩、色素沉着（长斑）。

其次，长期使用糖皮质激素的人会对其产生依赖性，也就是说，人们用过这些产品后觉得症状消除了，于是便停用，可是刚一停用，痘痘便复发甚至比之前更加严重，再次使用该产品后，症状又立即消除。这时消费者就要小心了，很有可能你对糖皮质激素已经产生了依赖性，导致出现了激素依赖性皮炎。更有严重者产生了全身副作用：库欣（cushing）综合征，其临床表现如图 3-11 所示。

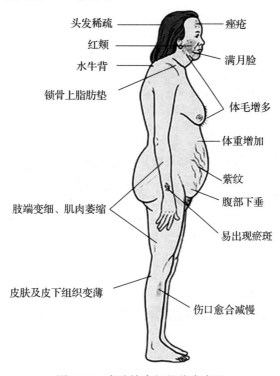

图 3-11　库欣综合征的临床表现

资料来源：www.365heart.com/show/114738.shtml.

那么要是已经产生这种依赖该怎么办？

还是有方法治疗的。

对于糖皮质激素依赖性皮炎的正确处理办法有两种：一种是逐步减少激素的用量，防止突然停用之后的反跳症状，让皮肤逐渐摆脱对激素的依赖，最终完全停用该产品。另一种是替代疗法，也就是用弱效的激素来取代强效的糖皮质激素，让受到损伤的角质层逐渐恢复它的屏障作用。

其实归根到底一句话：心急吃不了热豆腐，好的皮肤是由内而外养成的。平时多注意运动、多吃水果蔬菜、保持健康的作息才是最好的养颜方式。如果真的得了痤疮，也不要图一时之快滥用激素，**请在医生的指导下合理使用药物。最后建议大家在买化妆品时不要图便宜或者某种功效而购买无安全许可的劣质化妆品，请到正规商场的专柜咨询。**

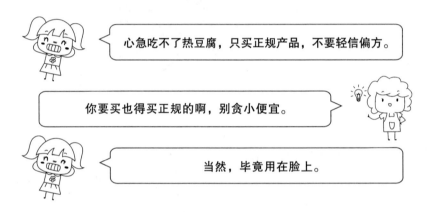

参考文献

[1] 张堂德，邓俐，王瑞华．外用糖皮质激素的副作用及防治 [J]．皮肤性病诊疗学杂志，2012，19(4)：263-266．

[2] Hengge U R, Ruzicka T, Schwartz R A, et al. Adverse Effects of Topical glucocorticosteroids [J]. Journal of the American Academy of Dermatology，2006，54(1)：1-15.

[3] 马强，王超，王星，等．超高效液相色谱法同时测定化妆品中的 15 种激素 [J]．色谱，2007，25(4)：541-545．

[4] 耿菊敏，孙灿，董海燕，等．我国化妆品的安全性现况分析 [J]．环境与健康杂志，2008，25(4)：373-375．

今天滥用抗生素，未来或"无药可救"

作者：杜赟

孙博士，最近我生病了，医院给我开了抗生素。但我又从网上看了一篇文章，里面提到一位央视著名主持人说抗生素是在摧毁我们的免疫系统，如果不控制，不只是用的人危险，全人类都一样危险！那我还要吃吗？

吃药按医嘱就好。不过我还是给你解释一下抗生素能不能继续使用吧。

大多数细菌都有自己的弱点，抗生素正是一种细菌产生的针对其他细菌弱点的秘密武器。这原本是这些单细胞生物进行自我保护的一种竞争机制，却被人类发现并利用——在此后的若干年里，各种不同机制的抗生素不断被发现，人类在对抗细菌的战役中的节节胜利，使人们产生了抗生素无所不能的错觉。

但是抗生素滥用在杀灭大量较为脆弱的细菌的同时，也筛选出了一批强大的"超级细菌"。此外，由于抗生素缺乏精准的靶向性，在杀灭病菌的同时，也杀灭了大量人体中存在的正常菌群，导致菌群失调，引起诸如腹泻等人体免疫力下降的症状。

你知道吗？目前抗生素滥用的情况很严重。

滥用抗生素，主要是指违反抗生素的使用原则，无指征、无目标、超剂量、超疗程、追求高档、喜好多联地使用抗生素。抗生素滥用是一个世界性难题，而我国已成为世界上滥用抗生素最严重的国家之一。

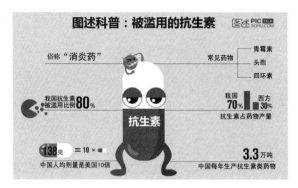

资料来源：news.sohu.com/20140508/n399276291.shtml.

那么抗生素滥用会有什么样的后果呢？

抗生素滥用严重地威胁了人类的生命健康！

第一，产生细菌耐药性。由于抗生素的滥用，在环境压力的影响下，人体内个别具有耐药性的超级细菌得以崭露锋芒，逐渐成为致病菌的主力军，从而导致药物疗效减弱，甚至失效。同时，超级细菌还可以继续通过原有的感染途径（如空气、接触等）在人群中传播，感染者同样对一定杀菌机制的抗生素耐药。因此，抗生素滥用不仅影响到使用者，还将全体人类置于无药可医的危险之中。

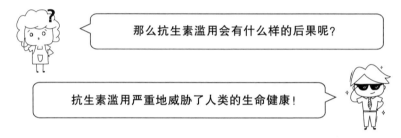

资料来源：news.sohu.com/20140508/n399276291.shtml.

2011年4月7日世界卫生日的主题是"抗生素耐药性：今天不采取行动，明天就无药可用"。这绝非危言耸听！具有耐药性的超级细菌每年在全球造成约70万人死亡，而在20世纪80年代之后尚未发现一类通过新的抗菌机制产生作用的抗生素。根据兰德公司和毕马威（KPMG）的推算，预计到2050年超级细菌导致的死亡人数将增加至每年1000万人，相当于每3秒就有1人死亡。

第二，产生不良反应。滥用抗生素不仅会导致人体菌群失调，还会对人体的肾脏、肝脏、造血系统、神经系统、胃肠道系统等造成损害，如链霉素对耳前庭的损害表现为耳鸣、头痛、恶心、呕吐等，此种损害对于年老体弱者、小儿尤为严重。此外，我国的药物不良反应至少有1/3与抗生素有关。

第三，延误病情，浪费资源。滥用抗生素不仅使得诊断变得困难，继而使患者错过最佳治疗期，还浪费资源，加重患者和社会的负担。

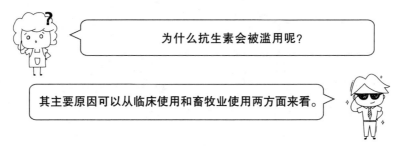

为什么抗生素会被滥用呢？

其主要原因可以从临床使用和畜牧业使用两方面来看。

抗生素滥用的原因主要有以下两种。

第一，临床使用不合理。一方面，一些医生用药知识和经验不足，选择的药品不正确，抗生素的用法、用量不正确，预防用药控制不严；另一方面，患者使用不合理，有点小病就用抗生素。

此外，畜牧业中的抗生素使用不合理也是一大原因。

事实上，输液是抗生素给药的一种主要方式，尤其常用于治疗一些呼吸道疾病，如细菌引发的感冒和肺炎等。但我国确实存在以抗生素滥用为主要原因的输液过度现象。对于一些非细菌感染引起的或者症状较轻、可自愈的疾病，患者应当避免不必要的输液。

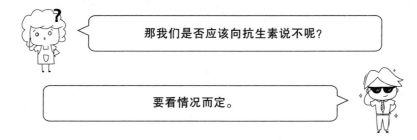

那我们是否应该向抗生素说不呢？

要看情况而定。

　　抗生素于1929年被弗莱明发现，于1941年开始应用于临床。抗生素是20世纪最伟大的医学发现，使人类的平均寿命至少延长了10年。如今虽然抗生素滥用造成了严重危害，但这绝不意味着我们要放弃使用抗生素。

　　图3-12是抗生素的正确使用方法。

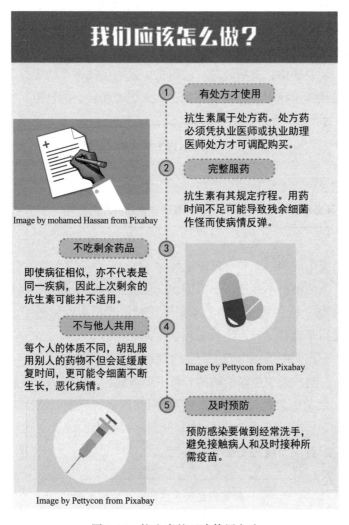

图3-12　抗生素的正确使用方法

　　每个人都应该了解滥用抗生素的危害性，学会正确地使用抗生素。在我国，抗生素滥用问题是很严重的，要解决抗生素滥用问题，仍需社会各方面的努力。你我力所能及的是，**告诉家人和朋友滥用抗生素的危害，以及在医生的指导下正确使用抗生素。**

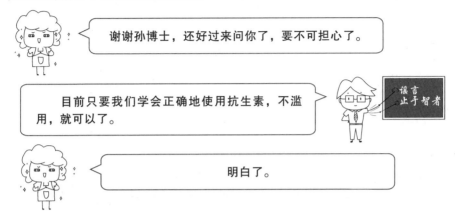

谢谢孙博士，还好过来问你了，要不可担心了。

目前只要我们学会正确地使用抗生素，不滥用，就可以了。

谣言止于智者

明白了。

参考文献

[1] 胡燕，白继庚，胡先明，等．我国抗生素滥用现状，原因及对策探讨 [J]．中国社会医学杂志，2013(2)：128-130.

[2] 李福长，刘梨平．我国抗生素滥用现状及其对策 [J]．临床合理用药杂志，2014，7(26)：175-177.

[3] 高翔，陈玲，邓蓉蓉，等．过度静脉输液的现状，危害及管控措施 [J]．药学进展，2016，40(2)：141-144.

小儿发热服用"美林"会致死吗

作者：于淼

孙博士，我孩子发烧了，我应该给他吃什么药？

可以让他服用"美林"，这种儿童退烧药的效果挺好的。

"美林"不是对孩子不好吗？我看到一篇文章说，一位妈妈给发烧的孩子服用"美林"，被一位老中医训斥，"凡是含布洛芬的药回家都得扔了！有好几个孩子服用这种退烧药得了'瑞夷综合征'，最后都死了！"

其实并没有这么严重。

"美林"即"布洛芬混悬液"，适用于1～12岁儿童，用于儿童普通感冒或流行感冒引起的发热，也用于缓解儿童的轻度至中度疼痛，如头痛、关节痛、偏头痛、牙痛、肌肉痛、神经痛等。

"美林"中的"布洛芬"是世界卫生组织、美国FDA唯一共同推荐的儿童退烧药，是公认的儿童首选抗炎药，目前各大医院都在使用。此外，"美林"由美国强生制药公司生产，并不是网上所流传的只有中国在用。所以，其安全性无疑是有保障的。

而且其实"布洛芬"和"阿司匹林"一样同属"非甾体类抗炎药"，与其他所有药物一样，都会存在各种不良反应。为了便于记忆美林的不良反应，有人提出了一个口诀——"为您扬名"，分别表示几种不良反应——胃肠道反应、凝血障碍、水杨酸反应、过敏反应。

除了上面所提到的不良反应，还可能出现瑞夷综合征。这是儿童在病毒感染（如流感、感冒或水痘）的康复过程中得的一种罕见病，最初患病的孩子通常不停地呕吐，还会出现腹泻、疲倦、精神欠佳等早期症状。随着疾病的加重，孩子的大脑会受到影响，孩子可能会变得不安、过度亢奋、神志不清、惊厥或癫痫，甚至昏迷。

但要指出的是，瑞夷综合征是一种极其罕见的不良反应，目前原因不明。这可能与患儿极敏感的体质有关，相关的报道也仅仅是个例。根据药品不良反应发生率标识，其发生率一般低于1/10 000。同时，相比最初的阿司匹林，经过近百年的发展，布洛芬的不良反应已经很轻微，正常使用对绝大多数儿童是很安全的。

也就是我们可以用，而且可以用在小孩身上，是吗？

是的，"美林"作为小儿发热解热镇痛的药物是十分安全的。

但在这里还是需要提醒大家，必须严格按照医嘱或说明书使用布洛芬，给儿童使用应根据儿童的年龄、体重计算药量，对诊断不明的儿童应慎重使用，家长不要擅自加大剂量、缩短服药的时间间隔。

总的来说，**任何药物都会有不良反应，我们需要理性地看待药物的不良反应，不能因噎废食。只要按医嘱用药、正确用药，就可以降低风险。**

原来是这样，那我就可以放心给小遥吃了。

记住按照医嘱用药，不要擅自加大剂量。

谣言止于智者

好，我知道了，谢谢孙博士。

参考文献

[1]   吴葆菁，朱军，李静，等. 美林混悬液与复方氨基比林注射液治疗小儿高热100例疗效观察 [J]. 检验医学与临床，2009，6(10)：742.

[2]   李锦燕，张丽萍，胡银萍. 美林混悬液退热效果的临床观察 [J]. 齐齐哈尔医学院学报，2001，22(2)：155-156.

[3]   王琦，王英杰. 瑞氏综合征1例病例报告 [J]. 中国中西医结合儿科学，2013，5(2)：191-192.

[4]   张映. 布洛芬在临床应用过程中的不良反应及副作用探析 [J]. 当代医药论丛：下半月，2013 (8)：282-283.

[5]   赵风梅，李静，郗海洋. 小儿应用复方阿司匹林诱发瑞氏综合征 [J]. 临床误诊误治，2005，18(7)：531.

[6]   孙福红，李成建. 布洛芬不良反应 [J]. 中国误诊学杂志，2005，5(9)：1774-1775.

[7]   万雪琴，张华锋. 布洛芬混悬液不良反应回顾 [J]. 中国药物警戒，2011，8(4)：246-247.

[8]   梁萍，唐丹. 瑞氏综合征55例临床分析 [J]. 四川医学，2010 (1)：45-47.

[9]   史素豪. 瑞氏综合征1例报告 [J]. 医药论坛杂志，1996 (9)：55.

[10]   Pugliese A, Beltramo T, Torre D. Reye's and Reye's-like Syndromes [J]. Cell Biochemistry and Function，2008，26(7)：741-746.

[11]   Deshmukh D R. Animal Models of Reye's Syndrome [J]. Clinical Infectious Diseases，1985，7(1)：31-40.

[12]   Daele C V. Reye Syndrome or Side-effects of Anti-emetics? [J]. European Journal of Pediatrics，1991，150(7)：456-459.

[13]   Waller P，Suvarna R. Is Aspirin a Cause of Reye's Syndrome? [J]. Drug Safety，2002，25(4)：225-231.

[14]   Furey S A，Waksman J A，Dash B H. Nonprescription Ibuprofen：Side Effect Profile [J]. Pharmacotherapy，1992，12(5)：403-407.

[15]   Max M B, Schafer S C, Culnane M, et al. Association of Pain Relief with Drug Side Effects in Postherpetic Neuralgia: A Single-dose Study of Clonidine, Codeine, Ibuprofen, and Placebo [J]. Clinical Pharmacology & Therapeutics，1988，43(4)：363-371.

[16]   Mankin K P, Scanlon M. Side Effect of Ibuprofen and Valproic Acid [J]. Orthopedics，1998，21(3)：264-270.

农药虽毒，岂能"因噎废食"

作者：杨文昊

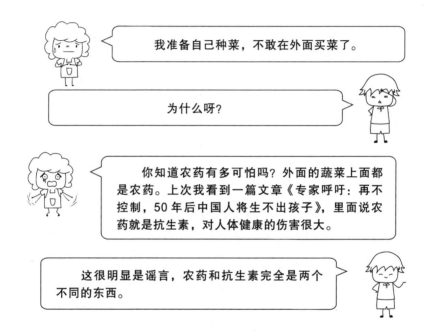

我准备自己种菜，不敢在外面买菜了。

为什么呀？

你知道农药有多可怕吗？外面的蔬菜上面都是农药。上次我看到一篇文章《专家呼吁：再不控制，50年后中国人将生不出孩子》，里面说农药就是抗生素，对人体健康的伤害很大。

这很明显是谣言，农药和抗生素完全是两个不同的东西。

农药和抗生素完全是两码事，文章把两者混为一谈是非常荒谬的，可见作者完全不知道农药和抗生素之间的区别。首先两者的化学本质不同，抗生素是一种由微生物或者高等动植物产生的具有抗病原体作用的生理代谢产物；而农药通常是指有机氯、有机磷等化学物质。其次两者的作用对象不同，抗生素主要针对的是微生物，尤其是那些致病的细菌或者真菌，它的作用主要是治疗人体疾病；而农药主要针对的是害虫，其作用是防止庄稼被毁坏，另外某些农药还能除草或者催熟。最重要的一点是，两者的主要危害是不一样的，抗生素的主要危害在于滥用抗生素会导致耐药菌的产生，最终对细菌无药可医；而农药的主要危害在于其本身的毒性，进入人体的量过大或者在人体内长期蓄积会导致人体中毒。所以**抗生素和农药绝对不能画上等号**。

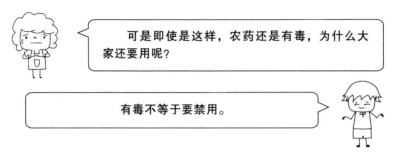

可是即使是这样，农药还是有毒，为什么大家还要用呢？

有毒不等于要禁用。

农药有毒确实不假，但也正因为它有毒我们才使用它。正因为它有毒，所以它才能消灭不计其数的害虫，保护我们的庄稼。就如火一样，火可以烧伤人体，但我们会因此而不用火吗？只要我们不引火上身，火就是安全的。农药也是同样的道理，现代社会不可能离开农药，农药的使用每年为中国避免了300多亿元的经济损失，挽救了成千上万吨农作物。如果禁用农药，人类是不会遭受农药的毒害了，却可能因为食物匮乏而遭受更大的灾难！农药是把双刃剑，问题的关键不在于该不该用这把剑，而是该如何用这把剑。

我国目前在对如何合理使用农药的探索上已经有了一些进展，比如使用更易降解的有机磷农药代替难降解的有机氯农药，使用低毒农药代替高毒农药，适量喷洒农药，提高残留农药检测技术等。但我国在农药使用方面还有很多欠缺，比如政府对农药使用的监管力度不到位，农民和消费者对农药危害的健康意识不足，残留农药标准和检测技术落后等。在这些不足的方面，我们要继续努力，加强监管，加大宣传教育力度，向有先进经验技术的欧美国家学习，真正做到合理使用农药。

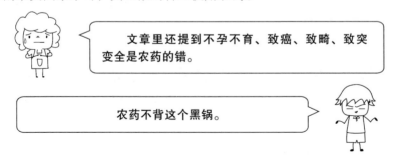

文章里还提到不孕不育、致癌、致畸、致突变全是农药的错。

农药不背这个黑锅。

农药有毒不假，但绝不到罪孽滔天的程度。所谓的干扰内分泌、导致不孕不育、致癌、致畸等其实都属于"环境激素样作用"。环境激素是指在人类的生产生活中产生的化学物质，这些化学物质进入人体会产生和人体内分泌激素类似的作用，导致内分泌系统、免疫系统、神经系统紊乱，甚至导致癌症。但是环境激素绝不仅包含农药，还包含其他很多种物质。目前已知的环境激素有 70 多种，其中农药有 44 种，还有接近半数的物质并非农药，比如有机氯塑料垃圾、汽车尾气中的二噁英等，所以把这些疾病都归咎于农药是不合理的。农药在环境激素中所占的种类最多，但其对人类的危害未必是最大的。为何？因为与农药相比，有机氯塑料垃圾和汽车尾气中的二噁英等与人体接触的机会更多，进入人体的量也更大，它们才有可能是罪魁祸首。所以农药就像是压死骆驼的最后一根稻草，但若说压死骆驼的就是这最后一根稻草是不合理的。同样，**说不孕不育、致癌、致畸就是农药导致的也有失偏颇**。要想解决当今环境激素样污染不是单单解决农药问题就可以的，而是要从各个方面综合治理。

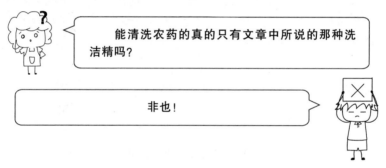

大部分农药都是有机磷或者有机氯物质，此类物质大多数可在碱性环境下水解，从而便于清洗。因此**只要是碱性物质都对农药有良好的清洗效果**，而绝不是只有该谣言文章中的那种洗洁精才有洗除农药的作用。比如肥皂、一般的洗洁精以及碳酸氢钠均可以洗除农药，该特点也被用于农药解毒方面。对于急性农药中毒患者，除了要及时让病人脱离有毒环境以外，还要用碱性洗液清除农药。如果是经皮肤吸收农药中毒，则要用肥皂水清洗皮肤，如果经口食入了大量农药，则要用碳酸氢钠反复洗胃（敌百虫中毒除外，因为敌百虫在碱性环境下会转化成毒性更大的物质）。这些都说明能清洗农药的绝不只有文章中所说的那种洗洁精，该谣言文章那样说只是为了欺骗消费者，以便让消费者购买其产品！所以请大家擦亮眼睛，不要让谣言大行其道。

那要怎样洗蔬果才能有效地洗掉残留的农药呢？

一般来说，充分浸泡、洗涤就行，或者去皮。

关于如何清洗蔬果才能有效去除残留农药这个问题，其实并没有一个标准，一般而言就是充分浸泡、充分洗涤即可。但只通过水洗去除农药的效果往往有限，所以最简便也最有效的去除残留农药的方法就是去皮，对于某些无皮食物则可以通过贮藏法、热加工法去除残留农药。还有一些更高端的方法，如活性炭吸附法、超声波降解法以及微生物降解法等，但由于其现实操作性不强，一般只在工业生产中应用，此处就不赘述了。

总结来说，该谣言文章不仅逻辑混乱，而且在内容方面也是漏洞百出，其目的无非是推销自己的产品，希望大家以后在看到类似文章时能多思考，不被这种谣言文章所蒙蔽，做一个聪明的消费者。

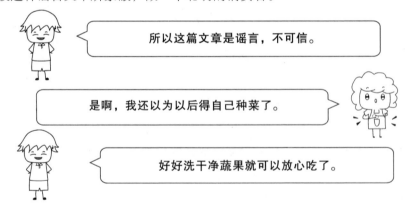

所以这篇文章是谣言，不可信。

是啊，我还以为以后得自己种菜了。

好好洗干净蔬果就可以放心吃了。

参考文献

[1] 杨璇. 珠江河口水体常见有机磷农药污染现状及风险评价 [D]. 广州：暨南大学，2011.

[2] 孙青萍. 杭州市地表水有机农药的污染现状及风险 [D]. 杭州：浙江大学，2004.

[3] 董恒. 有机农药对动物源性食品的污染及应对措施 [J]. 中国农业信息，2015(21)：112.

[4] 罗鹏，赵宝平，潘雪莉，等. 贵阳市蔬菜中有机氯农药残留现况调查 [J]. 贵阳医学院学报，2009，34(1)：40-42.

[5] 祁彦洁，刘菲. 地下水中抗生素污染检测分析研究进展 [J]. 岩矿测试，2014，33(1)：1-11.

关于输液的那些必须了解的秘密

作者：张朴尧

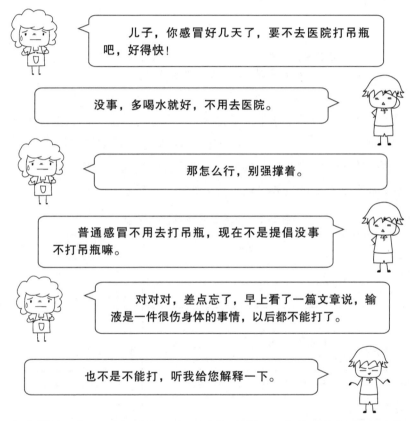

春寒料峭，气温时起时伏，免不了伤风感冒。有些人选择吃感冒药，而更多的人选择去医院打针、输液，于是医院的急诊室里人满为患，有人非常形象地用"吊瓶森林"形容医院里的此情此景。

一时之间，输液变成了社会危机。有统计数据显示，中国人一年输液104亿瓶，过度用药在不同级别的医疗点都或多或少地发生，而因为静脉输液造成的医疗事故也不断地被报道。因此，关于静脉输液危害巨大的一些报道、推送层出不穷，输液似乎变成了一件严重危害健康的事情。

再见啦，那些让人忧心的生活谣言

输液作为一种医疗手段，在医疗行为中是不可或缺的，但是在什么情况下需要输液，不仅需要医生把关，作为患者也有必要掌握一些基本知识，这样医患关系才能更和谐，才能更好地解决问题。

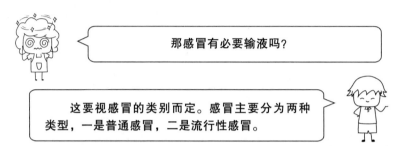

其实在大多数人的观念里，感冒就是一种集打喷嚏、流鼻涕、咳嗽、嗓子痛等症状为一体的疾病。但事实上，感冒属于上呼吸道感染这一大类疾病谱，并且有普通感冒和流行性感冒（简称流感）之分。

流感和普通感冒的主要区别与特点如表 3-1 所示。

表 3-1　流感与普通感冒的区别

	流感	普通感冒
病原体	流感病毒	鼻病毒、冠状病毒等
流感病原学检测	+（阳性）	−（阴性）
传染性	强	弱
发病的季节性	有明显季节性（我国北方为 11 月至次年 3 月多发）	季节性不明显
发热程度	多高热（39～40℃），可伴寒战	不发热或轻、中度发热，无寒战
发热持续时间	3～5 天	1～2 天
全身症状	重，头痛、全身肌肉酸痛、乏力	轻或无
病程	5～10 天	5～7 天
并发症	可合并中耳炎、肺炎、心肌炎、脑膜炎或脑炎	少见

资料来源：《流行性感冒诊断与治疗指南》（2011 年版）。

那么这两种感冒的治疗方法有不同吗？

当然有不同，就让我来说说感冒该怎么治疗吧。

因为病原体不同，两种类型的感冒症状在程度上有着明显的分别，自然在疾病的处理上也有明显的区别。

普通感冒的鼻部症状明显，比如打喷嚏、流清鼻涕、鼻塞等，但病程自限，也就是说，在机体免疫力的作用下会自行恢复，所以治疗原则上多以对症治疗、休息营养为主。如果伴发了细菌感染，则可经验性地选择抗生素治疗，但不建议使用抗病毒药物。人们日常所用的感冒药通常主要是NSAID类药物（解热镇痛，为对症治疗）和抗菌类药物，而抗菌药在多数情况下是没有必要的。因此**普通感冒在症状不是特别严重的情况下，医生是不主张打针、输液的。**

但流感就没有这么简单了。流感病毒的类型多、变异快，经常会暴发流行，严重危害人类的健康。我们经常听到的禽流感、H1N1、H7N9都是流行性感冒的病原体。根据其症状类型的不同，大致分为单纯型、胃肠型、肺炎型、中毒型，并且并发症多，如继发性细菌性肺炎，会造成症状急剧加重，甚至死亡，因此在确诊后48小时内需要接受治疗。

患者不仅需要被隔离，还要使用抗病毒药，如磷酸奥司他韦、扎那米韦、金刚烷胺等，如果合并了各种细菌感染，也要使用抗生素。在这个时候，治疗**流感就不能只依赖身体的免疫力，而要去医院打针、输液，否则可能会有生命危险。**所以感冒了要分轻重，重感冒只喝白开水是肯定好不了的，而轻症感冒建议让身体自行恢复。

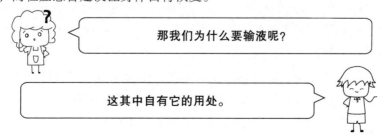

那我们为什么要输液呢？

这其中自有它的用处。

静脉输液给药在临床上非常常见，药物可以直接进入血液循环，较口服、肌注等方式，能以较快的速度达到有效血药浓度。在临床上，选择静脉输液的原因有很多，比如患者的消化道情况不允许口服用药、药物会被消化分解而不能到达血液、外用等其他方式不起效果、药物对消化道造成损伤、在严重情况下需迅速达到血药浓度等。静脉输液作为一种普遍的临床用药方式，的确是有其合理性的。

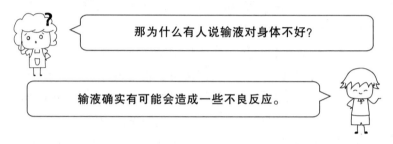

那为什么有人说输液对身体不好？

输液确实有可能会造成一些不良反应。

高效率自然会有高风险，临床常见的输液反应包括过敏反应、热原样反应、菌污染反应等。这些输液反应不仅与药物的成分、合成工艺有关，也与个人的体质紧密相关。在国内，中成药的注射安全问题更是十分凸显，因成分不确定，其发生不良反应的概率远大于西药。

2014年安徽省卫计委曾颁发《关于加强医疗机构静脉输液管理的通知》，规定了53种门诊、急诊不需要输液的疾病，更强调了规范输液。要根据发病机制来选择恰当的治疗方式，而不是一味地输液或者一味地拒绝输液。

对于静脉输液以及输注药物的选择，原则上应当根据病情需要来确定。这不仅需要医务人员心中有准绳，患者也应当明确，不是所有的药物都要静脉给药。对于各种疾病应当选择最适合的药物与给药途径，而不是一味地追求打点滴。

过度输液的情况的的确确存在，与之相随的药物滥用和不正确使用的情况也存在并且危害着人类的健康。尤其是在一些乡镇的小诊所中，因为医护人员的专业知识不足，缺乏规范的操作，这样的情况更是严重。对于输液与用药的选择，我们应该有更多的理智，根据病情选择治疗方式。不仅是感冒，所有的疾病皆是如此。**对于输液，我们要客观对待**。输液本无害，但是用错了救人的工具也就伤害人。正确地认识疾病类型，选择合适的治疗方式，不仅考验医护人员的技术水平，也需要患者的理解与配合。

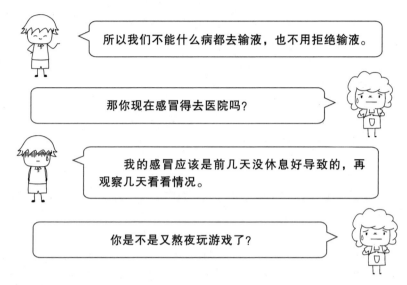

参考文献

[1] 葛均波，徐永健．内科学 [M]．北京：人民卫生出版社，2013：13-15.

[2] 钟南山，王辰，王广发．流行性感冒诊断与治疗指南 (2011 年版)[J]．社区医学杂志，2011，9(5)：66.

[3] 黎毅敏，杨子峰．流行性感冒诊断与治疗指南 (2011 年版) 解读 [J]．中国实用内科杂志，2012，32(2).

[4] 高翔，陈玲，邓蓉蓉，等．过度静脉输液的现状，危害及管控措施 [J]．药学进展，2016，40(2)：141-144.

[5] 司继刚．静脉输液引起的不良反应解析及对策 [J]．中国药物评价，2014，31(1)：42-45.

[6] 高伟文，戴洪法．不同剂型与给药途径对药物疗效影响的分析探究 [J]．中国医药指南，2013，11(21)：184-185.

LIVES

生活篇

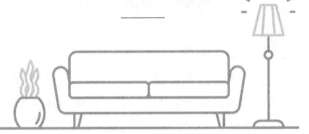

关于隐形眼镜，你需要知道的真相

作者：杜依蔓

孙博士，我最近看到一篇文章，里面说雾霾天一定不能戴隐形眼镜，这是真的吗？

雾霾天并非一定不能戴，但在感冒、经期、孕期等情况下最好不要佩戴隐形眼镜。

关于雾霾天能否佩戴隐形眼镜这个问题，在国内外均没有相关的客观研究，因此对于天气作用的程度不好下结论。但是很多眼科医生认为，冬春季节本来就是过敏性结膜炎和感染性结膜炎等眼科疾病高发的季节，干眼症的发病率确实有所增加。**使用电脑、空气干燥以及雾霾都有可能是造成干眼症的因素，不能简单地认为干眼症一定是由佩戴隐形眼镜导致的。**

不过，在以下几种情况下最好不要戴隐形眼镜。

（1）感冒——病毒容易进入眼中，而且感冒药有抑制泪液分泌的作用，会使眼睛过于干燥。

（2）月经期——这段时间的眼压常常比平时高，眼球四周容易充血，尤其在痛经时佩戴隐形会对眼球造成不好的影响。

（3）孕期——激素水平变化导致体内的含水量变化，眼皮肿胀，眼角膜增厚，进而与平时佩戴的隐形眼镜不吻合，造成眼睛不适。

（4）机体抵抗力降低——细菌会大量繁殖，使细菌代谢产物沉积在角膜和镜片之间，造成透氧性降低，干扰角膜的正常代谢，从而引起细菌性角膜溃疡。

（5）40岁以后——眼部组织发生明显的退行性变化，易出现角膜感染。

我看网上有很多卖隐形眼镜的，隐形眼镜可以在网上随便买吗？

最好在专业眼镜店进行全面的眼部检查后选择适合自己的类型。

隐形眼镜不是普通商品，属于医疗器械产品。因此，要选择有品质保障、信誉好的大品牌，并且一定要在专业人员的指导下购买。另外，建议在专业眼镜店购买。所谓专业眼镜店是指：①具有医疗器械经营许可证和营业执照；②具备适宜的验配场地和验配设备；③拥有具备资质的验配人员；④所售产品有医疗器械产品注册证书，产品包装上有"国食药监械（准／进／许）字××第××号"字样。最后，选配隐形眼镜远不是单纯地测量近视度数，而是要做一个全面的眼检，通过试戴评估，才能决定选配的隐形眼镜类型。

长期戴隐形眼镜会对眼睛造成伤害吗？

会，长时间佩戴隐形眼镜可能导致失明。

医学期刊《柳叶刀》曾发表过伦敦达尔医生对隐形眼镜的研究结果："在许多容易买到隐形眼镜的国家里，隐形眼镜已经被视为导致微生物角膜炎的主要原因，而隐形眼镜使用者患上这种眼疾的风险，比未使用隐形眼镜的健康者高出80倍。"一篇发表在《自然》（Nature）上的文章研究了2008～2010年间在新加坡眼科中心因微生物角膜炎就诊的患者，发现危险因素包括戴镜前不洗手、戴隐形眼镜睡觉等。

长期佩戴隐形眼镜会带来以下危害：

（1）隐形眼镜对角膜的伤害无法挽回。正常人中央角膜的厚度为500微米左右，随着年龄的增长，角膜会变薄，但这是一个较缓慢的过程。然而，长期佩戴隐形眼镜的近视患者，每年眼角膜减薄5～10微米，并且时间越长，磨损越明显。佩戴隐形眼镜3年以上的患者，因为角膜明显变薄，很多已经不再适合做准分子激光近视眼手术。

（2）长期戴隐形眼镜导致血管增生，影响视力。长期戴隐形眼镜，眼角膜会因此得不到足够的氧气，于是就会通过结膜增生血管给眼角膜输送氧气，从而导致眼角膜水肿及血管增生，影响视力。

（3）"隐形眼镜族"易患巨乳突结膜炎。巨乳突结膜炎是隐形眼镜本身的材质和附着在镜片上的蛋白质沉淀物，长期摩擦眼球所导致的过敏现象。

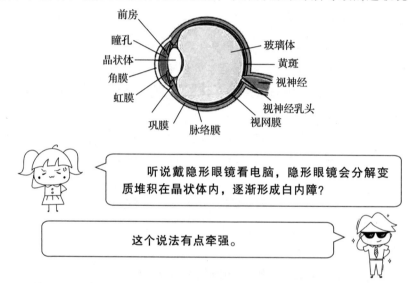

听说戴隐形眼镜看电脑，隐形眼镜会分解变质堆积在晶状体内，逐渐形成白内障？

这个说法有点牵强。

戴隐形眼镜引发的主要症状大都和角膜相关，而白内障是晶状体病变，两者离得实在有点远。至于电脑的辐射会使隐形眼镜的材质分解，更是想当然的说法。美国 FDA 在关于佩戴隐形眼镜所存在的风险中并没有提及有关白内障的问题。相反，一些隐形眼镜因为可以阻挡部分对晶状体有害的中波紫外线 UVB，还可能起到延缓白内障发生的作用，相关的动物实验已经证实了这种观点。

总的来说，隐形眼镜还是可以佩戴的，但需要注意特殊情况和使用时间，避免长期佩戴。

明白了，谢谢孙博士！

参考文献

[1] 郑扬，王康．桑拿天慎戴隐形眼镜 [J]．中国保健营养，2008(8)：93.

[2] 佚名．让谣言止步，安心选配隐形眼镜 [J]．中国眼镜科技杂志，2015(6)：152.

[3] 吕皓．隐形眼镜：遮住了光明?[J]．科学生活，2005(12)：28-29.

这些洗澡误区，不信你没中招

作者：杜赟

妈妈，看什么看得这么紧张，眉头都皱起来了？

这不是刚才看一篇文章讲洗澡的误区，越看越怕……

文章怎么说？

它说用热水洗澡和每天洗澡都会损害健康。

洗澡要根据季节气候及个人的皮肤状况随时进行调整，这样才能保证皮肤对身体的保护作用。

皮肤远远不止我们肉眼所见的那么简单，而是有其结构和相应的功能的。皮肤的最外层是角质层，由5～20层已经死亡的扁平细胞构成，可起到屏障的保护作用。角质层上面有一层皮脂膜，是由皮质、汗液和表皮细胞分泌物乳化形成的半透明乳状薄膜，对皮肤有保湿作用，能防止皮肤水分的丢失。皮肤的角质层和皮脂膜可以有效防止细菌进入皮肤，偏酸性环境对细菌的生长有抑制作用，可以防止营养物质的流失。

热水浸泡、搓洗过度、碱性刺激都会导致正常胶质细胞的过多脱落，皮脂膜变薄，使皮肤干燥、瘙痒。事实上，北方常有的"搓澡"，其实是在用力搓洗角质层细胞，易破坏皮肤角质层的完整性，可以说是"费力不讨好"。

那我洗了几十年的澡都洗错了？那我们该怎么洗才对？

根据季节气候及个人的皮肤状况随时调整才是最好的！

夏季皮脂、汗液分泌多，可以天天洗澡；秋冬季节应适当减少频率。需要提醒的是，老年人的新陈代谢相对减弱，皮脂、汗液分泌较少，不必天天洗澡，洗澡时间也不宜过长，水温应保持在40℃以下。冬季可以选用含有滋润成分的沐浴露，减少沐浴露的使用次数，浴后全身涂抹有滋润保湿功能的润肤乳。

另外，我听说运动后、饭前、饭后都不宜洗澡？

是的，饭前最好不要洗澡，避免血糖低造成头晕、心慌的现象。而运动后以及饭后则应该休息后再去洗澡。

这其实与特殊情况下的血液供应情况有关。为适应运动的需要，心率、呼吸会随之加快，血液循环加速，所以运动后如果立即去洗澡，会使肌肉、皮肤的血管扩张，流向肌肉和皮肤的血液继续增加，容易导致其他器官尤其是心脏、脑部等供血量不足。运动后呼吸还未平稳，在空气不流通的情况下，大脑很容易缺氧，表现为头晕眼花、全身无力。对于有基础疾病如高血压、冠心病的患者，运动后立即洗澡，可能诱发心脑血管系统疾病的急性发作。

正确的做法是，运动后休息30~45分钟，用温水（36~39℃）淋浴5~10分钟。

至于饭前是否可以洗澡，主要应考虑此时是否会出现血糖低的情况。人体在饥饿状态下容易出现心慌、头晕、四肢乏力等现象，甚至还可能晕倒。

饭后不宜洗澡，主要是由于此时消化系统正在进行急速运转，需要大量供血。而洗热水澡往往会使皮肤血管扩张，导致流向消化系统器官的血液减少，不利于消化的进行。因此，饭后稍作休息，等到没有那么饱的时候再洗也不迟。

如果在洗澡时遇到头晕的状况，应当立即离开浴室，躺下，并喝一杯热水，慢慢就会恢复正常。若情况较严重，则应取平卧位，将腿垫高。待情况好转后，开窗通风，用冷毛巾擦身体，然后穿上衣服，头向窗口。此外，为防止洗澡时出现不适，可缩短洗澡时间或间断洗澡，在洗澡前也可以喝一杯加了糖的温水。

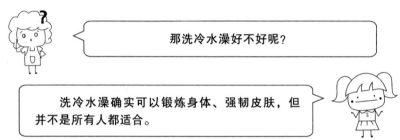

那洗冷水澡好不好呢？

洗冷水澡确实可以锻炼身体、强韧皮肤，但并不是所有人都适合。

冷水浴确实是一种锻炼身体的好方法，利用冷水和身体表面的温度差刺激机体调节体温，同时影响机体血管、神经的功能，达到锻炼的作用。此外，冷水浴对皮肤本身的作用也很大，它可改善皮肤的血液循环，使皮脂腺分泌，让皮肤润滑柔韧、富有弹性，增加肌肤的美感。

进行冷水浴的方法有很多，如擦身、冲淋、冷水洗脚、游泳等。冷水浴可以从夏季开始进行，循序渐进，以擦浴等小刺激逐渐过渡到冷水冲淋或游泳。水温应逐渐下降，提高对机体的刺激强度。对于儿童、青少年，年龄越小，开始擦浴的水温越要适度高一些，擦浴时间越要短些。此外，在进行冷水浴之前，可以先做一些准备活动，使身体微发热，以适应环境气温。在冷水浴结束后，要尽快擦干身体，注意保暖。

虽然冷水浴有诸多好处，但需要提醒的是体温调节能力差者不宜进行冷水浴。有些人在进行冷水浴之后，既无皮肤红润现象也无温暖感，而是一直感到寒冷，此乃体温调节能力差的表现，这种人不宜进行冷水浴。

心、肺、肝、肾有疾病或患关节炎的老年人是不能进行冷水浴的。冷水浴在饭前、饭后及剧烈运动后皮肤有汗时都不宜进行。且不能持续太长，

15 分钟左右即可。

小结

其实，**不用太热的水洗澡，根据季节和自身皮肤的状况调整洗澡频率，避免饭前、饭后、运动后立即洗澡，适度洗冷水澡，这些都是让身体更加舒适的策略**。避免错误的洗澡方式，会让我们的生活更加愉快!

原来洗澡还有这么多需要注意的地方呢。

其实也不用太紧张，只要把握好水温，在充分休息过后洗澡就不会有太大问题。妈妈你以后也别再跳完广场舞回来就直奔浴室了。

知道了，我以后会看看电视再去洗澡。

参考文献

[1] 朱丽丽. 冬天少搓澡，皮肤不瘙痒 [J]. 保健医苑，2007(1): 10-11.

[2] 新浪爱问知识人. 搓澡到底好不好? [J]. 科学之友，2013(03): 73.

[3] 邹先彪，张献怀. 冬天洗澡别太认真 [N]. 健康报，2008-12-30(8).

[4] 佚名. 运动后立刻洗澡会洗掉健康 [J]. 医药与保健，2013，21(7): 61.

[5] 佚名. 洗澡时突然晕倒怎么办 [J]. 中外女性健康月刊，2012(1): 35.

无处不在的蓝光竟是眼睛杀手吗

作者：缪丝羽

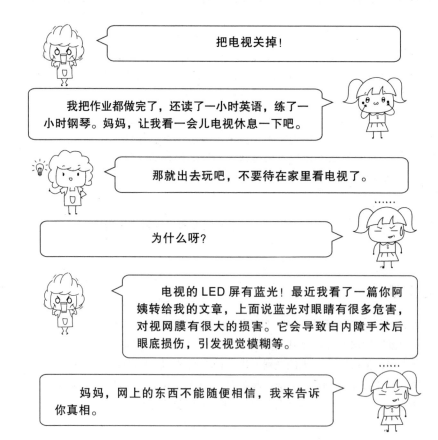

视网膜光损伤与光辐射的波长、强度、时间、距离，瞳孔大小，年龄和晶状体情况等有关。在一定的波长范围内，视网膜光化学损伤的敏感性随着光波波长的缩短而呈对数关系上升。

由于波长和辐射的能量呈反比，根据爱因斯坦的光电效应理论，具有高能量的短波长辐射（X 线、UV、蓝光等）可以激发电子产生电流。而波长较长的光学辐射则没有足够的能量产生这种效应。

我还是不懂，蓝光到底会不会对我们的视网膜造成影响？

会的，大量蓝光能抵达视网膜，并造成损伤。

光学辐射包括紫外辐射（波长 100～400nm）、可见光辐射（波长 400～750nm）和红外辐射（波长 750～10 000nm）。大多数波长小于 295nm 的紫外辐射被角膜吸收，UVB（波长 280～315nm）和 UVA（波长 315～400nm）被晶状体阻隔。但是，仍然有一小部分波长小于 400nm 的短波长辐射抵达视网膜，并对视网膜造成损伤。

虽然眼睛的生理结构能够有一定的辐射吸收作用，相当于天生的一副太阳镜，只让少部分的 UV（波长 300nm 左右）抵达视网膜。但是对于波长 400～500nm 的可见光辐射（此波段内主要为蓝光），根据实验结果，眼前部对此段波长的光的吸收很少，所以这些光大部分可以透过眼前部的结构到达视网膜。

由此看来，虽然 UV 的波长更短、能量更高，但是由于视网膜前的结构（角膜、房水、晶状体和玻璃体）对该波段的光已经吸收了大部分，反而对蓝光吸收较少，长期的辐射会对视网膜造成损伤。

这也太恐怖了，那我们周围现在有多少蓝光啊？

其实蓝光无处不在。

在全球能源紧缺忧虑逐步加重的背景下，发光二极管（light emitting diode，LED）照明产品的应用领域不断扩大。它被广泛应用于指示、装饰、背光源、普通照明等领域，同时在我们常见的手机、电脑、电视显示屏中也使用广泛。

LED 主要通过蓝光芯片激发黄光荧光粉来发出白光，因此在高色温的情况下，光源光谱中的蓝光波段存在一个很强的波峰。对于 LED 的蓝光损害，国际上制定了一系列标准来进行管理和规范。标准从光源的注视时间上对蓝光的安全进行了分级。

四级安全标准如下。

零类危害：没有蓝光危害的光源，如果光源的实测亮度或照度小于安全值的上限，那么该光源的分类为零类危害，是安全蓝光，在短至 200mm 的距离长时间（$t>10\,000$ 秒）直视光源也不会产生危害。

一类危害：具有较小的蓝光危害，眼睛注视光源较长时间（100 秒 $\leq t<10\,000$ 秒）是不会造成损害的，在使用这类 LED 光源时，要尽量避免长时间直视。

二类危害：具有较大蓝光危害的光源，要求注视时间较短（0.25 秒 $\leq t<100$ 秒）。

三类危害：有严重危害的蓝光，直视时间小于 0.25 秒。

根据标准，目前市面上采用的 LED 光源都是零类和一类危害产品。如果使用合格的 LED 光源产品，根据美国、欧盟等的多个政府机构和照明协会的研究结果，在相同色温下，LED 的蓝光危害效率和其他光源是相近的，均在安全阈值之内。因此，这些光源和灯具如果按照正常途径使用，对消费者是安全的。但同时研究结果也指出，要尽量避免直视光源。

蓝光到处都有，还能大量达到我们的视网膜！那么，我们在日常生活中应该对蓝光进行防护吗？

根据个人情况做相应的防护就可以了。

防蓝光眼镜

到目前为止，尚没有充足的证据证明人类眼底感光细胞的损伤、黄斑病变等的发生与蓝光有直接的关系，各方也存在很大的争议。虽然有多个动物及体外细胞培养的试验证明了暴露于蓝光下所引起的视网膜细胞的光损伤，但实验数据所证明的高强度蓝光暴露导致的损伤并不足以作为生活中长期、慢性、低强度的光辐射导致人眼损伤的佐证。

目前通过对包括 LED 在内的普通照明光源的合理设计，蓝光危害可以被降低到无危险或者低危险水平，这些光源可在日常生活中安全使用。然而，随着电子产品的不断普及，我们将越来越多地接触到各种非自然界条件下的蓝光。

对于蓝光有特殊要求的人，如婴儿、糖尿病患者、某些高眼压患者以及正在服用光敏剂的患者，对蓝光的敏感性与正常人有所不同，相对安全的光强度也可能会引起视功能的损害。因此，**我们应根据自身年龄、健康状况及工作环境等权衡是否要做出相应的蓝光防护措施。**

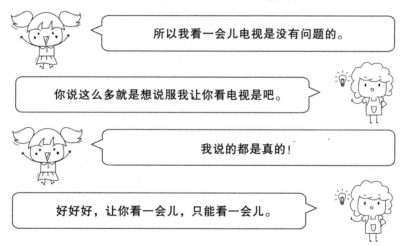

参考文献

[1] Gordon-Shaag A, Millodot M, Shneor E, et al. The Genetic and Environmental Factors for Keratoconus [J]. BioMed Research International，2015(2015)：38.

[2] Algvere P V, Marshall J, Seregard S. Age-related Maculopathy and the Impact of Blue Light Hazard [J]. Acta Ophthalmologica Scandinavica，2006，84(1)：4-15.

[3] 赵堪兴，杨培增. 眼科学 [M]. 北京：人民卫生出版社，2013：6-11.

[4] 张楚，邹玉平. 蓝光对视网膜的损伤及其防护的研究进展 [J]. 中华眼外伤职业眼病杂志，2012，34(6)：476-480.

[5] 邹蕾蕾，戴锦晖. 蓝光与眼健康 [J]. 中华眼科杂志，2015(1)：65-69.

在不同时期人体内所含水的比重有所不同：幼儿时期约占80%，成年期约占70%，老年期约占60%，由此可以看出，人体的衰老过程在一定程度上就是水分流失的过程，因而水分含量也成为人体健康的重要指征。近年来，随着人们生活水平的提高，有些小区有直饮水入户，其他各种所谓的"保健水"，特别是"磁化水"也逐渐进入公众视野。磁化水是一种被磁场磁化了的水，人工磁化水是通过磁化器产生的。但是水是弱磁质，从水离开磁场的那一刻起，就不易长期带磁了。

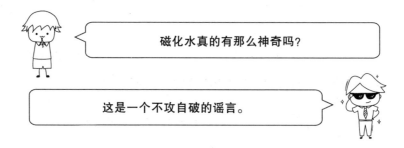

磁化水真的有那么神奇吗？

这是一个不攻自破的谣言。

一些人将磁化水说得似乎是"包治百病"的"万金油"，那么问题来了，它真的有那么神奇吗？

经过磁场处理的水，常被认为是"磁化水"。这些年"磁化水"能治病的观点风靡中国大地。"磁化水"在某些方面确实有一定作用，但大多是应用于工业和农业领域。人们最初只是用磁场处理少量的锅炉用水以减少水垢，而其对于生物的作用不大，更别说保健作用了。

同时应该注意的是，有些研究的结果值得商榷。"磁化水"的生物效应机制问题至今未能被很好地解决，对磁水效应的研究结果甚至出现互相矛盾的情况。目前绝大多数可以查询到的文献都缺乏严谨的科学论证，更多的是一些人出于商业目的编造出来的。更令人担忧的是，"磁化水"还可能导致骨质疏松和肠道功能紊乱等不良反应。同时根据中华人民共和国国家卫生和计划生育委员会（卫生部）2005年第10号公告，涉水产品不得宣称有保健作用。这样看来，**磁化水拥有极大保健作用的言论便不攻自破了。**

神奇的磁化水居然包治百病吗

作者：于淼

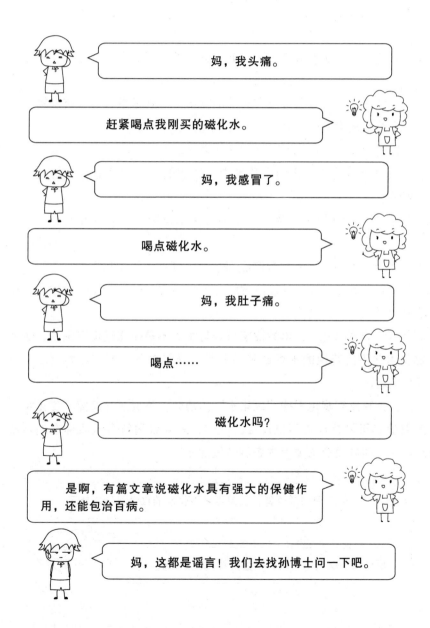

那么健康水和磁化水是一样的吗？

人们往往把磁化水与健康水画上等号，但事实并非如此。

为了更好地解释健康水的定义，下面罗列了世界卫生组织提出的"健康水"的概念，其中规定了健康水的 7 项标准：

（1）不含任何对人体有害及有异味的物质，尤其是重金属与有机物。

（2）水的软硬度适中，介于 50～200mg/L 之间。

（3）呈弱碱性，pH 值介于 7.0～8.0 之间。

（4）微量元素的含量比例以及水中矿物质的含量比例适中，与人体正常体液相近。

（5）水中溶解氧的含量及二氧化碳的含量适中，水中溶解氧的含量≥6～7mg/L。

（6）水分子团小，核磁共振谱底部半幅宽度不大于 100Hz。

（7）水有营养生理功能（包括溶解力、渗透力、扩散力、代谢力、乳化力和洗净力等）。

从上述标准可以看出，**水的健康与否与水是不是磁化过没有关系，也就是说磁化水并不比普通的水更健康**。因此，磁化水可能更多是商家用来宣传的噱头而已。

所以，**大家要客观地看待"磁化水"的功效，不要过分追捧"磁化水"，同时要警惕其可能造成的不良反应**。其实，只要饮用符合健康标准的水就已经足够了，实在没有必要追求各种"概念水"。

原来是这样，我差点被磁化水的推销员给忽悠了。

所以要练就火眼金睛，不懂的要问专业人士。

参考文献

[1] 李鹤龄. "磁化水"质疑 [J]. 宁夏大学学报：自然科学版，1997，18(3)：285-288.

[2] 徐生辉. 磁化水生物效应及机制研究进展 [J]. 中国医学物理学杂志，1997，14(2)：129-130.

[3] 刘宗英，娄明连. 磁化水的生物效应 [J]. 安徽大学学报 (自然科学版)，1981(2)：12.

[4] 郝宗康. 关于磁化水作用机制的探索 [J]. 净水技术，2002，21(4)：13-14.

[5] 白秀莲. 健康水标准解读及其研究进展 [J]. 卫生职业教育，2009，27(10)：157-159.

[6] 尤霞，孟庆海，管德昌，等. 饮用磁化水对人体血压血脂及电解质的影响 [J]. 中国康复医学杂志，1988(6)：25.

厨房里的"黄曲霉毒素"到底有多毒

作者：周怡

孙博士，我看到一篇文章说，某卫视播出了一档健康节目，其中有一个家庭三个人得了癌症，而且现在像这样的癌症家庭越来越多，罪魁祸首就是砧板上的黄曲霉毒素！

黄曲霉毒素确实毒性很高，但是不用太过紧张。下面我来给你说说。

黄曲霉毒素是一种剧毒物质，黄曲霉目前是已知的霉菌中毒性最强的，被称为最强致癌物。它通常存在于霉变的谷类食物中，如小麦、花生、玉米及其制品，一次性摄入过多会导致急性中毒甚至死亡。这种霉菌因曾经导致英国农场中的大量火鸡突然死亡而被发现。**长期接触高浓度的黄曲霉毒素是肝癌的主要诱发因素，国际癌症研究机构（IARC）将其列为 1 类致癌物。**

太可怕了，难怪说黄曲霉毒素是癌症家族的罪魁祸首。

这完全是黄曲霉毒素在"背锅"。

黄曲霉毒素的确不是好东西，因为它有明确的致癌作用。国家严格控制食物中黄曲霉毒素的含量：玉米、花生及其制品中的含量不得超过 20μg/kg，大米、食用油中的含量不得超过 10μg/kg，其他粮食、豆类、发酵食品中的含量不得超过 5μg/kg。

但是，据此称黄曲霉毒素是癌症家族的罪魁祸首就有些过分了。目前的研究只证明了黄曲霉毒素与肝癌的发生有直接关系，并没有发现与其他癌症之间存在明确关联。而视频中的癌症家族并没有人得肝癌，所以不能把癌症家族的患病全部归因于黄曲霉毒素。而且导致癌症发生的因素是多方面的，如果单是黄曲霉毒素就能导致所有癌症，那癌症研究就变得很简单了，也不需要耗费科学家那么多的精力去研究了。

那么厨房里的砧板到底有没有危险，以后还能用吗？

不干净的砧板确实存在一定的风险。

如果砧板没有及时清洗干净，上面残留的食物残渣和水分就会成为微生物良好的培养基。很多家庭都用木质砧板，上面的裂痕更是微生物的庇护所。多种微生物包括细菌、木材腐朽菌、霉菌、放线菌都有可能在砧板上繁殖，进而产生一些对人体有害的物质。虽然微生物无孔不入，但只要破坏它们生存的条件，它们就无法伤害到我们。因此，**正确地使用砧板是十分必要的：**

- 定期对砧板进行彻底清洗。
- 在用完之后清洗干净、擦干，放在通风干燥处。
- 如果砧板已经出现了明显的霉斑，最好进行更换。

黄曲霉毒素除了可能藏匿于砧板之外，最常见的就是存在于霉变的花生、玉米、坚果中。如果发现家里的小麦、豆类、玉米上有一点点的黄绿色霉斑，那肯定是被霉菌污染了。这时有很多人会觉得扔了浪费，想着把长霉斑的地方去掉或者煮熟就好。然而这种做法是完全不可取的，因为即使霉斑很少，产生的黄曲霉毒素其实也已经进入食物，看起来正常的部分也可能已经被污染。更重要的是，黄曲霉毒素很稳定，一般蒸煮不易将其破坏，只有加热到280～300℃才能将其破坏。如果食物霉变就一定要将其丢掉不再食用，不要因为不想浪费而损害了自己的健康。

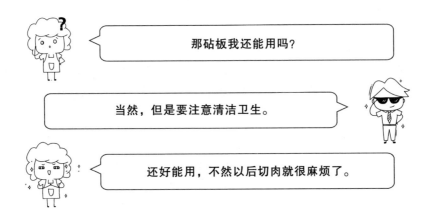

那砧板我还能用吗？

当然，但是要注意清洁卫生。

还好能用，不然以后切肉就很麻烦了。

参考文献

[1] 罗自生，秦雨，徐艳群，等. 黄曲霉毒素的生物合成，代谢和毒性研究进展 [J]. 食品科学，2015(3)：250-257.

[2] 刘林，朱斌. 食物中黄曲霉毒素的毒性及预防措施探析 [J]. 农业灾害研究，2012，2(2)：66-69.

[3] 池玉杰，刘智会，鲍甫成. 木材上的微生物类群对木材的分解及其演替规律 [J]. 菌物研究，2004，2(3)：51-57.

沐浴露致癌？还让不让人洗澡了

作者：李恰宁

女儿，最近朋友圈里一直在转《沐浴露含有防腐剂，长期使用有患癌风险》这篇文章，以后你还是用清水洗澡好了，不要再用沐浴露了。

那我会被自己臭死的。

命重要还是卫生重要啊？文章说医师在乳腺癌切片中发现了一种叫作"对羟基苯甲酸酯"的成分，这是添加到沐浴露里的防腐剂，长期接触有患癌风险。

那我都用沐浴露十几年了，也没出现什么问题啊。

宁可信其有，不可信其无。

妈妈，这其实都是谣言，让我来给你好好解释一下"对羟基苯甲酸酯"这种成分吧。

对羟基苯甲酸酯（paraben，PB）是由对羟基苯甲酸（PHBA）形成的酯类，主要包括对羟基苯甲酸甲酯（MP）、乙酯（EP）、丙酯（PP）、丁酯（BP）、异丁酯（isoBP）等。这类化合物具有广谱抗菌性，对酸碱稳定且无毒、无刺激，作为防腐抗菌剂已被广泛用于食品、药品、化妆品等中 80 余年。各国也制定了相关的添加标准。

对羟基苯甲酸酯主要有吸入、摄入、皮肤接触3种暴露途径。数以千计的消费品使用这种物质作为防腐剂，随着化妆品和护理品的种类及数量的增加，对羟基苯甲酸酯的使用量及人体暴露水平也日益增加。而皮肤能吸收50%～70%局部涂抹的个人护理品，体内外实验也证实皮肤能吸收这种物质，因此皮肤接触是对羟基苯甲酸酯进入人体的最主要途径。

由于对羟基苯甲酸酯的广泛使用，在污水、河流、土壤、室内灰尘、人体体液等中都可检测到此物质的存在。也就是说，我们已生活在一个充满对羟基苯甲酸酯的世界里。只是，当它在乳腺癌患者的乳腺组织中被发现时，引起了恐慌。

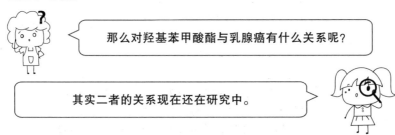

那么对羟基苯甲酸酯与乳腺癌有什么关系呢？

其实二者的关系现在还在研究中。

2004年，相关报道在欧洲引起广泛关注。随后的体内外实验证实对羟基苯甲酸酯具有弱雌激素效应，可能对乳腺癌有潜在影响。大剂量、短时间的对羟基苯甲酸酯暴露已被证实可促进乳腺癌的转移，但尚未有对低剂量、长时暴露影响的研究。因此，尚未有足够证据证明对羟基苯甲酸酯能导致乳腺癌。在发现对羟基苯甲酸酯存在于乳腺癌患者的乳腺组织的研究中，并没有将乳腺癌患者与正常人的乳腺组织做对照。不过，这并不代表二者无关联，只是目前还没有研究能够证实。

那么以后到底还能用沐浴露吗？

还是可以使用的，由于目前尚无足够证据表明对羟基苯甲酸酯能导致乳腺癌，因此，可暂时认为，只要添加的量合乎标准，沐浴露就是安全的。

我国《化妆品卫生规范》（2007年版）对这类成分的限量做了规定：要

求化妆品中的最大允许使用浓度为：单一酯 0.4%（以酸计），混合酯 0.8%（以酸计）。另外，沐浴露外包装的成分一栏上标注的聚季铵盐、二甲苯磺酸钠、氧化聚乙烯等，都是对羟基苯甲酸酯。

由于沐浴露是擦完就冲掉的，并不会长期停留在皮肤表面，因此，相较于长期停留在皮肤表面的各种止汗除臭剂、化妆品等，沐浴露算是比较安全的。

总之，**目前尚无足够证据证明对羟基苯甲酸酯和乳腺癌有关，但也没有证明对羟基苯甲酸酯是绝对安全的。**所以，**到底是用沐浴露还是用香皂，就看个人选择了。**（其实正因为香皂对皮肤的刺激较大，才出现了沐浴露。）

所以我们按自己的喜好来选择就好，不用那么担心。我还是喜欢用沐浴露，比较方便。

好吧，你就先用着。我还是老套一些，继续用香皂。

参考文献

[1] 包军. 沐浴露会致癌？你别信 [J]. 健康生活，2015 (3)：22.

[2] 李雅娟，赵晓俊，顾蔚. 对羟基苯甲酸酯暴露与乳腺癌患病风险研究进展 [J]. 卫生研究，2014，43(6)：1038-1042.

[3] 林忠洋，马万里，齐迹，等. 对羟基苯甲酸酯类防腐剂的人体暴露 [J]. 化学进展，2015，27(5)：614-622.

[4] 刘慧，徐诚，刘倩，等. 对羟基苯甲酸酯类内分泌干扰效应的研究进展 [J]. 卫生研究，2016，45(1)：155-158.

[5] Kirchhof M, de Gannes G. The Health Controversies of Parabens [J]. Skin Therapy Letter, 2013，18(2)：5-7.

[6] Darbre P D, Harvey P W. Parabens can Enable Hallmarks and Characteristics of Cancer in Human Breast Epithelial Cells: A Review of the Literature with Reference to New Exposure Data and Regulatory Status [J]. Journal of Applied Toxicology，2014，34(9)：925-938.

[7] Konduracka E, Krzemieniecki K, Gajos G. Relationship between Everyday Use

Cosmetics and Female Breast Cancer [J]. Polish Archives of Internal Medicine，2014，124(5)：264-269.

[8]　Witorsch R J，Thomas J A. Personal Care Products and Endocrine Disruption: A Critical Review of the Literature [J]. Critical Reviews in Toxicology，2010，40(S3)：1-30.

[9]　Harvey P W, Everett D J. Regulation of Endocrine-disrupting Chemicals: Critical Overview and Deficiencies in Toxicology and Risk Assessment for Human Health [J]. Best Practice & Research Clinical Endocrinology & Metabolism，2006，20(1)：145-165.

[10]　王莹. 沐浴乳含防腐剂致癌？含量达标就无害 [J]. 广西质量监督导报，2014 (10)：18.

水杯、饭盒、保鲜袋都是塑料的，你居然和我说致癌

作者：张今

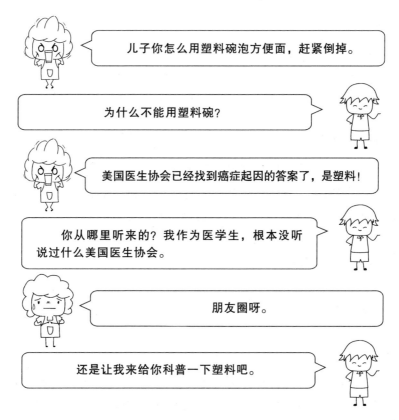

首先，塑料的材料按照回收的代号可分为 140 种，而我们在生活中最常见到的是 1~7 号，它们的用途、使用方法不一样。

聚对苯二甲酸乙二酯（PET）

PET常用于矿泉水瓶、碳酸饮料瓶等。其使用条件为 $-20 \sim 70℃$，可以装冷饮或常温饮料。在装热水或长期反复使用时它会释放DEHP（一种塑化剂），现有证据表明DEHP不会致癌，但有类激素作用。可以认为PET在70℃内使用是安全的，但仍不建议反复使用。

高密度聚乙烯（HDPE）

HDPE常用于沐浴产品、清洁用品的包装。HDPE无毒，但是在生产过程中可能加入了有毒的助剂，因此应尽量避免高温，以防止其溶出。

聚氯乙烯（PVC）

PVC常用于雨衣、塑料膜等，很少用于食品包装，耐热约80℃。不合格的PVC塑料可能有超过安全标准的氯乙烯单体或者有过量的塑化剂残留，建议从正规渠道购买，并且尽量避免高温。

低密度聚乙烯（LDPE）

LDPE常用于保鲜膜等。其耐热性不强，一般超过100℃会出现热熔现象，有害物质会溶解出来。因此，保鲜膜不要放进微波炉里一起加热。

聚丙烯（PP）

PP常用于微波炉专用塑料盒、水杯等，安全无毒，耐低温、耐高温，常见熔点约140℃，是唯一可以安全地用于微波炉加热的塑料制品。

聚苯乙烯（PS）

PS常用于快餐盒、方便面碗。聚苯乙烯是无毒的，但是可能有未完全转化的苯乙烯单体残留，受热后可能污染食物，因此使用温度不建议超过100℃。

其他塑料

聚碳酸酯（PC）常用于水杯、奶瓶等。PC在约130℃时开始软化，因此不建议长时间盛放高温水。作为合成 PC 的原料之一，双酚 A 可能会少量残留在塑料中，在高温时析出。虽然没有证据证明双酚 A 对婴儿的危害，但它有类雌激素样作用，因此各国都采取保守、谨慎的态度，如欧盟禁止销售含有双酚 A 的奶瓶。

因此，符合国家标准的塑料在上述条件下使用是安全的，但是确实大多数塑料产品的耐热性差，我们尤其要警惕市面上的三无产品，因为它们可能含有致癌物质，或者在高温下会有某些残留的有害成分溶出。

使用塑料制品的注意事项如下。

塑料盒 vs 微波炉

上文提到了 PP 材质的微波炉专用塑料盒是可以用微波炉加热的，但是某些厂家可能为了节约成本，使用其他材质的塑料做盖，因此在不能确认盒盖的材质时，建议在加热前将盒盖取下。

塑料袋 vs 食物

早餐热乎乎的包子用塑料袋打包带走，街头的麻辣烫在碗上套个塑料袋，对于吃不完的大餐不舍得买打包盒而用塑料袋打包……塑料袋那么方便，可以用来装食物吗？实际上，确实有食品级的塑料袋，但是调查发现，市场上使用的多为非食品用塑料袋，有的商家甚至不知道塑料袋有食品用和非食品用之分。因此，尽量不用塑料袋装食物，至少不要装热食。

使用期限

虽然塑料制品很少注明使用期限，但它们并不是可以无限期使用的。例如对于矿泉水瓶、快餐盒建议使用一次后丢弃；饭盒、水杯等在使用后注意清洗，当发现裂痕或有难以清洗的污垢时应及时更换。

塑料的分解非常缓慢，虽然国家已经颁布限塑令很多年了，但是塑料的消费量仍然非常大。大家能做的就是尽量少用塑料制品，用玻璃、搪瓷等材料的杯子代替塑料杯，减少使用一次性饭盒，用环保袋代替塑料袋等，以减少"白色污染"。希望子孙后代看到的是面朝大海、春暖花开，而不是塑料成堆。

所以注意使用方法、用正规产品就好，不用那么担心。

那就好，还以为以后出门得随身携带铁饭盒了。

不过这确实是一个环保的好习惯。

参考文献

[1] 中华人民共和国国家质量监督检验检疫总局，中国国家标准化管理委员会. 塑料制品的标志：GB/T 16288—2008 [S]. 北京：中国标准出版社，2008.

[2] 王雯雯. 揭秘塑料瓶底数字的标准含义 [J]. 中国标准导报，2013(8)：74-75.

[3] 铁建林. 食品包装使用非食品用塑料袋的调查分析 [J]. 职业与健康，2001，17(7)：38.

[4] 呼金田，王丽君，张永顺，等. 对商场摊点所用食品包装塑料袋的调查分析 [J]. 预防医学情报杂志，2004，20(2)：203-204.

[5] 秦紫明，施均. 食品用塑料包装材料的安全性研究 [J]. 上海塑料，2010(4)：14-18.

[6] 程军. 通用塑料手册 [M]. 北京：国防工业出版社，2007.

喝电热水壶烧的水会使人变笨吗

作者：于淼

> 孙博士，我最近看到一篇文章，说"高锰钢电热水壶中的锰会在高温加热的过程中溶解到水中，进而被人体摄入，导致神经系统损害"，这是真的吗？

> 这种文章很明显是在唬人、夸大其词呀。我来给你解释一下。

首先，锰是人体必需的微量元素之一，具有广泛的生理作用。它可以促进骨骼的生长发育，保持细胞中线粒体的完整，保持正常的脑功能，维持正常的糖代谢和脂肪代谢，还能改善机体的造血功能，被称为与精神科关系最密切的元素。

和许多矿物质营养元素相同，锰过多和过少都会危害人体健康。**锰过量会抑制铁的吸收，长期过量则会影响神经系统的功能，甚至会导致帕金森病。**

> 那么电热水壶是不能用了吗？

> 不一定，离开剂量谈毒性都是耍流氓。

中国营养学会推荐，成年人的锰适宜摄入量为 3.5mg/d，最高可耐受摄入量为 10mg/d。水、空气、土壤、食物中都有锰。普通人主要的锰摄入途径是食物，中国居民锰的摄入量大约是每天 6.8mg，**和安全上限还有一定的距离。**

再者，文章中锰钢电热水壶中的锰含量与实际水中析出的锰含量并不是一个概念，我们不能看电热水壶中含多少锰，关键要看析出了多少锰。

那我可以按照文章中的方法来检测锰析出吗？

那个电热水壶中的锰析出检测方法也有问题。

文章提到了江苏省质量技术监督局于 2016 年 3 月 17 日发布的《2016年电热水壶产品风险检测质量报告》，这份报告做了两项检测。

一是不锈钢成分分析，采用光谱分析了电热水壶本身的锰含量，这是相对成熟、可靠的技术，基本符合事实。

二是锰析出量的分析，但其在检测过程中使用的并不是水，而是 4% 乙酸食品模拟液，同时依据我国《生活饮用水卫生标准》（GB 5749—2006）中提到的"锰含量小于 0.1mg/L"进行判断。我们平时烧的是水，而这里用的是 4% 乙酸食品模拟液，和我们日常烧水的条件完全不一样。

而且，上述检测标准明确规定了适用范围，"本标准适用于金属材料类食品接触材料（搪瓷制品、不锈钢制品、铝制品）于 4% 乙酸食品模拟液中砷（As）、镉（Cd）、铬（Cr）、铜（Cu）、汞（Hg）、镍（Ni）、铅（Pb）、锌（Zn）含量测定"，唯独不见"锰"。用并不适用的标准去检测，又怎么可能得出正确的结论呢？

因此，"用电热水壶烧水使人变笨"很可能又是一场闹剧。我们还是应该擦亮眼睛，不轻信、不传播谣言。

还好没有听信谣言把电热水壶扔了，以后看到一些不懂的东西还是得先来问问您啊。

所以我们要擦亮眼睛，避免被谣言欺骗。

参考文献

[1] 周清潮. 急性脑血管病与微量元素铬、硒、锌、铜、镁、铁、锰关系的研究 [C]. 中国微量元素科学研究会学术研讨会会议. 2004.

[2] 张丽娜，陈一资. 锰及其毒性的研究进展 [J]. 肉类研究，2007(7)：38-42.

[3] 张岚，陈昌杰，陈亚妍. 我国生活饮用水卫生标准 [J]. 中国公共卫生，2007，23(11)：1281-1282.

[4] 葛宇. 生活饮用水卫生标准的提升解读国家标准《GB 5749—2006》[J]. 上海计量测试，2007，34(5)：27-30.

[5] 杜凤其，姜岳明，莫雪安，等. 锰神经毒性机制的研究进展 [J]. 铁道劳动安全卫生与环保，2006，33(2)：109-112.

[6] 吴飞盈，廖海涛，韦义萍，等. 锰神经毒性的病理生理学研究 [J]. 铁道劳动安全卫生与环保，2009，36(6)：292-295.

[7] 蔡同建，赵芳，曹子鹏，等. 锰的神经毒性及其相关机制 [C]. 中国毒理学会全国毒理学大会. 2013.

[8] 蔡同建. tau 蛋白磷酸化在锰诱导的神经毒性中的作用 [D]. 西安：第四军医大学，2009.

[9] 孙明霞，闫永建. 锰的神经毒性研究进展 [J]. 工业卫生与职业病，2010(2)：121-124.

天啊，卫生纸难道会致癌吗

作者：周怡

> 妈妈，家里的纸巾好像都用光了，你等一下去超市的时候记得买一些回来。

> 没有用光，我把家里的纸巾都扔掉了。

> 为什么啊？

> 这些卫生纸里面有好多的荧光增白剂。这些增白剂对人是有毒性的，会诱发癌症。

> 你是听谁说卫生纸的荧光增白剂会致癌的？

> 看这篇推送——《中央特大曝光：白色卫生纸，正在慢慢杀死你的孩子？》，央视新闻都曝光了。

> 这是个谣言，并没有科学依据。

我们在生活中可以看到各种各样的纸巾，有卷纸、抽纸、面巾纸、手帕纸、餐巾纸等。根据国家的卫生标准，这些纸大致可以分为两类：卫生纸和纸巾纸。

卫生纸即日常所用的厕用卫生纸，大多以卷筒形式出售。这类产品不要求有湿强度，遇到水应能溶化烂掉，以免堵塞下水道。纸巾纸包括餐巾纸、手帕纸、厨房纸巾、湿纸巾等，主要用来擦脸、擦手、擦嘴，要求柔韧并有一定的湿强度，有较好的吸水吸油性。

这两种纸最主要的区别是生产过程及执行的卫生标准不同。卫生纸的执行标准为《卫生纸（含卫生纸原纸）》（GB/T 20810—2018），纸巾纸则为《纸巾纸》（GB/T 20808—2011）。因为两种纸的用途不同，所以纸巾纸的卫生要求比卫生纸要高。比如卫生纸允许采用回收纸作为生产原料，而纸巾纸不可以；卫生纸中的细菌菌落总数在每克纸中不允许超过600个，纸巾纸则不允许超过200个。关于荧光增白剂，卫生纸的标准中没有规定，纸巾纸则明确规定不得检出可迁移性荧光增白剂。因此，**纸巾纸更为卫生，在生活中要根据不同情况选用不同的纸**。

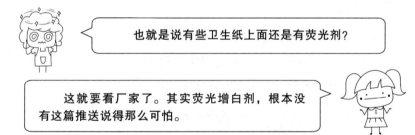

也就是说有些卫生纸上面还是有荧光剂？

这就要看厂家了。其实荧光增白剂，根本没有这篇推送说得那么可怕。

央视3·15晚会在几年前曾曝光了黑心作坊用回收废纸制作餐巾纸，使用大量荧光增白剂使纸张变白。还有一些文章称那些非法生产的卫生纸中含有大量荧光增白剂，对人有毒性，还会引起过敏，导致癌症。

但真相并非如此，荧光增白剂可以显著提高物品的白度和亮度，因为它经济实用，目前已经广泛应用于洗涤剂生产、造纸、纺织印染等行业中。而关于其安全性，近期国内外临床和实验研究发现荧光增白剂并不具有潜在危害，在一般使用过程中也没有毒性、致敏性、致癌性。个别会引起过敏反应的种类早已经被淘汰。但是长期使用是否对环境、人体有伤害目前还有争议，所以在食品包装纸及纸巾纸中仍有规定不得检出。但总的来说，**荧光增白剂并没有传言中那么可怕，我们平常在很多地方都会接触到，而且根据目前的研究，它是相对安全的**。

黑心作坊生产的不合格餐巾纸，除了含有过量荧光增白剂外，对我们危害更大的是"不卫生"。回收纸成分复杂，即使经过消毒处理也根本达不到国家卫生标准，很可能会携带大量致病菌和一些有毒物质，损害消费者的健康。

那我要怎么样才可以分辨出合格的纸巾呢？

要分辨出合格的纸巾，其实很简单，只需要3个步骤。

选纸三步法

1. 仔细检查外包装

合格的产品都会有制造商、地址、卫生许可证号、执行标准、生产日期和保质期。根据执行标准可以判断是卫生纸还是纸巾纸，如果执行标准为GB/T 20810 就是卫生纸，如果为 GB/T 20808 就是纸巾纸。

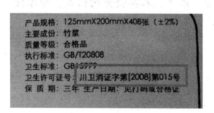

2. 捏一捏，看一看

合格的纸应该手感柔软，韧性较好，纸面光滑无杂质，看起来颜色洁白、纹理均匀。至于纸的香味，合格的产品中添加的都是允许使用的香料，如果个人喜欢且用起来没有不适，就可以放心使用。

3. 不同情况选用不同的纸

就像上面说的，卫生纸和纸巾纸在性能和卫生标准上有一定区别。所以最好不要用卫生纸来擦嘴、放食物，也不要将纸巾纸丢进厕所中。至于用来擦脸、擦手、厨用等，可以根据商品标识来选择纸巾纸，不同用途的纸在一些性能上还是有一定差距的。

最后温馨提示，一些餐馆为了降低成本，可能会提供不合格的餐巾纸，建议大家外出最好自己带餐巾纸。

原来是这样，亏我还把刚买的一箱纸巾都扔掉了。

最重要的是选择合格产品，区分开卫生纸和纸巾纸，其他根据个人喜好选择，用得舒服就好！

我得赶紧和我的朋友说一声，不然他们也把家里的纸给扔掉了。

参考文献

[1] 伍安国. 生活用纸生产和消费误区 [J]. 纸和造纸，2015，34(10)：79-82.

[2] 何蕾. "纸"选对的不选贵的 [J]. 环境，2010(7)：62-64.

[3] 中华人民共和国国家质量监督检验检疫总局，中国国家标准化管理委员会. 卫生纸（含卫生纸原纸）：GB/T 20810—2018[S]. 北京：中国标准出版社，2018.

[4] 中华人民共和国国家质量监督检验检疫总局，中国国家标准化管理委员会. 纸巾纸：GB/T 20808—2011[S]. 北京：中国标准出版社，2011.

[5] 董仲生. 荧光增白剂的实用性和经济性及其对人与环境的影响 [J]. 中国洗涤用品工业，2011(5)：25-35.

[6] 郭惠萍，张美云，刘亚恒. 荧光增白剂的毒性分析 [J]. 湖南造纸，2007(4)：43-45.

从"毒面膜"到"家传秘方"：同样的骗局，不同的味道

作者：马逸豪

女儿，我以后不敢用面膜了。

为什么呀？

今天王阿姨转了一篇文章给我看。文章里说他们做了一个实验，把面膜喂给金鱼吃，发现金鱼都被毒死了！

妈妈，不用太担心，动物实验的结果是不能直接用到人身上的，面膜对金鱼有毒，但对人未必也是这样。

实际上，**动物实验的结果不能直接用到人身上，这已经是医疗、制药、生物等各个相关行业的常识**。我们且不提深奥的理论，只举两个简单的例子来说明。人是可以吃很多巧克力的，而狗吃一点巧克力就可能被毒死；反过来，眼镜蛇的毒对蜜獾没有什么致命作用，最多也就是让它睡上一觉，但人要是被眼镜蛇咬上一口，可能很快就会丧命。因此，单拿面膜毒死金鱼来证明面膜对人的毒性，其实是很可笑的。

在现实中，动物实验对于验证药物的效果和毒性是很有参考价值的，但是实验用的动物种类不是随便选择的，需要有一定的依据。比如，要做避孕药的相关试验常选用小鼠和家兔，因为它们会规律地发情，是否怀孕也容易观察，其内分泌跟人类有点像；进行抗过敏药和抗结核药的试验常选用

豚鼠，因为豚鼠容易得典型的过敏和结核病；试验心血管药物则经常选用猫或者狗，因为这两种动物调节血压的系统比较完善，因此血压比较稳定，试验效果好。

所以，实验选择哪类动物有一定的依据，像文中这样毫无根据、随意地把面膜喂给金鱼或者其他什么动物，得出的结果是没什么用的。一些骗子就用这种伎俩来给正规的药物抹黑，然后吹嘘自己的药如何安全和神奇，实际上具有一定的迷惑性。

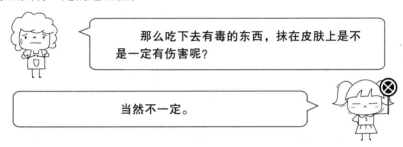

那么吃下去有毒的东西，抹在皮肤上是不是一定有伤害呢？

当然不一定。

外用药和内服药是不同的，否则我们常见的很多驱蚊止痒或者消肿散瘀的药水、药油就都不能用了。一种药是口服、外用、点滴还是打针（专业术语为给药途径），对药物的效果和毒性是有很大影响的。有的药口服不起效，要打针才行，比如胰岛素；有的药打针不起效，反而口服才有用，比如用于治疗肠道感染的万古霉素。因为药物按不同的方式进入人体以后，会被人体按不同的方式处理、散布，产生不同的药用成分或有毒成分。因此**按照规定的方式用药，对于发挥药效、避免毒性是很必要的**。

但是人们常常忘记这个道理，而被江湖骗子利用来卖假药。比如，他们将一些随便提取的药品和癌细胞放在一起，发现癌细胞死了，就说这是一种能抗癌的药。这种说法是不科学的。只需要想象一个简单的场景，这种说法就不攻自破了：把癌细胞放在热水里，过一段时间它们会被烫死，但是喝热水能抗癌吗？显然不能。药物在人体内起效是一件非常复杂的事情，实际上是药物本身、人体机能和疾病影响之间的相互作用，因此不能孤立地评价一种药有没有效、有没有毒，这样做没有意义。

相信正规药、遵医嘱用药就是对自己的保护。因为只有严格的监管、严密的实验和长期的评价才能真正为用药安全保驾护航。大家一定要擦亮眼睛，警惕江湖游医的各种说辞，不要掉入人财两空的陷阱里。

药物的安全问题是大家都十分担忧的。既然药物的效果和毒性这么复杂，那制药公司怎么确定一种药有没有效果、对人体是否有害呢？答案是，制药公司需要通过严格的备案审查，在保证安全和符合伦理的前提下，在一个很大的人群中多次、长期换用各种不同的方法做实验，以测试药物的作用。这样的实验要花大量的时间、人力和金钱，才能最大限度地保证药物能治病、不害人，所以正规药物与假药贩子"秘方"的安全性天差地别。

安全用药是政府、科学家、企业、医生和患者共同的责任。只有各方面一起努力，加上患者不偏信、不盲信，积极配合治疗，才能最大限度地发挥药物的作用，规避药物的不良反应。

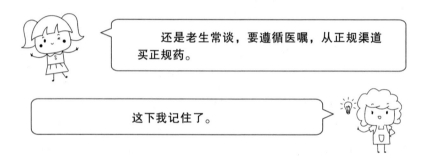

还是老生常谈，要遵循医嘱，从正规渠道买正规药。

这下我记住了。

参考文献

[1] 刘恩岐，尹海林，顾为望．医学实验动物学 [M]．北京：人民卫生出版社，2008：68-104.

[2] 王怀良．临床药理学 [M]．北京：高等教育出版社，2004：61-67.

[3] 李见明，孙振球，高荣，等．我国药物临床试验的现状与发展方向 [J]．中国临床药理学杂志，2013，29(6)：473-476.

染发，是爱美还是自杀

作者：周姝睿

女儿，你怎么染发了？

这是最近流行的发色，紧跟潮流嘛。

你这是爱美还是自杀呀？很多文章都提过染发剂致敏、致癌，今天一个帅小伙肿成猪头，明天一个妙龄少女查出白血病。不能染发啊。

妈妈，染发剂并没有这么可怕，我来给你详细说说什么是染发剂吧。

染发剂是一种有特殊用途的化妆品，根据使用的染料不同，染发剂可分为植物性染发剂、金属盐染发剂和合成有机染发剂3类。根据染色原理和染色牢度，一般分为暂时性染发剂、半持久性染发剂和持久性或氧化型染发剂。

目前市面上出售的合成染发剂大部分是持久性染发剂，即氧化型染发剂。其染发原理为氧化剂作用使染料发生氧化聚合反应，生成有色的终产物，其中对苯二胺（PPD）是氧化型染发剂中的主要功效成分，也是常被提到的染发剂致癌的"罪魁祸首"。

PPD是一种苯胺衍生物，是一种广泛应用于化工染料及化妆品染料生产的重要化学染色剂。PPD在1939年首次被定义为强过敏源，是众所周知的引起染发皮炎的最常见抗原，所以化妆品中的PPD含量被严格限制，我国规定化妆品中的PPD最高含量不得超过6%。

易感人群的皮肤局部接触PPD可能导致接触性皮炎、荨麻疹、湿疹、

再见啦，那些让人忧心的生活谣言

哮喘、关节炎、流泪、突眼等，PPD 不慎进入眼中甚至可能造成永久性失明。急性中毒多与口服 PPD 有关，而慢性中毒则为长期皮肤接触 PPD，一般表现为肿瘤发生率增高，与其相关的肿瘤有非霍奇金淋巴瘤、多发性骨髓瘤、急性白血病和膀胱癌等。

这么一看，染发剂里的 PPD 和肿瘤的发生是有关系的，那这是否就说明染发剂致癌呢？

这还没得到证实，但一些染发剂是有毒性的。

我们查阅文献发现，国内外研究者都对个人使用染发剂与患血液系统肿瘤的危险性进行了研究，但得出了相互矛盾的结论。国内关于染发剂的使用与成人白血病关系的元分析报道指出，不能认为使用染发剂是成人白血病发生的危险因素。另外，美国和加拿大的一项病例对照研究，观察了 766 名成人白血病患者和 623 名未患白血病者，与未使用染发剂的人群相比较，使用持久性染发剂和半持久性染发剂的人群患急性白血病的危险性升高，但这种升高无统计学意义。在更多使用近几年产品的人群中，没有显示危险性升高。这种危险性在长期使用（15 年或更长）染发剂的人群中最高。

意大利的一项病例对照研究认为，使用持久性染发剂与患白血病的危险性无关，而使用黑色染发剂使得危险性升高。流行病学研究显示，在理发师人群中，患膀胱癌的危险性升高。国际癌症研究机构（IARC）2008 年的报告认为，职业暴露于染发剂可能致癌，但对个人用染发剂与患膀胱癌、乳腺癌危险性的关系的研究得到相互矛盾的结果（上面所说的 PPD 慢性中毒条件是长期接触皮肤，所以这个研究证明染发剂对于理发店的染发师是有致癌条件的，而对于接触时间较少的我们来说，染发剂也许并不足以构成致癌危险因素，当然如果你每两三个月就染一次发那就难说了）。几乎没有关于染发剂与其他癌症危险性相关的报道。基于这些证据，IARC 将个人用染发剂归于"对人类的致癌性不能确定"一类。总之，虽然染发剂里的 PPD 可能会致癌，但还没有科学依据明确证明染发剂一定会致癌（当然这里指的都是符合规定的染发剂）。

虽然到目前为止染发剂的致癌性没有得到证实，但持久性染发剂中的功效成分苯胺衍生物及其氧化物具有致突变性，具有潜在的毒性作用，这是毋庸置疑的。另外染发剂中还含有其他有毒物质，比如铅、砷、汞等重金属元素，可能对身体健康造成严重伤害。

难道说，我们以后都不能美美地染发了吗？

当然不是，做好以下几点，将会更大程度地保护我们的安全与健康。

（1）染发产品具有致敏性，所以在染发前应进行皮肤测试。可在手腕或耳后进行过敏测试，以确保不会对染发剂中的化学成分过敏。

（2）在使用染发剂时应始终戴手套，避免与皮肤直接接触。染发时可在头皮上涂抹少量凡士林油，以便于清洗；在皮肤有破损时，要避免接触染发剂。头发染好后要立即清洗头发，最好洗两三次，以确保染发剂产品没有残留在头发上；在洗发时，不可太用力，不要抓破头皮，以免引起中毒。

（3）不要用不同的染发剂同时染发，染发剂之间有可能会发生化学反应。

（4）切勿用染发剂染睫毛和眉毛。

（5）减少染发产品在体内的蓄积。应避免长期、频繁地使用染发剂，1年内染发的次数最好控制在两三次以内。

（6）血液病、荨麻疹、哮喘、过敏性疾病患者，使用抗生素药物、有头部外伤者及怀孕、哺乳期妇女均不宜染发，儿童更不宜染发。

（7）染发后一旦出现过敏反应，或其他不良反应，应及时到医院就诊，最好携带所用的染发剂，帮助医生查找病因。

我看有些店推出了号称新技术无毒的新型染发剂，这是真的吗？

新型染发剂确实正在研发，但是还在完善中。

目前国内外机构均致力于研发出安全无毒的新型染发剂，如植物染发剂，但相关技术还在不断完善中，消费者要擦亮眼睛看清市场上的染发剂。部分公司推出的号称无对苯二胺永久型染发剂，其有效成分为 2，5- 二氨基甲苯、间氨基苯酚、4- 氨基 -2- 羟基甲苯，与对苯二胺类染发剂的显色成分、显色原理无本质差别，并未从根本上解决染发剂的毒性问题。真正意义上的纯植物染发剂还需漫长的研究过程，必须解决植物染发剂面临的共性问题，如染色时间长、使用不方便、颜色持久性差、色调单一等。

由此看来，爱美需谨慎。偶尔染发不是在自杀，没有那么可怕，但也有一定的危害，因此**我们应有节制、正确地使用染发剂**。当然我们也要抱着乐观的心态，相信在不久的将来，安全性好、耐洗、颜色持久、对头发损伤小、使用方便的无毒染发剂将会陆续进入市场。

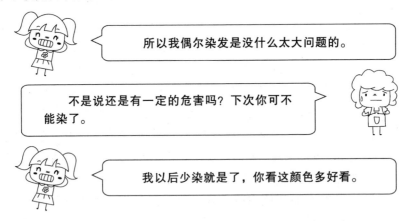

参考文献

[1] 梁家瑞，蒋红樱，白彝华，等．对苯二胺染发剂与肾损害的相关性研究进展 [J]．海南医学，2016(14)：2325-2328.

[2] 李星彩．染发剂烫发剂中的化学成分及其对人体的危害 [J]．微量元素与健康研究，2006，23(1)：47-48.

[3] 杨兆弘．染发剂的安全性及监管对策 [J]．日用化学工业，2012(4)：293-297.

[4] 朱会卷，朱英．染发剂的安全性及其检测方法研究进展 [J]．中国卫生检验杂志，2006，16(7)：888-890.

[5] 李学敏，王瑛，白雪松．染发剂研发进展综述 [J]．染料与染色，2016（2）：17-25.

[6] 谭壮生，李芳，张懿．氧化型染发剂毒性的初步研究 [J]．毒理学杂志，2015，29(6)：479-482.

后 记

互联网的全年龄层普及，给我们带来了丰富而精彩的信息和资讯，也带来不实信息和虚假消息——网络谣言。尼古拉斯·迪方佐 (Nicholas DiFonzo) 把网络谣言称为网络时代的数字野火，传播广、成本低、误导性强等特征使其成为当下社会治理的重要方面。

2016年3月，我所在的中山大学大数据传播实验室与中山大学团委共同发起成立了微信公众号运营团队"辟谣特工队"。我们通过与腾讯较真等团队展开密切合作，利用大数据技术进行选题，通过文献查阅和专家讨论，希望撰写出能被公众喜爱且高质量的辟谣文章。

自成立以来，辟谣特工队专注于原创内容生产，至今撰写了近350篇辟谣文章，有幸入选2016年中国青年好网民优秀故事，并获得第二届全国高校网络宣传思想教育优秀作品推选展示工作案例一等奖和广东十佳网络公益团队。

作为发起人之一，我非常高兴地看到辟谣特工队的成立、发展和壮大，在成立近4年之际，我们选编了部分内容集结成书。团队成立之初提出的"用严谨的科研态度，写成大众能阅读的科普文章"的目标，目前初见成效，要感谢全体成员的共同努力和付出，这是我们团队的成果。

感谢在前期内容撰写的积累阶段，杜依蔓、杜赟、方丹阳、黄嘉琦、雷青青、李洽宁、刘瑶、马逸豪、缪丝羽、苏仪西、夏冬、杨文昊、于淼、张今、张朴尧、郑洪、郑耀超、周姝睿、周怡诸位同学在辟谣特工队中做出的重要贡献。感谢在书稿的核对和修编阶段，吴海婷、李嘉怡、马泽欣、李莉付出的辛苦努力。在书稿统筹、修编和定稿阶段，我和张志安院长统一进行整理编撰。

最后要特别感谢腾讯公司较真的杨璐璐女士、机械工业出版社华章公司的编辑等人提供的诸多帮助。

特此致谢！

何凌南

2019年于广州长洲岛

健康饮食观

谷物大脑

作者：[美] 戴维·珀尔玛特 ISBN:978-7-111-49941-1 定价：45.00元

菌群大脑

作者：[美] 戴维·珀尔玛特 ISBN:978-7-5180-5575-3 定价：65.00元

谷物大脑完整生活计划

作者：[美] 戴维·珀尔玛特 ISBN:978-7-5180-5681-1 定价：65.00元

不吃糖的理由

作者：[美] 加里·陶布斯 ISBN:978-7-111-61308-4 定价：59.00元